2024年版

全国一级造价工程师职业资格考试

真题详解与应试导航

建设工程计价

JIANSHE GONGCHENG JIJIA

石振香　柯　洪　王卫波　编

中国计划出版社

·北　京·

图书在版编目（CIP）数据

建设工程计价 / 石振香，柯洪，王卫波编. -- 3版. -- 北京 : 中国计划出版社，2024.5
2024年版全国一级造价工程师职业资格考试真题详解与应试导航
ISBN 978-7-5182-1643-7

Ⅰ. ①建… Ⅱ. ①石… ②柯… ③王… Ⅲ. ①建筑工程－工程造价－资格考试－题解 Ⅳ. ①TU723.3-44

中国国家版本馆CIP数据核字(2024)第025556号

责任编辑：高　明　　封面设计：韩可斌

中国计划出版社出版发行
网址：www. jhpress. com
地址：北京市西城区木樨地北里甲 11 号国宏大厦 C 座 4 层
邮政编码：100038　电话：（010）63906433（发行部）
三河富华印刷包装有限公司印刷

787mm × 1092mm　1/16　19.75 印张　479 千字
2024 年 5 月第 3 版　2024 年 5 月第 1 次印刷

定价：70.00 元

前　言

《2024年版全国一级造价工程师职业资格考试真题详解与应试导航》(以下简称《导航》)是2024年作者团队与中国计划出版社合作出版的考试辅助用书,《导航》与《2024年版全国一级造价工程师职业资格考试应试指南》(以下简称《指南》)形成姊妹篇,各有其帮助考生应试复习的特点,《指南》特别强调系统全面贯彻教材的内容,而《导航》则强调突出考试重点。

如何突出考试重点?这是所有考生非常关心的问题。对于该问题,作者团队多年来采用线上线下不同方式深入考生、培训教师中调研,并与中国计划出版社编辑们进行了多次深入交流沟通,形成了《导航》独特的编写体例逻辑框架。作者团队对最近十余年考试真题进行了多次训练,发现考试真题能够寻找出强烈的应试复习规律。《导航》编写体例逻辑框架以历年考试真题作为切入点,选择近五年的考试真题,经过真题解析、考点统计、知识点凝练、考分统计和考点点评等环节训练出不同科目近五年统计学意义的考点;按照考点对教材内容进行梳理、压缩,以突出重点,精准锁定常考必考内容;站在考生的角度,其应试复习的价值,在于可以简洁地、有的放矢地复习具体知识点,大大节省复习时间,提升复习效率;尤其是作为中国计划出版社同期出版的《指南》的姊妹篇,两套书同时使用其价值更加突出,既强调了系统全面的需求,又满足了考生突出考试重点的需要。《导航》主要结构与特点包括以下五个方面:

一、真题解析

以2019—2023年的考试真题为切入点,给出每道题的正确答案,解析答题思路,提炼总结考点。

二、考点统计

结合历年真题提炼的考点,按照教材的顺序进行梳理,统计出近五年的每个考点出现的考核频次,以统计表的形式呈现。表格的形式和内容在宏观上能表达出零星知识点体系及其内在联系。

三、知识点凝练

《导航》严格按照教材各知识点出现的顺序,对各知识点进行凝练,主要将较为零散的考点归纳总结,以文字结合图表的形式呈现,使考生能一目了然。本部分为全书的核心部分,总结出历年考试的变化情况,使考生能够重点掌握考点内容及考试规律,深入了解出题特点和命题趋势。考生可以结合教材,对本部分内容进行重点复习。

四、本章考分统计

以表格的形式将本章考点每年的考分进行统计。给出各个章节统计学意义考分分布，帮助考生在应试复习过程对教材内容进行取舍。

五、本章考点点评

以“点评”的方式对各章知识点需要掌握的程度进行分析总结，以供考生在复习时进行参考。

前三部分以教材每小节为单位进行统计，第四、五部分以每章为单位进行统计和点评。

各科目具体参编人员如下：

建设工程造价管理：李瑾、夏立明

建设工程计价：石振香、柯洪、王卫波

建设工程技术与计量（土木建筑工程）：赵啸天、吴静、赵飞燕

建设工程技术与计量（安装工程）：郝龙、赵斌、程宏佳

建设工程造价案例分析：赵飞燕、王亦虹、胡秀芳

在与中国计划出版社合作的过程中，我们深深地感受到编辑们严谨的工作态度和孜孜以求的专业精神，在此向中国计划出版社的编辑们表示衷心感谢！《导航》编写过程中，参考了大量专家、学者编写的相关文献资料，查阅了大量权威网站的有关内容，同时听取和吸收了工程造价专业等相关学科专家的宝贵意见和建议，亦在此表示诚挚的感谢！

尽管我们力求完美，但由于全国一级造价工程师职业资格考试涉及面广、专业性强、知识点多，加上水平有限，难免存在疏漏和不足之处，敬请广大读者提出宝贵的意见和建议，以便今后加以改进。

编　者

2024 年 3 月

兑换增值服务说明

为了提供更优质、更高效的知识服务，我社为购买正版造价工程师考试用书的读者提供网上视频增值服务，由专业老师对考试的相关内容进行讲解，帮助读者掌握理解，提高应试水平。网上增值服务使用方法如下：

1. 计算机用户

访问 weike.jhpress.com → 注册用户并登录 → 进入个人中心点击“兑换增值服务” → 输入封面二维码涂层下的 20 位数字，验证兑换 → 在个人中心“我的增值服务包”享受增值服务

2. 移动端用户

扫描上面微课程二维码 → 关注“计划社微课程”服务号 → 点击菜单“我的服务”—“兑换增值服务” → 扫描或输入封面二维码涂层下的 20 位数字，验证兑换 → 在个人中心“我的增值服务包”享受增值服务

注：增值服务从兑换之日起 12 个月内有效，提供形式为在线观看。如果输入卡号或扫码后无法通过验证，请及时与我社联系。

3. 联系我们

客服微信：

客服电话：400 670 6390（工作日 9：00—17：00）

网上增值服务如有不完善之处，敬请广大读者提出宝贵意见和建议！

目　录

导　言

一、本书的结构与特点

考试真题的主要价值之一是训练考点，本书以历年考试真题作为切入点，编写的逻辑框架是通过对近五年的考试真题进行真题解析、考点统计、知识点凝练、考分统计和考点点评等环节，提炼出本科目近五年统计学意义的考点，并按照考点对教材内容进行梳理、压缩，以突出重点，精准锁定常考、必考内容。本书可以帮助考生有的放矢地复习具体知识点，大大节省复习时间，提升复习效率；尤其是作为中国计划出版社同期出版的《全国一级造价工程师职业资格考试应试指南》的姊妹篇，两套书同时使用其价值更加突出。本书适用于2024年参加全国一级造价工程师职业资格考试的考生。

本书主要结构与特点是：

（1）真题解析——给出真题答案，详细解析真题的各个备选项，理解命题思路；

（2）考点统计——洞悉命题规律及趋势；

（3）知识点凝练——梳理考点结构框架，突出考试内容；

（4）本章考分统计——了解章节考试分值，把握重点复习的章节；

（5）本章考点点评——厘清学习思路，把握重点、难点。

应试复习需要掌握一些方法技巧，作为全国一级造价工程师职业资格考试复习的指导书，通过上述逻辑的贯彻，期望本书能够对考生的复习和备考起到“导航”的作用。

二、考试分析

预计2024年的考试试卷无论在考题结构、考题分布还是考试难度上与以往考试相比都不会有太大变化。

由于2019年考试首次将本科目总分调低至100分，因此，各章节分值均有不同程度下降，但分值分布的整体趋势没有明显变化。因为对造价工程师“工程价款管理”能力要求的提高，所以第四章和第五章的分值保持相当高的比例。除此之外，第二章作为造价工程师执业能力的基础要求，依然保留着比较高的分值比例，考生可根据这一分值分布的规律调整自己的考试复习方向。具体分析如下：

（1）在考题结构方面。从目前的考试大纲和历年考试真题来看，2024年的考题应仍由单项选择题和多项选择题两部分构成。

单项选择题：考题第1～60题，共计60题，每题1分，共计60分。单项选择题每题四个选项中只有一个最符合题意，错选、多选均不得分。

多项选择题：考题第61～80题，共计20题，每题2分，共计40分。多项选择题每题五个选项中至少有两个选项符合题意，错选、多选均不得分，少选，所选的每个选项得0.5分。

（2）在考题分布方面。统计 2019—2023 年的近 5 年考试真题，可以发现考题基本覆盖教材的所有章节，每年各章节的题量和分值稍有波动。为便于考生了解各章节考题的题量及分值，现将 2019—2023 年考题分值分布规律统计如下表。

2019—2023 年考题分值分布规律统计表

章	节	2019 年		2020 年		2021 年		2022 年		2023 年		分值				
		单选题	多选题	单选题	多选题	单选题	多选题	单选题	多选题	单选题	多选题	2019 年	2020 年	2021 年	2022 年	2023 年
第一章	第一节	1	0	1	0	1	0	1	0	2	0	1	1	1	1	2
	第二节	2	1	2	1	2	1	2	1	2	1	4	4	4	4	4
	第三节	2	1	2	1	2	1	2	1	3	1	4	4	4	4	5
	第四节	2	1	2	1	2	1	2	1	1	1	4	4	4	4	3
	第五节	2	0	2	0	2	0	2	0	2	0	2	2	2	2	2
第二章	第一节	2	1	1	0	2	1	2	1	2	1	4	1	4	4	4
	第二节	3	1	4	2	3	1	3	0	3	1	5	8	5	3	5
	第三节	3	1	2	1	3	1	3	1	3	1	5	4	5	5	5
	第四节	2	1	2	1	2	1	2	1	2	1	4	4	4	4	4
	第五节	1	1	2	1	1	1	1	1	1	0	3	4	3	3	1
	第六节	2	1	2	1	2	1	2	0	3	1	4	4	4	2	5

续表

章	节	2019年		2020年		2021年		2022年		2023年		分值				
		单选题	多选题	单选题	多选题	单选题	多选题	单选题	多选题	单选题	多选题	2019年	2020年	2021年	2022年	2023年
第三章	第一节	4	1	4	0	4	1	4	2	3	1	6	4	6	8	5
	第二节	4	1	2	1	4	1	4	1	3	1	6	4	6	6	5
	第三节	2	0	4	1	2	0	2	0	2	0	2	6	2	2	2
第四章	第一节	4	1	4	1	4	1	4	2	3	1	6	6	6	8	5
	第二节	3	1	2	1	3	1	3	1	3	1	5	4	5	5	5
	第三节	2	1	2	1	2	1	2	1	2	1	4	4	4	4	4
	第四节	3	0	4	0	3	0	3	0	3	1	3	4	3	3	5
第五章	第一节	6	2	6	2	6	2	6	2	7	2	10	10	10	10	11
	第二节	6	2	6	2	6	2	6	2	6	2	10	10	10	10	10
	第三节	2	1	2	1	2	1	2	1	1	1	4	4	4	4	3
第六章	第一节	1	0	1	0	1	0	1	0	2	1	1	1	1	1	4
	第二节	1	1	1	1	1	1	1	1	1	0	3	3	3	3	1
合计		60	20	60	20	60	20	60	20	60	20	100	100	100	100	100

（3）在考试难度方面。计算题数量的变化会直接决定考试的难度，2019—2023 年的计算题数量都为 12 题，因此考试难度中等偏易。

（4）每次教材修订后，新增或新修订的知识点在考题中占的比例较大。在此背景下，2023 年新增或新修订的知识点仍将在考试中占有相当大的份额。

三、2024 年考试命题走势的分析

分析 2019—2023 年的考核情况，以及一级造价工程师考试改革后的新形势，大致可预测出 2024 年本科目考试命题走势。

1. 本科目考试题型为单项选择题（60 分）和多项选择题（40 分）。根据考题的考查角度和设问方法，本科目考试命题形式一般会以细节填空、判断应用、综合论述和计算四种方式进行考察。前三种考察方式主要侧重对知识点进行系统而全面的掌握，并注意易混淆的知识点细节。计算题是本科目考试的重点，也是难点。

2. 近五年本科目考试计算题的分值都在 25 分左右，考点主要集中在前三章，不过在第五章“建设项目施工阶段合同价款的调整和结算”中也会有一定数量的计算题出现。这部分内容的特点在于一旦掌握方法无须记忆，得分率较高，因此这部分内容是考生必须掌握的内容。

3. 第四章和第五章依然会占有很高的分值。从目前来看，以合同价款的约定、调整、支付和结算为核心的“工程价款管理”问题已经成为对造价工程师执业能力新的核心要求，且这两章知识点较多，便于设计各种不同的选择题型，考生应对这两章的具体知识点掌握得尽可能详尽。

第一章 建设工程造价构成

第一节 概 述

真题解析

一、2023年考题

1. 某建筑工程项目建设投资为12 000万元，工程建设其他费为2 000万元，预备费为500万元，建设期利息为900万元，流动资金为300万元。该项目的固定资产投资额为（ ）万元。

A. 12 900　　B. 13 400　　C. 15 400　　D. 15 700

【答案】A

【解析】固定资产投资 = 建设投资 + 建设期利息 =12 000+900=12 900（万元）。

【考点】我国建设项目总投资及工程造价的构成——固定资产投资。

2. 根据国际建设项目计量标准（CMS），下列费用中，应计入项目相关建设成本的是（ ）。

A. 场外设施费　　B. 附属工程费

C. 拆除和场地平整费　　D. 场地购置费

【答案】A

【解析】项目相关建设成本包括场外设施费用、工器具及生产家具购置费、与项目建设有关的咨询费和监理费以及风险准备金，不包括场地购置费和业主为实现项目发生的其他费用。

【考点】国外建设项目总投资构成——项目相关建设成本。

二、2021年考题

生产性建设项目工程费用为15 000万元，设备费用为5 000万元，工程建设其他费为3 000万元，预备费为1 000万元，建设期利息为1 000万元，铺底流动资金为500万元，则该项目的工程造价为（ ）万元。

A. 19 000　　B. 20 000　　C. 20 500　　D. 25 500

【答案】B

【解析】工程造价 =15 000+3 000+1 000+1 000=20 000（万元）。

【考点】我国建设项目总投资及工程造价的构成——工程造价。

三、2020 年考题

根据我国现行建设项目总投资构成规定，固定资产投资的计算公式为（　　）。

A. 工程费用 + 工程建设其他费用 + 建设期利息

B. 建设投资 + 预备费 + 建设期利息

C. 工程费用 + 工程建设其他费用 + 预备费

D. 工程费用 + 工程建设其他费用 + 预备费 + 建设期利息

【答案】D

【解析】固定资产投资包括建设投资和建设期利息。建设投资包括工程费用、工程建设其他费用和预备费。工程费用包括建筑安装工程费用和设备及工器具购置费。

【考点】我国建设项目总投资及工程造价的构成——固定资产投资。

四、2019 年考题

根据我国现行建设项目总投资及工程造价的构成，下列资金在数额上和工程造价相等的是（　　）。

A. 固定资产投资 + 流动资金

B. 固定资产投资 + 铺底流动资金

C. 固定资产投资

D. 建设投资

【答案】C

【解析】固定资产投资与建设项目的工程造价在量上相等。

【考点】我国建设项目总投资及工程造价的构成——固定资产投资。

考点统计

通过对 2019—2023 年的考题统计，本节涉及的考点主要是我国建设项目总投资及工程造价的构成、国外建设项目总投资构成两项内容。近 5 年涉及本节的真题共有 5 题，具体考点的考核频次如表 1.1.1 所示。

表 1.1.1　第一章第一节考点考核频次表

序号	知识点	具体考点	考核频次
1	我国建设项目总投资及工程造价的构成	固定资产投资	3
		工程造价	1
2	国外建设工程造价构成	项目相关建设成本	1

知识点凝练

一、我国建设项目投资及工程造价的构成

建设项目总投资是为完成工程项目建设并达到使用要求或生产条件，在建设期内预计或实际投入的全部费用总和，如图 1.1.1 所示。

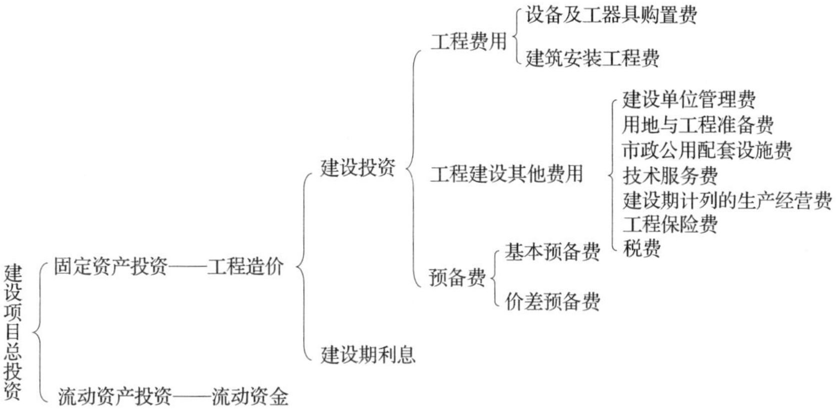

图 1.1.1　我国现行建设项目总投资构成

生产性建设项目总投资包括建设投资、建设期利息和流动资金三部分；非生产性建设项目总投资包括建设投资和建设期利息两部分。其中建设投资和建设期利息之和对应于固定资产投资，固定资产投资与建设项目的工程造价在量上相等。

工程造价中的主要构成部分是建设投资。

建设投资是为完成工程项目建设，在建设期内投入且形成现金流出的全部费用。建设投资包括工程费用、工程建设其他费用和预备费三部分。

工程费用是指建设期内直接用于工程建造、设备购置及其安装的建设投资，可以分为建设安装工程费和设备及工器具购置费；工程建设其他费用是指建设期发生的与土地使用权取得、全部工程项目建设以及未来生产经营有关的，除工程费用、预备费、增值税、建设期融资费用、流动资金以外的费用。预备费是在建设期内因各种不可预见因素的变化而预留的可能增加的费用，包括基本预备费和价差预备费。

以上仅以建筑工程为例阐述建设项目总投资构成，其他专业类别的工程造价及总投资构成与以上建筑工程有所不同。例如，水利工程总投资由工程部分投资、建设征地移民补偿投资、环境保护工程投资、水土保持工程投资、价差预备费和建设期融资利息组成。公路工程总投资由建筑安装工程费、土地使用及拆迁补偿费、工程建设其他费、预备费和建设期贷款利息构成。铁路工程投资总额由建筑安装工程费、设备购置费、其他费、基本预备费、工程造价增涨预留费和建设期债务性资金利息、机车车辆（动车）购置费和铺底流动资金构成。水运工程总投资由工程费用、工程建设其他费用、预留费用、建设期贷款利息和专项估算组成。其他专业工程总投资构成本书不再一一列举。

二、国外建设项目总投资构成

国际上各个国家和地区的建设项目总投资构成各有不同，为统一世界各国家和地区的建设项目的费用分类、定义、计量、分析和构成标准，以英国皇家特许测量师学会和美国国际工程造价促进会为主联合 45 个成员组织组成国际建设项目计量标准联盟，其下辖的独立标准制定委员会于 2017 年发布了国际建设项目计量标准，对工程项目的总建设成本（相当于我国的建设项目总投资）作了统一规定。工程项目总建设成本包括项目基本建设成本、项目相关建设成本、场地购置费和业主其他费用三部分，各部分详细内容如下：

（一）项目基本建设成本

项目基本建设成本是指工程建设过程中直接产生的费用，包括人工费、材料费、施工机械使用费、设备费及为工程施工进行的所有施工准备工作、临时设施费用，承包方现场和总部的管理费用、利润、税金。通常为完成建筑物或土木工程项目施工合同内容而支付的总价，包含任何业主需要承包方完成的工作。项目基本建设成本又可以根据项目专业类别的不同分为成本集和成本子集。主要的成本集包括：

（1）拆除和场地平整，包括为了使项目建设场地达到项目设计平面要求，满足下部结构施工进行的所有准备工作。

（2）下部结构，包括所有地下或水下承重工程，并包括相关土方工程、支护工程和非承重结构及其他相关工程，不包括装饰工程。下部结构可以根据建筑、道路和高速公路、铁路、桥梁、隧道等不同的专业工程分为不同的成本子集。

（3）结构，包括所有承重工程和非承重结构的主体工程，不包括下部结构和装饰工程。

（4）非承重结构和装饰工程 / 非结构工程，包括所有非承重结构和装饰工程，不包括服务和设备、地表和地下排水系统。

（5）服务和设备，包括所有用于项目竣工投入使用的永久服务和设备，包括机械、水利、管道设施、消防、运输、通信、安全、电气和电子等设备，不包括地表和地下排水系统。

（6）地表和地下排水系统，包括服务于项目的地表和地下排水系统。

（7）附属工程，包括为主体工程所做的辅助性配套工程，不包含在业主其他费用中。

（8）施工准备 / 承包方现场管理费用 / 一般要求，包括施工方现场管理、临时设施、服务和开支，以及不直接消耗在工程实体上的工作和费用，与所有成本集相关但不直接划分到某一特定成本集中。

（9）风险准备金，包括为预防风险和因项目结果不确定性需要而预留的准备金，风险准备金与项目基本建设成本有关，但不包含在业主其他费用中。风险准备金包括价格水平调整部分，即在一定期限内，允许对通货膨胀、上调或紧缩引起的价格水平波动进行调整。

（10）税金，包括国家或政府机构对项目强制征收的税费，以全部或部分建设合同价款作为征税计算基数，由业主或承包方支付。

（二）项目相关建设成本

项目相关建设成本包括场外设施费用、工器具及生产家具购置费、与项目建设有关的咨询费和监理费，以及风险准备金，不包括场地购置费和业主为实现项目发生的其他费用。

（1）场外设施费用，包括所有为实现项目将公共设施接入现场而支付给政府机构和公共设施公司的费用。

（2）工器具及生产家具购置费，包括在接近竣工时或竣工后为项目正常使用投入的家具、配件和设备的费用。

（3）与项目建设有关的咨询费和监理费，包括支付给除承包方以外的服务提供方的费用。

（4）风险准备金，与项目基本建设成本中的风险准备金类似，包括为预防风险和因项目结果不确定性需要而预留的准备金，此项准备金与项目相关建设成本有关，同样不包含在业主其他费用中。

（三）场地购置费和业主其他费用

场地购置费和业主其他费用是指从项目开始至项目结束，为获得施工场地支付的费用和为实现项目发生的基本建设成本和相关建设成本以外的所有其他费用。主要包括以下内容：

（1）场地购置费，包括为获得施工场地所需要支付的所有费用。

（2）行政、财务、法律和经营费用，包括从项目开始到投入使用所有与项目实施有关的不包含在项目基本建设成本和项目相关建设成本中的费用。

第二节　设备及工器具购置费的构成和计算

真题解析

一、2023 年考题

1. 某项目采购一台国产非标准设备，制造厂生产该设备的材料、加工具等费用为 30 万元，外购配套件费为 8 万元，利润率为 7%，增值税税率为 13%。不计其他费用，则用成本计算估价法计算的该台设备原价为（　　）万元。

A. 44.27　　B. 44.91　　C. 45.31　　D. 45.95

【答案】 C

【解析】 设备原价 =［30×（1+7%）+8］×13%=45.31（万元）。

【考点】 设备购置费的构成和计算——国产设备原价的构成及计算。

2. 关于设备及工器具购置费的构成，下列说法正确的有（　　）。

A. 国产设备原价中包含未达到固定资产标准的备品备件费

B. 国产设备运杂费包括从设备出厂到运至工地仓库发生的所有合理费用

C. 进口设备抵岸价是指设备抵达买方边境、港口或车站时的价格

D. 工器具及生产家具购置费包含生产、办公、生活家具购置费

E. 设备运杂费中包括设备供销部门的手续费

【答案】BE

【解析】选项 A 错误，设备购置费是指为工程建设项目购置或自制的达到固定资产标准的设备、工器具及生产家具等所需的费用。选项 C 错误，进口设备抵岸价是指设备抵达买方边境、港口或车站，缴纳完各种手续费、税费后形成的价格。选项 D 错误，工器具及生产家具购置费只是新建或扩建项目初步设计规定的，保证初期正常生产必须购置的没有达到固定资产标准的设备、仪器、工卡模具、器具、生产家具和备品备件等的购置费用。

【考点】设备购置费的构成和计算。

3. 下列选项中，属于进口设备运杂费的是（　　）。

A. 国际运费　　B. 国际运输保险费

C. 进口从属费　　D. 采购及保管费

【答案】D

【解析】进口设备运杂费包含运费和装卸费、包装费、设备供销部门手续费，以及采购与仓库保管费。

【考点】设备购置费的构成和计算。

二、2022 年考题

1. 生产非标准设备所用的材料，辅助材料和加工费合计为 6 万元，专用工具和废品损失费为 0.5 万元，外购配套件费为 1.5 万元。若利润率为 10%，增值税税率为 13%，设备原价按成本计算估价法确定，在不发生其他费用的情况下，该设备的增值税销项税额为（　　）万元。

A. 0.930　　B. 1.040　　C. 1.125　　D. 1.144

【答案】C

【解析】增值税的销项税额 =［（6+0.5）×（1+10%）+1.5］× 13%=1.125（万元）。

【考点】设备购置费的构成和计算——进口设备原价的构成及计算。

2. 关于进口设备原价中消费税的计算，下列计算方式正确的是（　　）。

A. 到岸价 × 消费税税率

B.（到岸价 + 关税）× 消费税税率

C.（到岸价 + 关税 + 消费税）× 消费税税率

D.（到岸价 + 关税 + 增值税）× 消费税税率

【答案】C

【解析】应纳消费税税额 = $\dfrac{\text{到岸价格（CIF）}\times\text{人民币外汇汇率}+\text{关税}}{1-\text{消费税税率}}$ × 消费税税率。

【考点】设备购置费的构成和计算——进口设备原价的构成及计算。

3. 关于进口设备原价的构成内容，正确的有（　　）。

A. 设备在出口国内发生的运费

B. 设备的国际运输费用

C. 设备供销部门手续费

D. 设备验收、保管和收发发生的费用

E. 未达到固定资产标准的设备购置费

【答案】AB

【解析】国产设备原价一般指的是设备制造厂的交货价或订货合同价，即出厂（场）价格。进口设备的原价是指进口设备的抵岸价，即设备抵达买方边境、港口或车站，交纳完各种手续费、税费后形成的价格。设备运杂费是指国内采购设备自来源地、国外采购设备自到岸港运至工地仓库或指定堆放地点发生的采购、运输、运输保险、保管、装卸费等费用。设备供销部门手续费、设备验收、保管和收发发生的费用属于设备运杂费的内容。未达到固定资产标准的设备购置费属于工具、器具及生产家具购置费。

【考点】设备购置费的构成和计算——进口设备原价的构成及计算。

三、2021 年考题

1. 国内生产某台非标准设备，材料费、加工费、辅助材料费、专用工具费合计 50 万元，废品损失费为 5 万元，外购配套件费为 15 万元，包装费费率 5%。假设利润率为 10%，则用成本计算估价法计算的该设备的利润是（　　）万元。

A. 7.35　　B. 6.825　　C. 5.85　　D. 5.775

【答案】C

【解析】包装费 =（50+5+15）×5%=3.5（万元）；利润 =（50+5+3.5）×10%=5.85（万元）。

【考点】设备购置费的构成和计算——国产设备原价的构成及计算。

2. 对进口设备计算进口环节增值税时，作为计税基数组成计税价格的是（　　）。

A. 到岸价 + 消费税　　B. 到岸价 + 关税

C. 关税完税价格 + 消费税　　D. 关税完税价格 + 关税 + 消费税

【答案】D

【解析】进口环节增值税，是对从事进口贸易的单位和个人，在进口商品报关进口后征收的税种。我国增值税征收条例规定，进口应税产品均按组成计税价格和增值税税率直接计算应纳税额，即进口环节增值税额 = 组成计税价格 × 增值税税率；组成计税价格 = 关税完税价格 + 关税 + 消费税；其中，增值税税率根据规定的税率计算。

【考点】设备购置费的构成和计算——进口设备原价的构成及计算。

3. 关于设备原价，下列说法正确的有（　　）。

A. 进口设备原价是指采购设备的到岸价

B. 国产设备原价一般指设备制造厂交货价或订货合同价

C. 进口设备原件通常包含备品备件费

D. 国产非标准设备原价中的增值税是指销项税与进项税的差额

E. 国产非标准设备原价中包含该设备设计费

【答案】BCE

【解析】设备原价指国内采购设备的出厂（场）价格或国外采购设备的抵岸价格，

设备原价通常包含备品备件费在内，备品备件费指设备购置时随设备同时订货的首套备品备件所发生的费用。

【考点】设备购置费的构成和计算。

四、2020 年考题

1. 某国内设备制造厂生产某台非标准设备的生产制造成本及包装费用 20 万元，外购配套件费为 3 万元，利润率为 10%，增值税税率为 13%，则生产该台设备的利润为（　　）万元。

A. 2.00　　B. 2.25　　C. 2.30　　D. 2.60

【答案】A

【解析】利润 =20×10%=2（万元）。

【考点】设备购置费的构成和计算——国产设备原价的构成及计算。

2. 关于设备购置费中的设备原价，下列说法正确的有（　　）。

A. 包含随设备同时订购的首套备品备件费

B. 包括施工现场自制设备的制造费用

C. 包括达到固定资产标准的办公家具购置费

D. 包括进口设备从来源地到买方边境的运输费

E. 包括设备采购、保管人员的工资费

【答案】AD

【解析】设备购置费是指购置或自制的达到固定资产标准的设备、工器具及生产家具等所需的费用。设备原价指国内采购设备的出厂（场）价格或国外采购设备的抵岸价格，设备原价通常包含备品备件费在内，备品备件费指设备购置时随设备同时订货的首套备品备件所发生的费用。

【考点】设备购置费的构成和计算。

3. 某应纳消费税的进口设备到岸价为 1 800 万元，关税税率为 20%，消费税税率为 10%。增值税税率为 16%，则该台设备进口环节增值税额为（　　）万元。

A. 316.80　　B. 345.60　　C. 380.16　　D. 384.00

【答案】D

【解析】关税 =1 800×20%=360（万元），消费税 =（1 800+360）/（1−10%）×10%=240（万元），增值税 =（1 800+360+240）×16%=384（万元）。

【考点】设备购置费的构成和计算——进口设备原价的构成及计算。

五、2019 年考题

1. 关于设备原价的说法，正确的是（　　）。

A. 进口设备的原价是指其到岸价

B. 国产设备原价应通过直接查询相关交易价格或向生产厂家询价获得

C. 设备原价通常包含备品备件费在内

D. 设备原价占设备购置费比重增大，意味着资本有机构成的提高

【答案】C

【解析】设备原价指国内采购设备的出厂（场）价格或国外采购设备的抵岸价格，设备原价通常包含备品备件费在内。

【考点】设备购置费的构成和计算——国产设备原价的构成及计算。

2. 某进口设备人民币货价 400 万元，国际运费折合人民币 30 万元，运输保险费费率为 3‰，则该设备应计的运输保险费折合人民币（　　）万元。

A. 1.200　　B. 1.204

C. 1.290　　D. 1.294

【答案】D

【解析】（400+30）/（1–3‰）×3‰=1.294（万元）。

【考点】设备购置费的构成和计算——进口设备原价的构成及计算。

3. 非标准设备原价中，能作为利润取费基数的是（　　）。

A. 辅助材料费　　B. 废品损失费

C. 包装费　　D. 外购配套件费

E. 专用工具费

【答案】ABCE

【解析】利润按材料费、加工费、辅助材料费、专用工具费、废品损失费和包装费之和乘以一定利润率计算。

【考点】设备购置费的构成和计算——国产设备原价的构成及计算。

考点统计

通过对 2019—2023 年的考题统计，本节涉及的考点主要是设备购置费的构成和计算。近 5 年涉及本节的真题共有 15 题，具体考点的考核频次如表 1.2.1 所示。

表 1.2.1　第一章第二节考点考核频次表

知识点	具体考点	考核频次
设备购置费的构成和计算	“设备购置费的构成和计算”综合性考点	4
	进口设备原价的构成及计算	6
	国产设备原价的构成及计算	5

知识点凝练

设备及工器具购置费用是由设备购置费和工具、器具及生产家具购置费组成的，它是固定资产投资中的积极部分。在生产性工程建设中，设备及工器具购置费用占工程造价比重的增大，意味着生产技术的进步和资本有机构成的提高。

一、设备购置费的构成和计算

概念及公式：设备购置费是指购置或自制的达到固定资产标准的设备、工器具及生产家具等所需的费用。它由设备原价和设备运杂费构成。

设备购置费 = 设备原价（含备品备件费）+ 设备运杂费

设备原价指国内采购设备的出厂（场）价格或国外采购设备的抵岸价格，设备原价通常包含备品备件费在内；设备运杂费指除设备原价之外的关于设备采购、运输、途中包装及仓库保管等方面支出费用的总和。

（一）国产设备原价的构成及计算

国产设备原价分为国产标准设备原价和国产非标准设备原价。

1. 国产标准设备原价

在计算时，一般采用带有备件的原价。可通过查询相关交易市场价格或向设备生产厂家询价得到国产标准设备原价。

2. 国产非标准设备原价

国产非标准设备原价有多种不同的计算方法，如成本计算估价法、系列设备插入估价法、分部组合估价法、定额估价法等。但无论采用哪种方法都应该使非标准设备计价接近实际出厂价。

按成本计算估算法，非标准设备的由以下各项组成：材料费、加工费、辅助材料费、专用工具费、废品损失费、外购配套件费、包装费、利润、税金、非标准设备设计费。

单台非标准设备原价 = {[（材料费 + 加工费 + 辅助材料费）×（1+ 专用工具费费率）×（1+ 废品损失费费率）+ 外购配套件费] ×（1+ 包装费费率）– 外购配套件费 } ×（1+ 利润率）+ 销项税额 + 非标准设备设计费 + 外购配套件费

（二）进口设备原价的构成及计算

进口设备的原价是指进口设备的抵岸价。抵岸价通常是由进口设备到岸价（CIF）和进口从属费构成。

1. 进口设备的交易价格

（1）FOB（Free on board），是指装运港船上交货，亦称为离岸价格。风险转移，以在指定的装运港货物被装上指定船时为分界点。费用划分与风险转移的分界点相一致。

（2）CFR（Cost and freight），是指成本加运费，也称为运费在内价。CFR 是指在装运港货物在装运港被装上指定船时卖方即完成交货，卖方必须支付将货物运至指定的目的港所需的运费和费用，但交货后货物灭失或损坏的风险，以及由于各种事件造成的任何额外费用，即由卖方转移到买方。与 FOB 价格相比，CFR 的费用划分与风险转移的分界点是不一致的。

（3）CIF，是指成本加保险费、运费，习惯称到岸价格。

2. 进口设备到岸价的构成及计算

进口设备到岸价（CIF）= 离岸价格（FOB）+ 国际运费 + 运输保险费
= 运费在内价（CFR）+ 运输保险费

（1）货价。一般指装运港船上交货价（FOB）。

（2）国际运费。

国际运费（海、陆、空）= 原币货价（FOB）× 运费费率

国际运费（海、陆、空）= 单位运价 × 运量

（3）运输保险费。

运输保险费 = 原币货价（FOB）+ 国外运费 /（1− 保险费费率）× 保险费费率

3. 进口从属费的构成及计算

进口从属费 = 银行财务费 + 外贸手续费 + 关税 + 消费税 + 进口环节增值税 + 车辆购置税

银行财务费 = 离岸价格（FOB）× 人民币外汇汇率 × 银行财务费费率

外贸手续费 = 到岸价格（CIF）× 人民币外汇汇率 × 外贸手续费费率

关税 = 到岸价格（CIF）× 人民币外汇汇率 × 进口关税税率

（到岸价格作为关税的计征基数时，通常又可称为关税完税价格）

$$应纳消费税税额=\frac{到岸价格（CIF）\times人民币外汇汇率+关税}{1-消费税税率}\times消费税税率$$

进口环节增值税额 = 组成计税价格 × 增值税税率 =（关税完税价格 + 关税 + 消费税）× 增值税税率

进口车辆购置税 =（关税完税价格 + 关税 + 消费税）× 车辆购置税税率

（三）设备运杂费的构成及计算

1. 设备运杂费的构成

设备运杂费是指国内采购设备自来源地、国外采购设备自到岸港运至工地仓库或指定堆放地点发生的采购、运输、运输保险、保管、装卸费等费用。

（1）运费和装卸费。

（2）包装费。

（3）设备供销部门的手续费。

（4）采购与仓库保管费。

2. 设备运杂费的计算

设备运杂费 = 设备原价 × 设备运杂费费率

二、工具、器具及生产家具购置费的构成和计算

工具、器具及生产家具购置费，是指新建或扩建项目初步设计规定的，保证初期正常生产必须购置的没有达到固定资产标准的设备、仪器、工卡模具、器具、生产家具（注：只是生产家具，不包括生活家具及办公家具）和备品备件等的购置费用。计算公式为：

工具、器具及生产家具购置费 = 设备购置费 × 定额费费率

第三节 建筑安装工程费构成和计算

真题解析

一、2023 年考题

1. 在不增加施工成本的前提下，下列关于承包人增加增值税可抵扣进项税额的方法，正确的有（   ）。

A. 可采用劳务分包方式获取抵扣进项税额

B. 材料的采购应在价格低廉和能取得增值税专用发票之间选择后者

C. 自购施工机具取得的可抵扣进项税额需一次性抵扣

D. 检验试验费中的增值税进项税额按 6% 的适用税率扣减

E. 办公费中的增值税进项税额按 9% 的适用税率扣减

【答案】ACD

【解析】选项 A 正确，在不增加施工成本的前提下，对于建筑安装工程费用中的不同部分可以选择不同的增加可抵扣增值税进项税额的方法：人工费本身是没有进项税额的，但若采用劳务分包的方式，无论劳务分包公司采用一般计税或简易计税方法，劳务分包合同额中的增值税都可以成为可抵扣增值税进项税额。选项 C 正确，自购的施工机具企业计提的设备折旧无法抵扣进项税，只能在购买时一次性抵扣。选项 D 正确，当采用一般计税方法时，检验试验费中增值税进项税额以现代服务业适用的税率 6% 扣减。

【考点】按费用构成要素划分建筑安装工程费用项目构成和计算。

2. 关于一般计税方法和简易计税方法的选择，下列说法正确的是（   ）。

A. 允许采用简易计税方法时，选择何种方法主要取决于可抵扣的进项税额

B. 计税方法一经选择，48 个月内不得变更

C. 同一时期承包人的不同项目只能选择相同的计税方法

D. 不允许发包人在招标合同条款中要求选择特定的计税方法

【答案】A

【解析】承包人可以选择采用一般计税方法或简易计税方法，但一经选择，36 个月内不得变更。当然，一般纳税人可就不同应税行为选择不同的计税方法，有可能出现一般计税方法和简易计税方法同时存在的情形，所以 36 个月内不得变更主要是针对单个项目而言的，而不是说一般纳税人选择了简易计税方法以后，全部建筑项目均要适用简易计税。与此同时，发包人虽然在法理上并不具备计税方法的选择权，但其可以在建设项目招投标过程中通过事先拟定的合同条款要求选择特定的计税方法，在这种情况下，发包人事实上享有了增值税计税方法的选择权。

【考点】按费用构成要素划分建筑安装工程费用项目构成和计算——税金。

3. 关于措施项目工程量的计算单位，下列说法正确的是（   ）。

A. 脚手架费按建筑面积或垂直投影面积以“m^2”为单位计算

B. 超高施工增加费按建筑物超高高度以“m”为单位计算

C. 垂直运输费按运输距离以“m”为单位计算

D. 降水费用按降水深度以“m”为单位计算

【答案】A

【解析】选项 A 正确，脚手架费通常按照建筑面积或垂直投影面积以“m^2”为单位计算；选项 B 错误，超高施工增加费通常按照建筑物超高部分的建筑面积以“m^2”为单位计算；选项 C 错误，垂直运输费可根据不同情况用两种方法进行计算：按照建筑面积以“m^2”为单位计算；按照施工工期日历天数以“天”为单位计算；选项 D 错误，施工排水、降水费分两个不同的独立部分计算：成井费用通常按照设计图示尺寸以钻孔深度以“m”计算；排水、降水费用通常按照排、降水日历天数以“昼夜”计算。

【考点】按造价形成划分建筑安装工程费用项目构成和计算——措施项目费。

4. 下列国外建筑安装工程费的构成项目中，应计入管理费的是（　　）。

A. 现场保卫设施费　　B. 现场试验费

C. 工人现场福利费　　D. 保函手续费

【答案】D

【解析】业务经费包括：业务所需手续费，施工企业参加投标时，必须由银行开具投标保函；在中标后必须由银行开具履约保函；在收到业主的工程预付款以前，必须由银行开具预付款保函；在工程竣工后，必须由银行开具质量或维修保函。在开具以上保函时，银行要收取一定的担保费。

【考点】国外建筑安装工程费用的构成——费用构成。

二、2022 年考题

1. 下列费用中，属于施工企业管理费中财务费的是（　　）。

A. 财务专用工具购置费　　B. 预付款担保

C. 审计费　　D. 财产保险费

【答案】B

【解析】财务费是指企业为施工生产筹集资金或提供预付款担保、履约担保、职工工资支付担保等所发生的各种费用。

【考点】按费用构成要素划分建筑安装工程费用项目构成和计算——企业管理费。

2. 关于超高施工增加费计取的条件，下列说法正确的是（　　）。

A. 单层建筑檐口高度超过 18m，多层建筑物超过 6 层

B. 单层建筑檐口高度超过 18m，多层建筑物超过 8 层

C. 单层建筑檐口高度超过 20m，多层建筑物超过 6 层

D. 单层建筑檐口高度超过 20m，多层建筑物超过 8 层

【答案】C

【解析】当单层建筑物檐口高度超过 20m，多层建筑物超过 6 层时，可计算超高施工增加费。

【考点】按造价形成划分建筑安装工程费用项目构成和计算——措施项目费。

3. 下列保险担保费用中，属于建筑安装工程费中企业管理费的有（　　）。

A. 工伤保险费　　B. 施工管理用车辆保险

C. 劳动保险　　D. 履约担保费用

E. 国内运输保险费

【答案】BCD

【解析】工伤保险费属于规费。施工管理用车辆保险、劳动保险、履约担保费用属于企业管理费。国内运输保险费属于设备运杂费。

【考点】按费用构成要素划分建筑安装工程费用项目构成和计算——企业管理费。

三、2021 年考题

1. 根据我国现行建筑安装工程费用项目构成规定，在施工合同签订时尚未确定的服务采购费用应计入（　　）。

A. 暂列金额　　B. 暂估价　　C. 措施项目费　　D. 总承包服务费

【答案】A

【解析】暂列金额是指招标人在工程量清单中暂定并包括在合同价款中的一笔款项。

【考点】按造价形成划分建筑安装工程费用项目构成和计算——其他项目费。

2. 在国外建筑安装工程费用构成中，现场材料试验及所需设备的费用包含在（　　）中。

A. 直接工程费　　B. 管理费　　C. 开办费　　D. 其他摊销费

【答案】C

【解析】开办费包括的内容因国家和工程的不同而异，大致包括以下内容：

（1）施工用水、用电费。施工用水费，按实际打井、抽水、送水发生的费用估算，也可以按占直接费的比率估计。施工用电费，按实际需要的电费或自行发电费估算，也可按照占直接费的比率估算。

（2）工地清理费及完工后清理费，建筑物烘干费，临时围墙、安全信号、防护用品的费用以及恶劣气候条件下的工程防护费、污染费、噪声费，其他法定的防护费用。

（3）周转材料费，如脚手架、模板的摊销费等。

（4）临时设施费，包括生活用房、生产用房、临时通信、室外工程（包括道路、停车场、围墙、给排水管道、输电线路等）的费用，可按实际需要计算。

（5）驻工地工程师的现场办公室及所需设备的费用，现场材料试验及所需设备的费用。一般在招标文件的技术规范中有明确的面积、质量标准及设备清单等要求。如要求配备一定的服务人员或实验助理人员，则其工资费用也需计入。

（6）其他，包括工人现场福利费及安全费、职工交通费、日常气候报表费、现场道路及进出场道路修筑及维护费、恶劣天气下的工程保护措施费、现场保卫设施费等。

【考点】国外建筑安装工程费用的构成——费用构成。

3. 根据我国现行建筑安装工程费用项目构成规定，包含在企业管理费中的费用项目有（　　）。

A. 工地转移费　　B. 工具用具使用费

C. 仪器仪表使用费　　D. 检验试验费

E. 材料采购与保管费

【答案】ABD

【解析】企业管理费包括：管理人员工资，办公费，差旅交通费，固定资产使用费，工具用具使用费，劳动保险和职工福利费，劳动保护费，检验试验费，工会经费，职工教育经费，财产保险费，财务费，税金，其他。

【考点】按费用构成要素划分建筑安装工程费用项目构成和计算——企业管理费。

四、2020 年考题

1. 下列费用中，属于安全文明施工费中临时设施费的是（　　）。

A. 现场配备的医疗保健器材费　　B. 塔吊及外用电梯安全防护措施费

C. 临时文化福利用房费　　D. 新建项目的场地准备费

【答案】C

【解析】临时设施费包括以下内容，见下表。

临时设施费	施工现场采用彩色、定型钢板，砖、混凝土砌块等围挡的安砌、维修、拆除费用
	施工现场临时建筑物、建筑物的搭设，维修，拆除，如临时宿舍、办公室、食堂、厨房、厕所、诊疗所、临时文化福利用房、临时仓库、加工场、搅拌台、临时简易水塔、水池等费用
	施工现场临时设施的搭建、维修、拆除，如临时供水管道、临时供电管线、小型临时设施等费用
	其他临时设施搭设、维修、拆除费用

【考点】按造价形成划分建筑安装工程费用项目构成和计算——措施项目费。

2. 根据国外建筑安装工程费的构成规定，工程施工中的周转材料费应包含在（　　）中。

A. 材料费　　B. 暂定金额　　C. 开办费　　D. 其他摊销费

【答案】C

【解析】开办费包括的内容因国家和工程的不同而异，大致包括以下内容：

（1）施工用水、用电费。

（2）工地清理费及完工后清理费，建筑物烘干费，临时围墙、安全信号、防护用品的费用以及恶劣气候条件下的工程防护费、污染费、噪声费，其他法定的防护费用。

（3）周转材料费，如脚手架、模板的摊销费等。

（4）临时设施费，包括生活用房、生产用房、临时通信、室外工程（包括道路、停车场、围墙、给排水管道、输电线路等）的费用，可按实际需要计算。

（5）驻工地工程师的现场办公室及所需设备的费用，现场材料试验及所需设备的费用。一般在招标文件的技术规范中有明确的面积、质量标准及设备清单等要求。如要求配备一定的服务人员或实验助理人员，则其工资费用也需计入。

（6）其他，包括工人现场福利费及安全费、职工交通费、日常气候报表费、现场道路及进出场道路修筑及维护费、恶劣天气下的工程保护措施费、现场保卫设施费等。

【考点】国外建筑安装工程费用的构成——费用构成。

3. 下列费用中，属于建筑安装工程费用企业管理费的有（　　）。

A. 施工机械保险费　　B. 劳动保险费

C. 工伤保险费　　D. 财产保险费

E. 工程保险费

【答案】BD

【解析】企业管理费包括：管理人员工资，办公费，差旅交通费，固定资产使用费，工具用具使用费，劳动保险和职工福利费，劳动保护费，检验试验费，工会经费，职工教育经费，财产保险费，财务费，税金，其他。

【考点】按费用构成要素划分建筑安装工程费用项目构成和计算——企业管理费。

五、2019 年考题

1. 根据我国现行建筑安装工程费用构成，下列费用中属于安全文明施工费的（　　）。

A. 脚手架费　　B. 临时设施费

C. 二次搬运费　　D. 非夜间施工照明

【答案】B

【解析】安全文明施工费是指工程项目施工期间，施工单位为保证安全施工、文明施工和保护现场内外环境等所发生的措施项目费用。通常由环境保护费、文明施工费、安全施工费、临时设施费组成。

【考点】按造价形成划分建筑安装工程费用项目构成和计算——措施项目费。

2. 根据国外建筑安装工程费用的构成，施工工人的招雇解雇费用一般计入（　　）。

A. 直接工程费　　B. 现场管理费　　C. 公司管理费　　D. 开办费

【答案】A

【解析】人工费，国外一般工程施工的工人按技术要求划分为高级技工、熟练工、半熟练工和壮工。当工程价格采用平均工资计算时，要按各类工人总数的比例进行加权计算。人工费应该包括工资、加班费、津贴、招雇解雇费用等。人工费属于直接工程费。

【考点】国外建筑安装工程费用的构成——费用构成。

3. 根据我国现行建筑安装工程造价计价方法，下列情况可以选择适用简易计税方法的是（　　）。

A. 小规模纳税人发生的应税行为

B. 一般纳税人以清包工方式提供的建筑服务

C. 一般纳税人为甲供工程提供的建筑服务

D. 施工许可证注明的开工日期在 2016 年 4 月 30 日前

E. 实际开工日期在 2016 年 4 月 30 日前的建筑服务

【答案】BCD

【解析】简易计税方法主要适用于以下几种情况：

（1）小规模纳税人发生应税行为适用简易计税方法计税；

（2）一般纳税人以清包工方式提供的建筑服务，可以选择适用简易计税方法计税；

（3）一般纳税人为甲供工程提供的建筑服务，可以选择适用简易计税方法计税；

（4）一般纳税人为建筑工程老项目提供的建筑服务，可以选择适用简易计税方法计税。建筑工程老项目是指：一是“建筑工程施工许可证”注明的合同开工日期在2016 年 4 月 30 日前的建筑工程项目；二是未取得“建筑工程施工许可证”的，建筑工程承包合同注明的开工日期在 2016 年 4 月 30 日前的建筑工程项目。

【考点】按费用构成要素划分建筑安装工程费用项目构成和计算——税金。

考点统计

通过对 2019—2023 年的考题统计，本节涉及的考点主要是建筑安装工程费用的构成、按费用构成要素划分建筑安装工程费用项目构成和计算、按造价形成划分建筑安装工程费用项目构成和计算、国外建筑安装工程费用的构成四项内容。近 5 年涉及本节的真题共有 16 题，具体考点的考核频次如表 1.3.1 所示。

表 1.3.1　第一章第三节考点考核频次表

序号	知识点	具体考点	考核频次
1	按费用构成要素划分建筑安装工程费用项目构成和计算	“按费用构成要素划分建筑安装工程费用项目构成和计算”综合性考点	1
		企业管理费	4
		税金	2
2	按造价形成划分建筑安装工程费用项目构成和计算	措施项目费	4
		其他项目费	1
3	国外建筑安装工程费用的构成	费用构成	4

知识点凝练

一、建筑安装工程费用的构成

（一）建筑安装工程费用内容

建筑安装工程费是指为完成工程项目建造、生产性设备及配套工程安装所需的费用。

1. 建筑工程费用内容

（1）各类房屋建筑工程和列入房屋建筑工程预算的供水、供暖、卫生、通风、煤气等设备费用及其装设、油饰工程的费用，列入建筑工程预算的各种管道、电力、电信和电缆导线敷设工程的费用。

（2）设备基础、支柱、工作台、烟囱、水塔、水池、灰塔等建筑工程以及各种炉窑的砌筑工程和金属结构工程的费用。

（3）为施工而进行的场地平整，工程和水文地质勘察，原有建筑物和障碍物的拆除以及施工临时用水、电、气、路、通信和完工后的场地清理，环境绿化、美化等工作的费用。

（4）矿井开凿、井巷延伸、露天矿剥离，石油、天然气钻井，修建铁路、公路、桥梁、水库、堤坝、灌渠及防洪等工程的费用。

2. 安装工程费用内容

（1）生产、动力、起重、运输、传动和医疗、实验等各种需要安装的机械设备的装配费用，与设备相连的工作台、梯子、栏杆等设施的工程费用，附属于被安装设备的管线敷设工程费用，以及被安装设备的绝缘、防腐、保温、油漆等工作的材料费和安装费。

（2）为测定安装工程质量，对单台设备进行单机试运转、对系统设备进行系统联动无负荷试运转工作的调试费。

（二）我国现行建筑安装工程费用项目组成

建筑安装工程费按费用构成要素划分为人工费、材料费、施工机具使用费、企业管理费、利润、规费、税金，按造价形成划分为分部分项工程费、措施项目费、其他项目费、规费、税金。

二、按费用构成要素划分建筑安装工程费用项目构成和计算

（一）人工费

建筑安装工程费中的人工费，是指支付给直接从事建筑安装工程施工作业的生产工人的各项费用。

（1）人工工日消耗量。它由分项工程所综合的各个工序劳动定额包括的基本用工、其他用工两部分组成。

（2）人工日工资单价。人工费的基本计算公式为：

$$人工费=\sum（工日消耗量\times 日工资单价）$$

（二）材料费

建筑安装工程费中的材料费，是指工程施工过程中耗费的各种原材料、半成品、构配件、工程设备等的费用，以及周转材料等的摊销、租赁费用。

（1）材料消耗量，包括材料净用量和材料不可避免的损耗量。

（2）材料单价，指建筑材料从其来源地运到施工工地仓库直至出库形成的综合平均单价，其内容包括材料原价、运杂费、运输损耗费、采购及保管费。当一般纳税人采用一般计税方法时，材料单价中的材料原价、运杂费等均应扣除增值税进项税额。

材料费的基本计算公式为：

$$材料费=\sum（材料消耗量\times 材料单价）$$

（3）工程设备，是指构成或计划构成永久工程一部分的机电设备、金属结构设备、仪器装置及其他类似的设备和装置。

（三）施工机具使用费

建筑安装工程费中的施工机具使用费，是指施工作业所发生的施工机械、仪器仪表使用费或其租赁费。

（1）施工机械使用费。

$$施工机械使用费=\sum（施工机械台班消耗量\times 施工机械台班单价）$$

（2）仪器仪表使用费。

$$仪器仪表使用费 = \sum（仪器仪表台班消耗量 \times 仪器仪表台班单价）$$

当一般纳税人采用一般计税方法时，材料单价中的材料原价、运杂费等均应扣除增值税进项税额。

（四）企业管理费

1. 企业管理费的内容

企业管理费是指施工单位组织施工生产和经营管理所发生的费用。包括：管理人员工资，办公费，差旅交通费，固定资产使用费，工具用具使用费，劳动保险和职工福利费，劳动保护费，检验试验费，工会经费，职工教育经费，财产保险费，财务费，税金，其他。

2. 企业管理费的计算方法

企业管理费一般采用取费基数乘以费率的方法计算，取费基数有三种，分别是以直接费为计算基础、以人工费和施工机具使用费合计为计算基础和以人工费为计算基础。

（五）利润

工程造价管理机构在确定计价定额中利润时，应以定额人工费或定额人工费与施工机具使用费之和作为计算基数。利润在税前建筑安装工程费的比重可按不低于 5% 且不高于 7% 的费率计算。

（六）规费

1. 规费的内容

规费主要包括社会保险费、住房公积金和工程排污费。社会保险费包括养老保险、失业保险、医疗保险、生育保险、工伤保险。

2. 规费的计算

（1）社会保险费和住房公积金。

$$社会保险费和住房公积金 = \sum（工程定额人工费 \times 社会保险费和住房公积金费率）$$

（2）工程排污费。

（七）税金

建筑安装工程费用中的税金就是增值税，按税前造价乘以增值税税率确定。

1. 采用一般计税方法时增值税的计算

当采用一般计税方法时，建筑业增值税税率为 9%。

计算公式为：

$$增值税 = 税前造价 \times 9\%$$

税前造价为人工费、材料费、施工机具使用费、企业管理费、利润和规费之和，各费用项目均以不包含增值税可抵扣进项税额的价格计算。

2. 采用简易计税方法时增值税的计算

（1）简易计税的适用范围。简易计税方法主要适用以下 4 种情况：

1）小规模纳税人发生应税行为适用简易计税方法计税。小规模纳税人通常是指纳税人提供建筑服务的年应征增值税销售额未超过 500 万元，并且会计核算不健全，不能按规定报送有关税务资料的增值税纳税人。年应税销售额超过 500 万元但不经常发生应税行为的单位也可选择按照小规模纳税人计税。

2）一般纳税人以清包工方式提供的建筑服务，可以选择适用简易计税方法计税。以清包工方式提供建筑服务，是指施工方不采购建筑工程所需的材料或只采购辅助材料，并收取人工费、管理费或者其他费用的建筑服务。

3）一般纳税人为甲供工程提供的建筑服务，可以选择适用简易计税方法计税。甲供工程是指全部或部分设备、材料、动力由工程发包方自行采购的建筑工程。其中建筑工程总承包单位为房屋建筑的地基与基础、主体结搆提供工程服务，建设单位自行采购全部或部分钢材、混凝土、砌体材料、预制构件的适用简易计税方法计税。

4）一般纳税人为建筑工程老项目提供的建筑服务，可以选择适用简易计税方法计税。建筑工程老项目：

①“建筑工程施工许可证”注明的合同开工日期在 2016 年 4 月 30 日前的建筑工程项目；

②未取得“建筑工程施工许可证”的，建筑工程承包合同注明的开工日期在 2016 年 4 月 30 日前的建筑工程项目。

（2）简易计税的计算方法。当采用简易计税方法时，建筑业增值税税率为 3%。

计算公式为：

$$增值税 = 税前造价 \times 3\%$$

税前造价为人工费、材料费、施工机具使用费、企业管理费、利润和规费之和，各费用项目均以包含增值税进项税额的含税价格计算。

3. 建筑业的增值税税务筹划

在建筑业实施“营改增”政策后，建筑安装工程费用中的税金是应计入工程发承包价格中的增值税销项税金，而承包人的实际税负应为销项税金和可抵扣的进项税金之间的差额。因此，承包人的增值税税务筹划就显得尤为重要，需要合理选择计税方法、获取可抵扣进项税额有效凭证，以及注意纳税义务的发生时间对承包人资金流动性的影响等。

（1）合理选择计税方法。由于简易计税方法的征收率（3%）远低于一般计税方法的税率（9%），导致很多承包人会在管理办法允许的情况下尽可能选择简易计税方法，其实这一做法是有待商榷的。由于在简易计税方法下，所有的进项税额都不能抵扣，无论在采购环节发生了多少进项税额，都会直接进入承包人的施工成本，可能会对承包人的利润产生明显的影响，因此，在根据有关管理办法允许采用简易计税的情况下，是否选择也需要视具体情况而定。

1）计税方法的选择主体。根据有关规定，计税方法的选择权归属于纳税人，具体到建筑行业，计税方法的选择权应归属于承包人，除规定只能使用简易计税方法的情况外，满足上述简易计税适用范围的 4 种情况时，承包人可以选择采用一般计税方法或简易计税方法，但一经选择，36 个月内不得变更。当然，一般纳税人可就不同应税行为选择不同的计税方法，有可能出现一般计税方法和简易计税方法同时存在的情形，所以 36 个月内不得变更主要是针对单个项目而言的，而不是说一般纳税人选择了简易计税方法以后，全部建筑项目均要适用简易计税。与此同时，发包人虽然在法理上并不具备计税方法的选择权，但其可以在建设项目招投标过程中通过事先拟定的合同条款要求选择特定的计税方法，在这种情况下，发包人事实上享有了增值税计税方法的选择权。

2）计税平衡点的选择。如前所述，选择何种计税方法实际上关键取决于可抵扣的进项税额，这就要求在工程发承包阶段，承包人需要根据项目类型、是否甲供、未来可能的采购渠道、供应商的纳税方式等预判可抵扣的进项税额。当预判的可抵扣进项税额达到承包合同总额的一定比例时，两种纳税方法的实际税负可能相等，称为无差别平衡点可抵扣进项税额。根据此平衡点可以选择合适的计税方法。

【例 1.3.1】 假设某项目一般纳税人含税的合同总金额为 10 000 万元，预判的可抵扣进项税额为 X，工程分包的合同金额为 2 000 万元，在不考虑各项附加税的条件下，此项业务的无差别平衡点可抵扣进项税额为：

$$10\,000\times9\%/(1+9\%)-X=(10\,000-2\,000)\times3\%/(1+3\%)$$

$$X=593\text{（万元）}$$

意味着当预判的可抵扣进项税额高于 593 万元时，此承包项目应选择一般计税方法，反之，应选择简易计税方法。当然，此算例假设在不同的计税方法下含税合同总额是不变的，但在实际情况中，由于采用的计税方法不同，含税合同总额可能发生相应变化，此时的计算过程会更加复杂一些。

另外，还需要注意的是，本书中提及的税务筹划是站在承包人的角度，寻求实际税负最小的纳税方案。但从建设项目交易的角度来看，纳税方案的成立需要得到交易双方的共同认可，尤其是在甲供方式下，承包人选择简易计税方法后，不仅可能影响发包人的实际税负，还可能造成建设项目整体税负的增加（即发承包双方整体缴纳的增值税总额增加）。因此，计税方法的选择实际上还是一个复杂的系统问题。

（2）可抵扣进项税额有效凭证的获取。由于可抵扣进项税额的高低直接影响到纳税主体的实际税负，因此，对于承包人来说，当发生可抵扣增值税进项税额的采购活动时，获取有效的抵扣凭证就显得尤为重要。需要注意的是，为了增加可抵扣增值税进项税额而增加物资采购总额的方式并不可取，会导致建筑安装工程施工成本的增加。

1）增值税的抵扣凭证。最主要的增值税抵扣凭证是增值税专用发票，包括采用简易计税方法的供应商从税务机关代开的增值税专用发票。此外，可以作为增值税抵扣凭证的还有海关进口增值税缴款书及农产品收购发票等。

2）增加可抵扣增值税进项税额的方法。在不增加施工成本的前提下，对于建筑安装工程费用中的不同部分可以选择不同的增加可抵扣增值税进项税额方法。

①劳务费。人工费本身是没有进项税额的，但若采用劳务分包的方式，无论劳务分包公司采用一般计税还是简易计税方法，劳务分包合同额中的增值税都可以成为可抵扣增值税进项税额。

②材料费。有时材料采购部门可能会为了价格低廉而采购不取得增值税专用发票的材料，此时需要进行审慎选择，判断其与为了取得增值税专用发票而支付较高的采购价格哪种方案对承包人最为有利。

③施工机具使用费。施工机具主要来源于企业自购和经营租赁。自购的施工机具企业计提的设备折旧无法抵扣进项税，只能在购买时一次性抵扣。对于经营租赁的施工机具，由于租赁企业可能存在一般计税或简易计税方法的选择，因此可抵扣的进项税额会有所不同。承包人需要在多种方案中进行比较选择。

④企业管理费。在不同的管理费用支出项目中可能存在数额较大的可抵扣增值税进项税额，因此，必须从源头上对发票的收取做统一要求，提高员工增值税专用发票应抵尽抵的意识。

（3）纳税义务的发生时间对资金流动性的影响。根据有关办法的规定，纳税义务发生的时间为：纳税人发生应税行为并收讫销售款项或者取得索取销售款项凭据的当天；先开具发票的，为开具发票当天。自 2017 年 7 月 1 日起，承包人的预收工程款不产生纳税义务。但是应注意，预收工程款虽然不产生增值税纳税义务，但却有预缴税的纳税义务。采用一般计税方法时，预征率为 2%；采用简易计税方法时，预征率为 3%，计算基数均为“全部价款和价外费用一支付的分包款”，并且多预缴的增值税是不能退回的，只能用于冲抵下一期的应缴税款。因此，合理安排工程分包款的支付计划，可以尽可能地减少需要预缴的增值税，避免对承包人的资金流动性产生影响。

三、按造价形成划分建筑安装工程费用项目构成和计算

（一）分部分项工程费

分部分项工程费是指各专业工程的分部分项工程应予列支的各项费用。

$$分部分项工程费 = \sum（分部分项工程量 \times 综合单价）$$

综合单价包括人工费、材料费、施工机具使用费、企业管理费和利润，以及一定范围的风险费用。

（二）措施项目费

1. 措施项目费的构成

措施项目费可以归纳为以下几项：

（1）安全文明施工费，通常由环境保护费、文明施工费、安全施工费、临时设施费组成；

（2）夜间施工增加费；

（3）非夜间施工照明费；

（4）二次搬运费；

（5）冬雨季施工增加费；

（6）地上、地下设施和建筑物的临时保护设施费；

（7）已完工程及设备保护费；

（8）脚手架费；

（9）混凝土模板及支架（撑）费；

（10）垂直运输费；

（11）超高施工增加费，当单层建筑物檐口高度超过 20m，多层建筑物超过 6 层时，可计算超高施工增加费；

（12）大型机械设备进出场及安拆费；

（13）施工排水、降水费；

（14）其他。

2. 措施项目费的计算

（1）应予计量的措施项目。基本与分部分项工程费的计算方法相同。

计算公式为：

$$措施项目费 = \sum（措施项目工程量 \times 综合单价）$$

不同的措施项目其工程量的计算单位是不同的，分列如下：

1）脚手架费通常按建筑面积或垂直投影面积以“m^2”计算。

2）混凝土模板及支架（撑）费通常是按照模板与现浇混凝土构件的接触面积以“m^2”计算。

3）垂直运输费可根据需要用两种方法进行计算：

①按照建筑面积以“m^2”为单位计算；

②按照施工工期日历天数以“天”为单位计算。

4）超高施工增加费通常按照建筑物超高部分的建筑面积以“m^2”为单位计算。

5）大型机械设备进出场及安拆费通常按照机械设备的使用数量以“台次”为单位计算。

6）施工排水、降水费分为两个不同的独立部分计算：①成井费用通常按照设计图示尺寸以钻孔深度以“m”计算；②排水、降水费用通常按照排、降水日历天数以“昼夜”计算。

（2）不宜计量的措施项目。

1）安全文明施工费。计算公式为：

$$安全文明施工费 = 计算基数 \times 安全文明施工费费率（\%）$$

计算基数应为定额基价（定额分部分项工程费 + 定额中可以计量的措施项目费）、定额人工费或定额人工费与施工机具使用费之和，其费率由工程造价管理机构根据各专业工程的特点综合确定。

2）其余不宜计量的措施项目。包括夜间施工增加费，非夜间施工照明费，二次搬运费，冬雨季施工增加费，地上、地下设施、建筑物的临时保护设施费，已完工程及设备保护费等。计算公式为：

$$措施项目费 = 计算基数 \times 措施项目费费率（\%）$$

计算基数应为定额人工费或定额人工费与施工机具使用费之和，其费率由工程造价管理机构根据各专业工程的特点和调查资料综合分析后确定。

（三）其他项目费

1. 暂列金额

暂列金额是指建设单位在工程量清单中暂定并包括在工程合同价款中的一笔款项。用于施工合同签订时尚未确定或者不可预见的所需材料、工程设备、服务的采购，施工中可能发生的工程变更、合同约定调整因素出现时的工程价款调整以及发生的索赔、现场签证确认等的费用。

暂列金额由建设单位根据工程特点，按有关计价规定估算，施工过程中由建设单位掌握使用、扣除合同价款调整后如有余额，归建设单位。

2. 暂估价

暂估价是指招标人在工程量清单中提供的用于支付必然发生但暂时不能确定价格的材料、工程设备的单价以及专业工程的金额。

暂估价中的材料、工程设备暂估单价根据工程造价信息或参照市场价格估算，计入综合单价；专业工程暂估价分不同专业，按有关计价规定估算。暂估价在施工中按照合同约定再加以调整。

3. 计日工

计日工是指在施工过程中，施工企业完成建设单位提出的工程合同范围以外的零星项目或工作，按照合同中约定的单价计价形成的费用。计日工由建设单位和施工企业按施工过程中的有效签证计价。

4. 总承包服务费

总承包服务费是指总承包人为配合、协调建设单位进行的专业工程发包，对建设单位自行采购的材料、工程设备等进行保管以及施工现场管理、竣工资料汇总整理等服务所需的费用。

四、国外建筑安装工程费用的构成

（一）费用构成

1. 直接工程费的构成

（1）人工费。国外一般工程施工的工人按技术要求划分为高级技工、熟练工、半熟练工和壮工。当工程价格采用平均价格计算时，要按各类工人总数的比例进行加权计算，人工费应该包括工资、班费、津贴、招雇解雇费用等。

（2）材料费。主要包括以下内容：

1）材料原价，在当地材料市场中采购的材料则为采购价，包括材料出厂价和采购供销手续费等。进口材料一般是指到达当地海港的交货价。

2）运杂费，在当地采购的材料是指从采购地点至工程施工现场的短途运输费、装卸费。进口材料则为从当地海港运至工程施工现场的运输费、装卸费。

3）税金，在当地采购的材料，采购价格中已经包括税金；进口材料则为工程所在国的进口关税和手续费等。

4）运输损耗及采购保管费。

5）预涨费，根据当地材料价格年平均上涨率和施工年数，按材料原价、运杂费、税金之和的一定比例计算。

（3）施工机械费。大型自有机械台时单价，一般由每台时应摊折旧费、应摊维修费台时消耗的能源和动力费、台时应摊的驾驶工人工资以及工程机械设备险投保费、第三者责任险投保费等组成。如使用租赁施工机械时，其费用则包括租赁费、租赁机械的进出场费等。

2. 管理费

管理费包括工程现场管理费（占整个管理费的 20%～30%）和公司管理费（占整个管理费的 70%～80%）。管理费除了包括与我国施工管理费构成相似的管理人员工资、管理人员辅助工资、办公费、差旅交通费、固定资产使用费、生活设施使用费、工具用具使用费、劳动保护费、检验试验费以外，还含有业务经费。业务经费包括：

（1）广告宣传费。

（2）交际费，如日常接待饮料、宴请及礼品费等。

（3）业务资料费，如购买投标文件、文件及资料复印费等。

（4）业务所需手续费，施工企业参加投标时，必须由银行开具投标保函；在中标后必须由银行开具履约保函；在收到业主的工程预付款以前，必须由银行开具预付款保函；在工程竣工后，必须由银行开具质量或维修保函。在开具以上保函时银行要收取一定的担保费。

（5）代理人费用和佣金，施工企业为争取中标或为加强收取工程款，在工程所在地（所在国）寻找代理人或签订代理合同，因而付出的佣金和费用。

（6）保险费，包括建筑安装工程一切险投保费、第三者责任险投保费等。

（7）向银行贷款利息。

3. 利润及税金

国际市场上，施工企业的利润一般为成本的10%～15%，也有的管理费与利润合取，为直接费的30%左右。具体工程的利润率要根据具体情况，如工程难易、现场条件、工期长短、竞争对手的情况等随行就市确定。税金主要是指单独列项的增值税。

4. 开办费

开办费大致包括以下内容：

（1）施工用水、用电费。

（2）工地清理费及完工后清理费，建筑物烘干费，临时围墙、安全信号、防护用品的费用以及恶劣气候条件下的工程防护费、污染费、噪声费，其他法定的防护费用。

（3）周转材料费，如脚手架、模板的摊销费等。

（4）临时设施费，包括生活用房、生产用房、临时通信、室外工程（包括道路、停车场、围墙、给排水管道、输电线路等）的费用，可按实际需要计算。

（5）驻工地工程师的现场办公室及所需设备的费用，现场材料试验及所需设备的费用。一般在招标文件的技术规范中有明确的面积、质量标准及设备清单等要求。如要求配备一定的服务人员或实验助理人员，则其工资费用也需计入。

（6）其他，包括工人现场福利费及安全费、职工交通费、日常气候报表费、现场道路及进出场道路修筑及维护费、恶劣天气下的工程保护措施费、现场保卫设施费等。

5. 暂定金额

这是指包括在合同中，供工程任何部分的施工或提供货物、材料、设备或服务、不可预料事件所使用的一项金额，这项金额只有工程师批准后才能动用。

6. 分包工程费用

（1）分包工程费。包括分包工程的直接工程费、管理费和利润。

（2）总包利润和管理费。指分包单位向总包单位交纳的总包管理费、其他服务费和利润。

（二）费用的组成形式和分摊比例

1. 组成形式

上述组成造价的各项费用体现在承包商投标报价中有三种形式：组成分部分项工程单价、单独列项、分摊进单价。

（1）组成分部分项工程单价。人工费、机械费和材料费直接消耗在分部分项工程上，在费用和分部分项工程之间存在着直观的对应关系，所以人工费、材料费和机械费组成分部分项工程单价，单价与工程量相乘得出分部分项工程价格。

（2）单独列项。开办费中的项目有临时设施、为业主提供的办公和生活设施、脚手架等费用，经常在工程量清单的开办费部分单独分项报价。

（3）分摊进单价。承包商总部管理费、利润和税金，以及开办费中的项目经常以一定的比例分摊进单价。

2. 分摊比例

（1）固定比例。税金和政府收取的各项管理费的比例是工程所在地政府规定的费率，承包商不能随意变动。

（2）浮动比率。总部管理费和利润的比例由承包商自行确定。承包商根据自身经营状况、工程具体情况等投标策略确定。一般来讲，这个比例在一定范围内是浮动变化的，不同的工程项目、不同的时间和地点，承包商对总部管理费和利润的预期值都不会相同。

（3）测算比例。开办费的比例需要详细测算，首先计算出需要分摊的项目金额，然后计算分摊金额与分部分项工程价格的比例。

（4）公式法。可参考下列公式分摊：

$$A=a(1+K_1)(1+K_2)(1+K_3)$$

第四节　工程建设其他费用的构成和计算

真题解析

一、2023 年考题

1. 下列关于项目建设管理费的说法中，正确的是（　　）。

A. 项目建设管理费是指建设单位从项目筹建之日起至通过竣工验收之日止发生的管理性支出

B. 按照工程费用和用地与工程准备费之和乘以项目建设管理费费率计算

C. 代建管理费和项目建设管理费之和不得高于项目建设管理费限额

D. 不得用于委托咨询机构进行施工项目管理发生的施工项目管理费支出

【答案】C

【解析】实行代建制管理的项目，建设单位委托代建机构开展工程代建工作会发生代建管理费。建设项目一般不得同时列支代建管理费和项目建设管理费，确需同时发生的，两项费用之和不得高于项目建设管理费限额。

【考点】项目建设管理费。

2. 关于工程建设其他费的内容，下列说法正确的有（　　）。

A. 研究试验费中包含施工企业技术革新的研究试验费

B. 配套设施费包括城市基础设施配套费和人防易地建设费

C. 工程咨询服务费中包含专有技术使用费

D. 联合试运转费不包含应由设备安装工程费开支的调试及试车费用

E. 生产准备费包含保证初期正常生产必需的办公、生活家具用具购置费

【答案】BDE

【解析】选项 A 错误，研究试验费中不应包括应在建筑安装费用中列支的施工企业对建筑材料、构件和建筑物进行一般鉴定、检查所发生的费用及技术革新的研究试验费。工程咨询服务费与建设期计列的生产经营费同属于工程建设其他费用。

【考点】工程建设其他费用的构成和计算。

二、2022 年考题

1. 关于建设单位以出让或转让方式取得国有土地使用权涉及的相关税费，下列说法正确的是（　　）。

A. 地上附着物补偿费应支付给农村集体经济组织

B. 转让土地使用权应向土地受让者征收契税

C. 转让土地如有增值，要向受让者征收土地增值税

D. 土地使用者应按规定的标准一次性缴纳土地使用费

【答案】B

【解析】如附着物产权属于个人，则该项补助费付给个人。有偿出让和转让使用权，要向土地受让者征收契税。转让土地如有增值，要向转让者征收土地增值税。土地使用者每年应按规定的标准缴纳土地使用费。

【考点】用地与工程准备费——土地使用费和补偿费。

2. 下列建设工程的实施过程中发生的技术服务费，属于专项评价费的是（　　）。

A. 可行性研究费　　B. 节能评估费

C. 设计评审费　　D. 技术经济标准使用费

【答案】B

【解析】专项评价费包括环境影响评价费、安全预评价费、职业病危害预评价费、地质灾害危险性评价费、水土保持评价费、压覆矿产资源评价费、节能评估费、危险与可操作性分析及安全完整性评价费以及其他专项评价费。

【考点】技术服务费——专项评价费。

3. 下列费用中，应在研究试验费中列出的是（　　）。

A. 对构件建筑物进行一般鉴定检查的费用

B. 设计规定在建设过程中必须进行试验、验证的费用

C. 科技三项费用

D. 新产品试验费

E. 为验证设计数据而进行必要的研究试验费用

【答案】BE

【解析】研究试验费是指为建设项目提供或验证设计参数、数据、资料等进行必要的研究试验，以及设计规定在建设过程中必须进行试验、验证所需的费用。包括自行或委托其他部门的专题研究、试验所需人工费、材料费、试验设备及仪器使用费等。

【考点】技术服务费——研究试验费。

三、2021 年考题

1. 关于土地出让或转让中涉及的税、费，下列说法正确的是（　　）。

A. 转让土地所有权，要向转让者征收契税

B. 转让土地如有增值，要向受让者征收土地增值税

C. 土地使用者每年应缴纳土地使用费

D. 土地使用权年限届满，需重新签订使用权出让合同，但不必再支付土地出让金

【答案】C

【解析】以出让等有偿使用方式取得国有土地使用权的建设单位，按照国务院规定的标准和办法，缴纳土地使用权出让金等土地有偿使用费和其他费用后，方可使用土地。

在有偿出让和转让土地时，政府对地价不做统一规定，但应坚持以下原则；即地价对目前的投资环境不产生大的影响；地价与当地的社会经济承受能力相适应；地价要考虑已投入的土地开发费用、土地市场供求关系、土地用途、所在区类、容积率和使用年限等。有偿出让和转让使用权，要向土地受让者征收契税，转让土地如有增值，要向转让者征收土地增值税；土地使用者每年应按规定的标准缴纳土地使用费。土地使用权出让或转让，应先由地价评估机构进行价格评估后，再签订土地使用权出让和转让合同。

土地使用权出让合同约定的使用年限届满，土地使用者需要继续使用土地的，应当至迟于届满前一年申请续期，除根据社会公共利益需要收回该幅土地的，应当予以批准。经批准准予续期的，应当重新签订土地使用权出让合同，依照规定支付土地使用权出让金。

【考点】用地与工程准备费——土地使用费和补偿费。

2. 下列费用，属于工程建设其他费用中研究试验费的是（　　）。

A. 新产品试制费

B. 设计规定在建设过程中必须进行的试验验证所需费用

C. 施工单位技术革新的研究试验费

D. 施工单位对建筑物进行一般鉴定的费用

【答案】B

【解析】研究试验费是指为建设项目提供或验证设计参数、数据、资料等进行必要的研究试验，以及设计规定在建设过程中必须进行试验、验证所需的费用。包括自行或委托其他部门的专题研究、试验所需人工费、材料费、试验设备及仪器使用费等。这项费用按照设计单位根据本工程项目的需要提出的研究试验内容和要求计算。在计算时要注意不应包括以下项目：

（1）应由科技三项费用（即新产品试制费、中间试验费和重要科学研究补助费）开支的项目。

（2）应在建筑安装费用中列支的施工企业对建筑材料、构件和建筑物进行一般鉴定、检查所发生的费用及技术革新的研究试验费。

（3）应由勘察设计费或工程费用中开支的项目。

【考点】技术服务费——研究试验费。

3. 下列工程建设其他费用，属于技术服务费的有（　　）。

A. 勘察设计费　　B. 职业病危害预评价费

C. 监理费　　D. 技术经济标准使用费

E. 专有技术使用费

【答案】ABCD

【解析】技术服务费包括可行性研究费、专项评价费、勘察设计费、监理费、研究试验费、特殊设备安全监督检验费、监造费、招标费、设计评审费、技术经济标准使用费、工程造价咨询费及其他咨询费。专项评价费包括环境影响评价费、安全预评价费、职业病危害预评价费、地同害危险性评价费、水土保持评价费、压覆矿产资评价费、节能评估费、危险与可操作性分析及安全完整性评价费以及其他专项评价费。

【考点】技术服务费。

四、2020 年考题

1. 关于工程建设其他费中的市政公用配套设施费及其构成，下列说法正确的是（　　）。

A. 包含在用地与工程准备费中

B. 包括界区内水、电、路、电信等设施建设费

C. 包括界区外绿化、人防等配套设施建设费

D. 包括项目配套建设的产权不归本单位的专用铁路、公路建设费

【答案】C

【解析】市政公用配套设施可以是界区外配套的水、电、路、信等，包括绿化、人防等配套设施。

【考点】市政公用配套设施费。

2. 下列费用中，计入技术服务费中勘察设计费的是（　　）。

A. 设计评审费　　B. 技术经济标准使用费

C. 技术革新研究试验费　　D. 非标准设备设计文件编制费

【答案】D

【解析】勘察设计费包括勘察费和设计费。勘察费是指勘察人根据发包人的委托，收集已有资料、现场踏勘、制订勘察纲要、进行勘察作业以及编制工程勘察文件和岩土工程设计文件等收取的费用。设计费是指设计人根据发包人的委托，提供编制建设项目初步设计文件、施工图设计文件、非标准设备设计文件、竣工图文件等服务所收取的费用。

【考点】技术服务费——勘察设计费。

3. 下列费用中，应计入工程建设其他费用中用地与工程准备费的有（　　）。

A. 建设场地大型土石方工程费　　B. 土地使用费和补偿费

C. 场地准备费　　D. 建设单位临时设施费

E. 施工单位平整场地费

【答案】BCD

【解析】用地与工程准备费是指取得土地与工程建设施工准备所发生的费用。包括土地使用费和补偿费、场地准备费、建设单位临时设施费等。其中建设项目场地准备费是指为使工程项目的建设场地达到开工条件，由建设单位组织进行的场地平整等准备工作而发生的费用。

【考点】用地与工程准备费。

五、2019年考题

1. 根据我国现行建设项目总投资及工程造价的构成，下列有关建设项目费用开支中应列入建设单位管理费的是（ ）。

A. 监理费　　B. 竣工验收费

C. 可行性研究费　　D. 节能评估费

【答案】B

【解析】建设单位管理费是指项目建设单位从项目筹建之日起至办理竣工财务决算之日止发生的管理性质的支出。包括工作人员薪酬及相关费用、办公费、办公场地租用费、差旅交通费、劳动保护费、工具用具使用费、固定资产使用费、招募生产工人费、技术图书资料费（含软件）、业务招待费、竣工验收费和其他管理性质开支。

【考点】建设单位管理费。

2. 根据我国现行建设项目总投资及工程造价的构成，联合试运转费应包括（ ）。

A. 施工单位参加联合试运转人员的工资

B. 设备安装中的试车费用

C. 试运转中暴露的设备缺陷的处理费

D. 生产人员的提前进厂费

【答案】A

【解析】试运转支出包括试运转所需原材料、燃料及动力消耗、低值易耗品、其他物料消耗、工具用具使用费、机械使用费、联合试运转人员工资、施工单位参加试运转人员工资、专家指导费，以及必要的工业炉烘炉费等；试运转收入包括试运转期间的产品销售收入和其他收入。联合试运转费不包括应由设备安装工程费用开支的调试及试车费用，以及在试运转中暴露出来的因施工原因或设备缺陷等发生的处理费用。

【考点】建设期计列的生产经营费——联合试运转费。

3. 下列费用项目，属于征地补偿费的有（ ）。

A. 拆迁补偿金　　B. 安置补偿费

C. 地上附着物补偿费　　D. 迁移补偿费

E. 土地管理费

【答案】BCE

【解析】征地补偿费有：土地补偿费，青苗补偿费和地上附着物补偿费，安置补助费，新菜地开发建设基金，耕地开垦费和森林植被恢复费，生态补偿与压覆矿产资源补偿费，其他补偿费，土地管理费。拆迁补偿金和迁移补偿费属于拆迁补偿费用。

【考点】用地与工程准备费——土地使用费和补偿费。

考点统计

通过对 2019—2023 年的考题统计，本节涉及的考点主要是项目建设管理费（原建设单位管理费）、用地与工程准备费、配套设施费（原市政公用配套设施费）、工程咨询服务费（原技术服务费）、建设期计列的生产经营费、工程保险费、税金七项内容。近 5 年涉及本节的真题共有 14 题，具体考点的考核频率如表 1.4.1 所示。

表 1.4.1　第一章第四节考点考核频次表

序号	知识点	具体考点	考核频次
1	项目建设管理费（原为建设单位管理费）	“项目建设管理费”综合性考点	2
2	用地与工程准备费	“用地与工程准备费”综合性考点	1
		土地使用费和补偿费	3
3	配套设施费（原为市政公用配套设施费）	市政公用配套设施费	1
4	工程咨询服务费（原为技术服务费）	技术服务费	1
		专项评价费	1
		勘察设计费	1
		研究试验费	2
5	建设期计列的生产经营费	联合试运转费	1
6	工程建设其他费用的构成和计算	“工程建设其他费用的构成和计算”综合性考点	1

知识点凝练

工程建设其他费用是指建设期发生的与土地使用权取得、全部工程项目建设以及未来生产经营有关的，除工程费用、预备费、增值税、建设期融资费用、流动资金以外的费用。

政府有关部门对建设项目管理监督所发生的，并由其部门财政支出的费用，不得列入相应建设项目的工程造价。

一、项目建设管理费

1. 项目建设管理费的内容

项目建设管理费是指项目建设单位从项目筹建之日起至办理竣工财务决算之日止发

生的管理性质的支出。包括工作人员薪酬（由原单位支付薪酬的除外）及相关费用、办公费、办公场地租用费、差旅交通费、劳动保护费、工具用具使用费、固定资产使用费、招募生产工人费、技术图书资料费（含软件）、业务招待费、竣工验收费和其他管理性质开支。

2. 项目建设管理费的计算

项目建设管理费按照工程费用之和（包括设备及工器具购置费和建筑安装工程费用）乘以项目建设管理费费率计算。

项目建设管理费 = 工程费用 × 项目建设管理费费率

实行代建制管理的项目，建设单位委托代建机构开展工程代建工作会发生代建管理费。建设项目一般不得同时列支代建管理费和项目建设管理费，确需同时发生的，两项费用之和不得高于项目建设管理费限额。

建设单位委托咨询机构进行施工项目管理服务会发生施工项目管理费。施工项目管理费从项目建设管理费中列支。

委托咨询机构行使部分管理职能的，相应费用列入工程咨询服务费项下。

二、用地与工程准备费

用地与工程准备费是指取得土地与工程建设施工准备所发生的费用，包括土地使用费和补偿费、场地准备费、临时设施费等。

（一）土地使用费和补偿费

建设用地的取得，实质是依法获取国有土地的使用权。获取国有土地使用权的基本方法有两种：一是出让方式，二是划拨方式。建设土地取得的基本方式还包括租赁和转让的方式。

建设用地如通过行政划拨方式取得，则须承担征地补偿费用或对原用地单位或个人的拆迁补偿费用；若通过市场机制取得，则不但承担以上费用，还须向土地所有者支付有偿使用费，即土地出让金。

1. 征地补偿费

征地补偿费包括：

（1）土地补偿费；

（2）青苗补偿费和地上附着物补偿费；

（3）安置补助费；

（4）耕地开垦费和森林植被恢复费；

（5）生态补偿与压覆矿产资源补偿费；

（6）其他补偿费。

2. 拆迁补偿费用

拆迁补偿费用包括拆迁补偿金和迁移补偿费。

3. 土地出让金

以出让等有偿使用方式取得国有土地使用权的建设单位，按照国务院规定的标准和办法，缴纳土地使用权出让金等土地有偿使用费和其他费用后，方可使用土地。

土地使用权出让金为用地单位向国家支付的土地所有权收益，出让金标准一般参考城市基准地价并结合其他因素制定。基准地价是指在城镇规划区范围内，对不同级别的土地或者土地条件相当的均质地域，按照商业、居住、工业等用途分别评估的，并由市、县以上人民政府公布的，国有土地使用权的平均价格。

（二）场地准备及临时设施费

1. 场地准备及临时设施费的内容

（1）建设项目场地准备费是指为使工程项目的建设场地达到开工条件，由建设单位组织进行的场地平整等准备工作而发生的费用。

（2）建设单位临时设施费是指建设单位为满足施工建设需要而提供的未列入工程费用的临时水、电、路、信、气、热等工程和临时仓库等建（构）筑物的建设、维修、拆除、摊销费用或租赁费用，以及货场、码头租赁等费用。

2. 场地准备及临时设施费的计算

（1）场地准备及临时设施应尽量与永久性工程统一考虑。建设场地的大型土石方工程应进入工程费用中的总图运输费用中。

（2）新建项目的场地准备和临时设施费应根据实际工程量估算，或按工程费用的比例计算。改（扩）建项目一般只计拆除清理费。

$$场地准备和临时设施费=工程费用\times费率+拆除清理费$$

（3）发生拆除清理费时可按新建同类工程造价或主材费、设备费的比例计算。可回收材料的拆除工程采用以料抵工方式冲抵拆除清理费。

（4）此项费用不包括已列入建筑安装工程费用中的施工单位临时设施费用。

三、配套设施费

1. 城市基础设施配套费

城市基础设施配套费是指建设单位向政府有关部门缴纳的，用于城市基础设施和城市公用设施建设的专项费用。

2. 人防易地建设费

人防易地建设费是指建设单位因地质、地形、施工等客观条件限制，无法修建防空地下室的，按照规定标准向人民防空主管部门缴纳的人民防空工程易地建设费。

四、工程咨询服务费

工程咨询服务费是指建设单位在项目建设全过程中委托咨询机构提供经济、技术、法律等服务所需的费用。工程咨询服务费包括可行性研究费、专项评价费、勘察设计费、监理费、研究试验费、特殊设备安全监督检验费、招标代理费、设计评审费、技术经济标准使用费、工程造价咨询费、竣工图编制费、BIM 技术服务费及其他咨询费。按照国家发展改革委《关于进一步放开建设项目专业服务价格的通知》（发改价格〔2015〕299 号）的规定，工程咨询服务费应实行市场调节价。

（一）可行性研究费

可行性研究费是指在工程项目投资决策阶段，对有关建设方案、技术方案或生产经营方案进行的技术经济论证，以及编制、评审可行性研究报告等所需的费用。包括项目建议书、预可行性研究、可行性研究费等。

（二）专项评价费

专项评价费是指建设单位按照国家规定委托相关单位开展专项评价及有关验收工作发生的费用。

专项评价费包括环境影响评价费、安全预评价费、职业病危害预评价费、地质灾害危险性评价费、水土保持评价费、压覆矿产资源评价费、节能评估费、危险与可操作性分析及安全完整性评价费，以及其他专项评价费。

（三）勘察设计费

1. 勘察费

勘察费是指勘察人根据发包人的委托，收集已有资料、现场踏勘、制订勘察纲要、进行勘察作业以及编制工程勘察文件和岩土工程设计文件等收取的费用。

2. 设计费

设计费是指设计人根据发包人的委托，提供编制建设项目初步设计文件、施工图设计文件、非标准设备设计文件、竣工图文件等服务所收取的费用。

（四）监理费

监理费是指受建设单位委托，工程监理单位为工程建设提供监理服务所发生的费用。

（五）研究试验费

研究试验费是指为建设项目提供或验证设计参数、数据、资料等进行必要的研究试验，以及设计规定在建设过程中必须进行试验、验证所需的费用。包括自行或委托其他部门的专题研究、试验所需人工费、材料费、试验设备及仪器使用费等。这项费用按照设计单位根据本工程项目的需要提出的研究试验内容和要求计算。在计算时要注意不应包括以下项目：

（1）应由科技三项费用（即新产品试制费、中间试验费和重要科学研究补助费）开支的项目。

（2）应在建筑安装费用中列支的施工企业对建筑材料、构件和建筑物进行一般鉴定、检查所发生的费用及技术革新的研究试验费。

（3）应由勘察设计费或工程费用中开支的项目。

（六）特殊设备安全监督检验费

特殊设备安全监督检验费是指对在施工现场安装的列入国家特种设备范围内的设备（设施）检验检测和监督检查所发生的应列入项目开支的费用。

特种设备包括锅炉、压力容器、压力管道、消防设备、燃气设备、起重设备、电梯、安全阀等特殊设备和设施。

（七）招标代理费

招标代理费是指建设单位委托招标代理机构进行招标服务工作所需的费用。

（八）设计评审费

设计评审费是指建设单位委托相关机构对设计文件进行评审所需的费用。包括初步设计文件和施工图设计文件等的评审费用。

（九）技术经济标准使用费

技术经济标准使用费是指建设项目投资确定与计价、费用控制过程中使用相关技术经济标准使发生的费用。

（十）工程造价咨询费

工程造价咨询费是指建设单位委托工程造价咨询机构开展造价咨询工作所需的费用。

（十一）竣工图编制费

竣工图编制费是指建设单位委托相关机构编制竣工图所需的费用。

五、建设期计列的生产经营费

建设期计列的生产经营费是指为达到生产经营条件在建设期发生或将要发生的费用。包括专利及专有技术使用费、联合试运转费、生产准备费等。

（一）专利及专有技术使用费

专利及专有技术使用费是指在建设期内为取得专利、专有技术、商标权、商誉、特许经营权等发生的费用。

1. 专利及专有技术使用费的主要内容

（1）工艺包费、设计及技术资料费、有效专利、专有技术使用费、技术保密费和技术服务费等。

（2）商标权、商誉和特许经营权费。

（3）软件费等。

2. 专利及专有技术使用费的计算

在专利及专有技术使用费的计算时应注意以下问题：

（1）按专利使用许可协议和专有技术使用合同的规定计列。

（2）专有技术的界定应以省、部级鉴定批准为依据。

（3）项目投资中只计需在建设期支付的专利及专有技术使用费。协议或合同规定在生产期支付的使用费应在生产成本中核算。

（4）一次性支付的商标权、商誉及特许经营权费按协议或合同规定计列。协议或合同规定在生产期支付的商标权或特许经营权费应在生产成本中核算。

（5）为项目配套的专用设施投资，包括专用铁路线、专用公路、专用通信设施、送变电站、地下管道、专用码头等，如由项目建设单位负责投资但产权不归属本单位的，应作无形资产处理。

（二）联合试运转费

联合试运转费是指新建或新增加生产能力的工程项目，在交付生产前按照设计文件规定的工程质量标准和技术要求，对整个生产线或装置进行负荷联合试运转所发生的费用净支出（试运转支出大于收入的差额部分费用）。试运转支出包括试运转所需原材料、燃料及动力消耗、低值易耗品、其他物料消耗、工具用具使用费、机械使用费、联合试运转人员工资、施工单位参加试运转人员工资、专家指导费，以及必要的工业炉烘炉费等；试运转收入包括试运转期间的产品销售收入和其他收入。联合试运转费不包括应由设备安装工程费用开支的调试及试车费用，以及在试运转中暴露出来的因施工原因或设备缺陷等发生的处理费用。

（三）生产准备费

1. 生产准备费的内容

在建设期内，建设单位为保证项目正常生产所做的提前准备工作发生的费用，包括人员培训、提前进厂费，以及投产使用必备的办公、生活家具用具及工器具等的购置费用。包括：

（1）人员培训及提前进厂费。包括自行组织培训或委托其他单位培训的人员工资、工资性补贴、职工福利费、差旅交通费、劳动保护费、学习资料费等。

（2）为保证初期正常生产（或营业、使用）所必需的生产办公、生活家具用具购置费。

2. 生产准备费的计算

（1）新建项目按设计定员为基数计算，改（扩）建项目按新增设计定员为基数计算：

生产准备费 = 设计定员 × 生产准备费指标（元 / 人）

（2）可采用综合的生产准备费指标进行计算，也可以按费用内容的分类指标计算。

六、工程保险费

工程保险费是指为转移工程项目建设的意外风险，在建设期内对建筑工程、安装工程、机械设备和人身安全进行投保而发生的费用。包括建筑安装工程一切险、引进设备财产保险和人身意外伤害险等。不同的建设项目可根据工程特点选择投保险种。

七、税费

按财政部《基本建设项目建设成本管理规定》（财建〔2016〕504 号）工程其他费中的有关规定，税费统一归纳计列，是指耕地占用税、城镇土地使用税、印花税、车船使用税等和行政性收费，不包括增值税。

第五节　预备费和建设期利息的计算

真题解析

一、2023 年考题

1. 某建设项目静态投资计划额为 10 000 万元，建设前期年限为 1 年。建设期为 2 年，分别完成投资的 40%、60%。若年均投资价格上涨率为 4%，则该项目建设期间价差预备费为（　　）万元。

A. 442.79　　B. 649.60　　C. 860.50　　D. 1 075.58

【答案】C

【解析】第一年价差预备费 $=10\,000\times40\%\times[(1+0.04)\times(1+0.04)^{0.5}-1]=242.38$（万元）；

第二年价差预备费 $=10\,000\times60\%\times[(1+0.4)\times(1+0.04)\times(1+0.04)^{0.5}-1]=618.12$（万元）；

242.38+618.12=860.50（万元）。

【考点】预备费——价差预备费。

2. 关于建设期贷款利息计算公式 $q_j=(P_{j-1}+1/2A_j)\times i$ 的应用，下列说法正确的是（　　）。

A. 仅适用于贷款在年中一次性发放的情况

B. P_{j-1} 为建设期第（j–1）年年末累计贷款本金

C. A 为建设期第 j 年贷款金额和利息之和

D. 利用国外贷款的年利率应综合考虑贷款手续费、承诺费等

【答案】D

【解析】利用国外贷款的利息计算中，年利率应综合考虑贷款协议中向贷款方加收的手续费、管理费、承诺费，以及国内代理机构向贷款方收取的转贷费、担保费和管理费等。

【考点】建设期利息。

二、2022 年考题

1. 某建设工程的静态投资为 8 000 万元，其中基本预备费费率为 5%，工程的建设前期的年限为 0.5 年，建设期为 2 年，计划每年完成投资的 50%。若平均投资价格上涨率为 5%，则该项目建设期价差预备费为（　　）万元。

A. 610.00　　B. 640.50　　C. 822.63　　D. 863.76

【答案】A

【解析】第一年价差预备费 $=8\ 000\times 50\%\times[(1+5\%)^{0.5}\times(1+5\%)^{0.5}-1]=200$（万元）；

第二年价差预备费 $=8\ 000\times 50\%\times[(1+5\%)^{0.5}\times(1+5\%)\times(1+5\%)^{0.5}-1]=410$（万元）；

建设期价差预备费 =200+410=610（万元）。

【考点】预备费——价差预备费。

2. 某建设项目贷款总额为 3 000 万元，贷款年利率为 10%。项目建设前期年限为 1 年。建设期为 2 年，其中第一、二年的贷款比例分别为 60% 和 40%。贷款在年内均衡发放，建设期内只计息不付息，则该项目建设期利息为（　　）万元。

A. 498.00　　B. 339.00　　C. 249.00　　D. 438.00

【答案】B

【解析】第一年利息 $=(3\ 000\times 60\%/2)\times 10\%=90$（万元）；

第二年利息 $=(3\ 000\times 60\%+90+3\ 000\times 40\%/2)\times 10\%=249$（万元）；

建设期利息 =90+249=339（万元）。

【考点】建设期利息。

三、2021 年考题

1. 某建设项目投资估算中的建安工程费、设备及工器具购置费、工程建设其他费用分别 30 000 万元、20 000 万元、10 000 万元。若基本预备费费率为 5%，则该项目的基本预备费为（　　）万元。

A. 1 500　　B. 2 000　　C. 2 500　　D. 3 000

【答案】D

【解析】（30 000+20 000+10 000）×5%=3 000（万元）

【考点】预备费——基本预备费。

2. 某新建项目建设期为 2 年，第一年贷款 1 200 万元，第二年贷款 1 800 万元。假设贷款在年内均衡发放，年利率为 10%，建设期内贷款只计息不支付。该项目建设期第二年应计贷款利息为（　　）万元。

A. 210　　B. 216　　C. 300　　D. 312

【答案】B

【解析】第一年利息 =0.5×1 200×10%=60；第二年利息 =（1 200+60+0.5×1 800）×10%=216（万元）。

【考点】预备费——基本预备费。

四、2020 年考题

1. 下列费用中，属于基本预备费支出范围的是（　　）。

A. 超规超限设备运输增加费　　B. 人工、材料、施工机具的价差费

C. 建设期内利率调整增加费　　D. 未明确项目的准备金

【答案】A

【解析】基本预备费一般由以下四部分构成：工程变更及洽商，一般自然灾害处理，不可预见的地下障碍物处理的费用，超规超限设备运输增加的费用。

【考点】预备费——基本预备费。

2. 某新建项目建设期 2 年，分年度均衡贷款，2 年分别贷款 2 000 万元和 3 000 万元，贷款年利率为 10%，建设期内只计息不付息，则建设期贷款利息为（　　）万元。

A. 455　　B. 460　　C. 720　　D. 830

【答案】B

【解析】第一年建设期利息 =2 000÷2×10=100（万元），第二年的建设期利息 =（2 000+100+3 000÷2）×10=360（万元），建设期利息 =100+360=460（万元）。

【考点】建设期利息。

五、2019 年考题

1. 根据我国现行建设项目总投资及工程造价构成，在工程概算阶段考虑的对一般自然灾害处理的费用，应包含在（　　）内。

A. 未明确项目准备金　　B. 工程建设不可预见费

C. 暂列金额　　D. 不可预见准备金

【答案】B

【解析】基本预备费是指投资估算或工程概算阶段预留的，由于工程实施中不可预见的工程变更及洽商、一般自然灾害处理、地下障碍物处理、超规超限设备运输等而可能增加的费用，也可称为工程建设不可预见费。

【考点】预备费——基本预备费。

2. 某新建项目，建设期为 2 年，分年均衡进行贷款，第一年贷款 2 000 万元，第二

年贷款 3 000 万元。在建设期内贷款利息只计息不支付。年利率为 10% 的情况下，该项目应计建设期贷款利息为（　　）万元。

A. 360　　B. 460　　C. 520　　D. 700

【答案】B

【解析】第一年利息 =2 000 × 0.5 × 10%=100（万元），第二年利息 =（2 000+10+3 000 × 0.5）× 10%=360（万元），建设期贷款利息 =100+360=460（万元）。

【考点】建设期利息。

考点统计

通过对 2019—2023 年的考题统计，本节涉及的考点主要是预备费、建设期利息两项内容。近 5 年涉及本节的真题共有 10 题，具体考点的考核频次如表 1.5.1 所示。

表 1.5.1　第一章第五节考点考核频次表

序号	知识点	具体考点	考核频次
1	预备费	基本预备费	4
		价差预备费	2
2	建设期利息	“建设期利息”综合性考点	4

知识点凝练

一、预备费

按我国现行规定，预备费包括基本预备费和价差预备费。

（一）基本预备费

1. 基本预备费的内容

基本预备费一般由以下四部分构成：

（1）工程变更及洽商。在批准的初步设计范围内，技术设计、施工图设计及施工过程中所增加的工程费用；设计变更、工程变更、材料代用、局部地基处理等增加的费用。

（2）一般自然灾害处理。

（3）不可预见的地下障碍物处理的费用。

（4）超规超限设备运输增加的费用。

2. 基本预备费的计算

基本预备费 =（工程费用 + 工程建设其他费用）× 基本预备费费率

（二）价差预备费

1. 价差预备费的内容

价差预备费是指为在建设期内利率、汇率或价格等因素的变化而预留的可能增加的费用，亦称为价格变动不可预见费。价差预备费的内容包括：人工、设备、材料、施工机械的价差费，建筑安装工程费及工程建设其他费用调整，利率、汇率调整等增加的费用。

2. 价差预备费的测算方法

价差预备费一般根据国家规定的投资综合价格指数，按估算年份价格水平的投资额为基数，采用复利方法计算。

$$PF=\sum_{t=1}^{n} I_t\left[(1+f)^m(1+f)^{0.5}(1+f)^{t-1}-1\right]$$

式中：PF——价差预备费；

n——建设期年份数；

I_t——建设期中第 t 年的静态投资计划额，包括工程费用、工程建设其他费用及基本预备费；

f——年涨价率；

m——建设前期年限（从编制估算到开工建设，单位：年）。

年涨价率，政府部门有规定的按规定执行，没有规定的由可行性研究人员预测。

二、建设期利息

建设期利息主要是指在建设期内发生的为工程项目筹措资金的融资费用及债务资金利息。

建设期利息的计算，根据建设期资金用款计划，在总贷款分年均衡发放前提下，可按当年借款在年中支用考虑，即当年借款按半年计息，上年借款按全年计息。计算公式为：

$$q_j=\left(P_{j-1}+\frac{1}{2}A_j\right)i$$

式中：q_j——建设期第 j 年应计利息；

P_{j-1}——建设期第（j–1）年年末累计贷款本金与利息之和；

A_j——建设期第 j 年贷款金额；

i——年利率。

本章考分统计

本章考分统计表

节	年份				
	2023	2022	2021	2020	2019
第一节	2	1	1	1	1
第二节	4	4	4	4	4
第三节	5	4	4	4	4
第四节	3	4	4	4	4
第五节	2	2	2	2	2

本章考点点评

第一节：本节的主要考点有我国建设项目总投资及工程造价的构成、国外建设工程造价构成两项内容。考点一我国建设项目总投资及工程造价的构成在历年的考试中基本都会出现，多以概念形式考核；考点二国外建设工程造价构成考核较少。

我国建设项目总投资及工程造价的构成主要知识点包括固定资产投资、流动资产投资、工程造价等。

第二节：本节的主要考点有设备购置费的构成和计算，工具、器具及生产家具购置费的构成和计算两项内容。在本节考核中概念题多集中于费用构成，计算题多集中在国产非标准设备原价、进口设备原价及其各项费用的计算上。

对于设备购置费的构成和计算具体考点有国产设备原价的构成和计算——国产标准设备原价、国产非标准设备原价，进口设备原价的构成和计算——进口设备的交易价格、进口设备到岸价格的构成和计算、进口从属费的构成和计算，设备运杂费的构成和计算——设备运杂费的构成和计算；工具、器具及生产家具购置费的构成和计算。

第三节：本节的主要考点有建筑安装工程费用的构成、按费用构成要素划分建筑安装工程费用项目的构成和计算、按造价形成划分建筑安装工程费用的构成和计算、国外建筑安装工程费用的构成四项内容。本节是本章最重要的考点，概念题主要考核建筑安装工程费的基本构成，计算题主要考核企业管理费或规费的取费基数、税金计算等。

建筑安装工程费用构成具体考点有建筑安装工程费用的构成——建筑工程费用内容、安装工程费用内容，我国现行建筑安装工程费用项目组成；按费用构成要素划分建筑安装工程费用项目的构成和计算具体考点有人工费、材料费、施工机具使用费、企业管理费——内容和计算方法、利润、规费——内容和计算方法、增值税——采用一般计税或简易计税的计算；按造价形成划分建筑安装工程费用的构成和计算的具体考点有分部分项工程费、措施项目费——构成和计算、其他项目费——暂列金额、暂估价、计日工、总承包服务费、规费和税金；国外建筑安装工程费用的构成具体考点有费用构成——直接工程费、管理费、利润和税金、开办费、暂定金额、分包工程费用，费用的组成形式和分摊比例——组成形式和分摊比例，这一部分考核较少，主要集中在与我国建筑安装工程费的区别。

第四节：本节的主要考点有建筑单位管理费、用地与工程准备费、市政公用配套设施费、技术服务费、建设期计列的生产经营费、工程保险费、税费七项内容。本节的考点主要集中在工程建筑费用的构成及分类上。

第五节：本节的主要考点有预备费、建设期利息两个内容。这一部分每年都是必考项目，考点一预备费中的价差预备费和考点二建设期利息是复习重点。

第二章 建筑工程计价原理、方法及计价依据

第一节 工程计价原理

真题解析

一、2023 年考题

1.《建设工程工程量清单计价规范》GB 50500—2013 中的清单综合单价是（　　）。

A. 工料单价　　B. 成本单价

C. 完全费用综合单价　　D. 不完全费用综合单价

【答案】D

【解析】我国现行的《建设工程工程量清单计价规范》GB 50500—2013 中规定的清单综合单价属于不完全综合单价，当把规费和税金计入不完全综合单价后即形成完全综合单价。

【考点】工程计价基本原理——分部组合计价原理。

2. 关于工程计价原理与依据，下列说法正确的有（　　）。

A. 项目的造价与建设规模大小呈线性关系

B. 工程计价的基本原理是项目的分解和价格的组合

C. 工程计价可分为工程计量和套用单价两个环节

D. 定额计价与工程量清单计价的主要区别之一是风险分担方式不同

E. 时间定额与产量定额互为倒数

【答案】BDE

【解析】选项 B 正确，工程计价的基本原理是项目的分解和价格的组合；选项 C 错误，工程计价可分为工程计量和工程组价两个环节；选项 D 正确，定额计价与工程量清单计价的主要区别有：造价形成机制不同，风险分担方式不同，计价的目的不同。

【考点】工程计价原理。

3. 下列定额中，子目最多，项目划分最细的计价定额是（　　）。

A. 施工定额　　B. 预算定额　　C 概算定额　　D. 概算指标

【答案】A

【解析】

项目	施工定额	预算定额	概算定额	概算指标	投资估算指标
对象	施工过程或基本工序	分项工程或结构构件	扩大的分项工程或扩大的结构构件	单位工程	建设项目、单项工程、单位工程
用途	编制施工预算	编制施工图预算	编制扩大初步设计概算	编制初步设计概算	编制投资估算
项目划分	最细	细	较粗	粗	很粗
定额水平	平均先进	平均			
定额性质	生产性定额	计价性定额			

【考点】工程定额体系——工程定额的分类。

二、2022 年考题

1. 根据现行工程量清单计价规范，将工程量乘以综合单价，汇总得出分部分项工程和单价措施项目费，再计算总价措施项目费和其他项目费，合计得出单位工程建筑安装工程费的方法称为（　　）。

A. 实物量法　　B. 定额基价法

C. 全费用综合单价法　　D. 工程单价法

【答案】C

【解析】若采用全费用综合单价（完全综合单价），首先依据相应工程量计算规范规定的工程量计算规则计算工程量，并按相应的计价依据确定综合单价，然后用工程量乘以综合单价，并汇总即可得出分部分项工程及单价措施项目费，之后再按相应的办法计算总价措施项目费、其他项目费，汇总后形成相应工程造价。

【考点】工程计价基本原理——分部组合计价原理。

2. 下列工程定额中，以单位工程为对象，反映完成一个规定计量单位建筑安装产品经济指标的是（　　）。

A. 预算定额　　B. 概算定额　　C. 概算指标　　D. 投资估算指标

【答案】C

【解析】概算指标是以单位工程为对象，反映完成一个规定计量单位建筑安装产品的经济指标。

【考点】工程定额体系——工程定额的分类。

3. 关于现阶段我国工程造价计价依据改革的相关任务，下列说法正确的有（　　）。

A. 优化预算定额、概算定额、估算指标编制发布和动态管理

B. 强调最高投标限价按定额计价的规定，弱化市场信息价格的使用

C. 加强政府对市场价格信息发布行为的监管

D. 加强建设国有资金投资项目的工程造价数据库

E. 运用造价指标指数和市场价格信息控制项目投资

【答案】CDE

【解析】工程造价计价依据改革的相关任务主要包括以下两个方面：①完善工程计价依据发布机制。加快转变政府职能，优化概算定额、估算指标编制发布和动态管理，取消最高投标限价按定额计价的规定，逐步停止发布预算定额。②加强工程造价数据积累。

【考点】工程定额体系——工程定额的改革和发展。

三、2021 年考题

1.《工程造价术语标准》GB/T 50875—2013 属于工程造价管理标准中的（　　）。

A. 基础标准　　B. 管理规范　　C. 操作规程　　D. 质量管理标准

【答案】A

【解析】基础标准。包括《工程造价术语标准》GB/T 50875—2013 和《建设工程计价设备材料划分标准》GB/T 50531—2009。

【考点】工程计价依据。

2. 下列工程定额中，能反映建设总投资及各项费用构成的是（　　）。

A. 预算定额　　B. 施工定额　　C. 概算指标　　D. 投资估算指标

【答案】D

【解析】投资估算指标是以建设项目、单项工程、单位工程为对象，反映建设总投资及其各项费用构成的经济指标。

【考点】工程定额体系——工程定额的分类。

3. 我国工程造价管理体系可划分为若干子体系，具体包括（　　）。

A. 相关法律法规体系　　B. 工程造价管理标准体系

C. 工程定额体系　　D. 工程计价依据体系

E. 工程计价信息体系

【答案】ABCE

【解析】我国的工程造价管理体系可划分为工程造价管理的相关法律法规体系、工程造价管理标准体系、工程定额体系和工程计价信息体系四个主要部分。法律法规是实施工程造价管理的制度依据和重要前提。

【考点】工程计价依据。

四、2020 年考题

下列定额中，定额水平反映社会平均先进水平的是（　　）。

A. 施工定额　　B. 预算定额　　C. 概算定额　　D. 概算指标

【答案】A

【解析】施工定额能够反映出社会平均先进水平，预算定额、概算定额、概算指标反映的是社会平均水平。详见本节知识点凝练表 2.1.2。

【考点】工程定额体系——工程定额的分类。

五、2019 年考题

1. 关于工程定额的应用，下列说法正确的是（　　）。

A. 施工定额是编制施工图预算的依据

B. 行业统一定额只能在本行业范围内使用

C. 企业定额反映了施工企业的生产消耗标准，宜用于工程计价

D. 工期定额是工程定额的一种类型，但不属于工程计价定额

【答案】D

【解析】部分地区和行业造价管理部门还会颁布工期定额，工期定额是指在正常的施工技术和组织条件下，完成建设项目和各类工程所需的工期标准。

【考点】工程计价依据。

2. 关于工程量清单计价，下列表达式正确的是（　　）。

A. 分部分项工程费 = ∑（分部分项工程量 × 相应分部分项的工料单价）

B. 措施项目费 = ∑（措施项目工程量 × 相应的工料单价）

C. 其他项目费 = 暂列金额 + 材料设备暂估价 + 计日工 + 总承包服务费

D. 单位工程造价 = 分部分项工程费 + 措施项目费 + 其他项目费 + 规费 + 税金

【答案】D

【解析】分部分项工程费 = ∑（分部分项工程量 × 相应分部分项工程综合单价）；措施项目费 = ∑各措施项目费；其他项目费 = 暂列金额 + 暂估价 + 计日工 + 总承包服务费；单位工程造价 = 分部分项工程费 + 措施项目费 + 其他项目费 + 规费 + 税金。

【考点】工程计价基本程序——工程量清单计价的基本程序。

3. 在工程量清单编制中，施工组织设计、施工规范和验收规范可以用于确定（　　）。

A. 项目名称　　B. 项目编码

C. 项目特征　　D. 计量单位

E. 工程数量

【答案】ACE

【解析】在工程量清单编制中，设计图纸、施工组织设计、施工规范和验收规范可以用于确定项目名称、项目特征和计算工程量。详见本节知识点凝练中图 2.1.2。

【考点】工程计价基本程序——工程量清单计价的基本程序。

考点统计

通过对 2019—2023 年的考题统计，本节涉及的考点主要是工程计价基本原理、工程计价依据、工程计价基本程序、工程定额体系四项内容。近 5 年涉及本节的真题共有 13 题，具体考点的考核频次如表 2.1.1 所示。

表 2.1.1　第二章第一节考点考核频次表

序号	知识点	具体考点	考核频次
1	工程计价原理	“工程计价原理”综合性考点	1
2	工程计价基本原理	分部组合计价原理	2
3	工程计价依据	“工程计价依据”综合性考点	3

续表 2.1.1

序号	知识点	具体考点	考核频次
4	工程计价基本程序	工程量清单计价的基本程序	2
5	工程定额体系	工程定额的分类	4
		工程定额的改革和发展	1

知识点凝练

一、工程计价的含义

工程计价是指按照法律法规及标准规范规定的程序、方法和依据，对工程项目实施建设的各个阶段的工程造价及其构成内容进行预测和估算的行为。工程计价依据是指在工程计价活动中，所要依据的与计价内容、计价方法和价格标准相关的工程计量计价标准、工程计价定额及工程计价信息等。工程计价的作用表现在：

（1）工程计价是工程价值的货币形式；

（2）工程计价是投资控制的依据；

（3）工程计价是合同价款管理的基础。

二、工程计价基本原理

（一）利用函数关系对拟建项目的造价进行类比匡算

当一个建设项目还没有具体的图样和工程量清单时，需要利用产出函数对建设项目投资进行匡算。在建筑工程中，产出函数建立了产出的总量或规模与各种资源投入（如人力、材料、机具等）之间的关系。因此，对某一特定的产出可以通过对各投入参数赋予不同的值，从而找到一个最低的生产成本。

（二）分部组合计价原理

工程计价的基本原理可以用公式的形式表达如下：

分部分项工程费（或单价措施项目费）= Σ［基本构造单元工程量（定额项目或清单项目）× 相应单价］

工程造价的计价可分为工程计量和工程组价两个环节。

1. 工程计量

工程计量工作包括工程项目的划分和工程量的计算。工程量的计算规则包括各类工程定额规定的计算规则和各专业工程量计算规范附录中规定的计算规则。

2. 工程组价

工程组价包括工程单价的确定和总价的计算。

（1）工程单价是指完成单位工程基本构造单元的工程量所需要的基本费用。工程单价包括工料单价和综合单价。综合单价包括人工费、材料费、机械台班费，还包括企业管理费、利润和风险因素。

（2）工程总价是指按规定的程序或办法逐级汇总形成的相应工程造价。根据计算程序的不同，分为实物量法和单价法。

1）实物量法。实物量法是依据图纸和相应计价定额的项目划分即工程量计算规则，先计算出分部分项工程量，然后套用消耗量定额计算人、材、机等要素的消耗量，再根据各要素的实际价格及各项费率汇总形成相应工程造价的方法。

2）单价法。单价法包括综合单价法和工料单价法。

①综合单价法。若采用全费用综合单价（完全综合单价），首先依据相应工程量计算规范规定的工程量计算规则计算工程量，并按相应的计价依据确定综合单价，然后用工程量乘以综合单价，并汇总即可得出分部分项工程及单价措施项目费，之后再按相应的办法计算总价措施项目费、其他项目费，汇总后形成相应工程造价。我国现行的《建设工程工程量清单计价规范》GB 50500—2013 中规定的清单综合单价属于不完全综合单价，当把规费和税金计入不完全综合单价后即形成完全综合单价。

②工料单价法。首先，依据相应计价定额的工程量计算规则计算工程量；其次，依据定额的人、材、机消耗量和预算单价，计算工料单价；用工程量乘以工料单价，汇总可得分部分项工程人材机费合计；最后，按照相应的取费程序计算其他各项费用，汇总后形成相应工程造价。

三、工程计价依据

我国的工程造价管理体系可划分为工程造价管理的相关法律法规体系、工程造价管理标准体系、工程定额体系和工程计价信息体系四个主要部分。法律法规是实施工程造价管理的制度依据和重要前提；工程造价管理的标准是在法律法规要求下，规范工程造价管理的核心技术要求；工程定额通过提供国家、行业、地方定额的参考性依据和数据，指导企业定额编制，起到规范管理和科学计价的作用；工程计价信息是市场经济体制下，进行造价信息传递和形成造价成果文件的重要支撑。从工程造价管理体系的总体架构看，前两项工程造价管理的相关法律法规体系、工程造价管理的标准体系属于工程造价宏观管理的范畴，后两项工程计价定额体系、工程计价信息体系主要用的是工程计价，属于工程造价微观管理的范畴。工程造价管理体系中的工程造价管理的标准体系、工程定额体系和工程计价信息体系是工程计价的主要依据。

1. 工程造价管理标准

工程造价管理标准泛指除应以法律、法规进行管理和规范的内容外，应以国家标准、行业标准进行规范的工程管理和工程造价咨询行为、质量的有关技术内容。工程造价管理的标准体系按照管理性质可分为：统一工程造价管理的基本术语、费用构成等的基础标准；规范工程造价管理行为、项目划分和工程量计算规则等管理规范；规范各类工程造价成果文件编制的业务操作规程；规范工程造价咨询质量和档案的质量标准；规范工程造价指数发布及信息交换的信息标准等。

（1）基础标准。

（2）管理规范。

（3）操作规程。

（4）质量管理标准。

（5）信息管理规范。

2. 工程定额

工程定额主要是指国家、地方或行业主管部门以及企业自身制定的各种定额，包括工程消耗量定额和工程计价定额等。工程计价定额主要指工程定额中直接用于工程计价的定额或指标，按照定额应用的建设阶段不同，纵向划分为投资估算指标、概算定额和概算指标、预算定额等。随着工程造价市场化改革的不断深入，工程计价定额的作用主要在于建设前期造价预测以及投资管控目标的合理设定，而在建设项目交易过程中，定额的作用将逐步弱化，而更加依赖于市场价格信息进行计价。

3. 工程计价信息

工程计价信息是指国家、各地区、各部门工程造价管理机构、行业组织以及信息服务企业发布的指导或服务于建设工程计价的人工、材料、工程设备、施工机具的价格信息以及各类工程的造价指数、指标、典型工程数据库等。

四、工程计价基本程序

（一）工程概预算编制的基本程序

工程概预算的编制是应用计价定额或指标对建筑产品价格进行计价的活动。如果用工料单价法进行概预算编制，则应按概算定额或预算定额的定额子目，逐项计算工程量，套用概预算定额（或单位估价表）的工料单价确定直接费（包括人工费、材料费、施工机具使用费），然后按规定的取费标准确定间接费（包括企业管理费、规费），再计算利润和税金，经汇总后即为工程概预算价格。工程概预算编制的基本程序如图 2.1.1 所示。

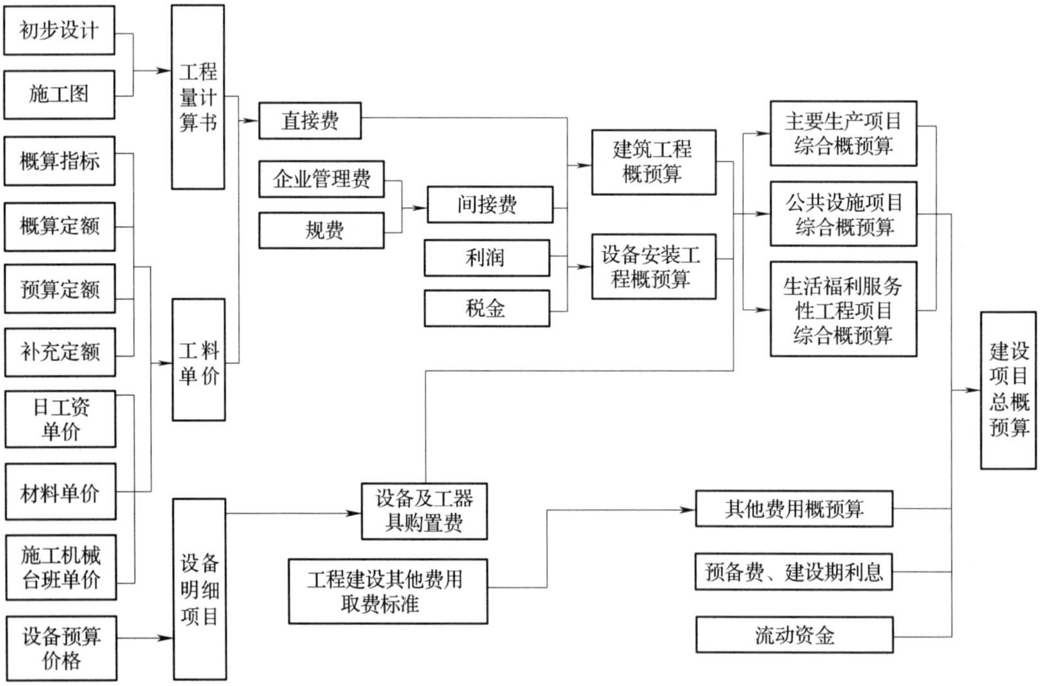

图 2.1.1 工料单价法下工程概预算编制程序示意图

（二）工程量清单计价的基本程序

工程量清单编制程序如图 2.1.2 所示。

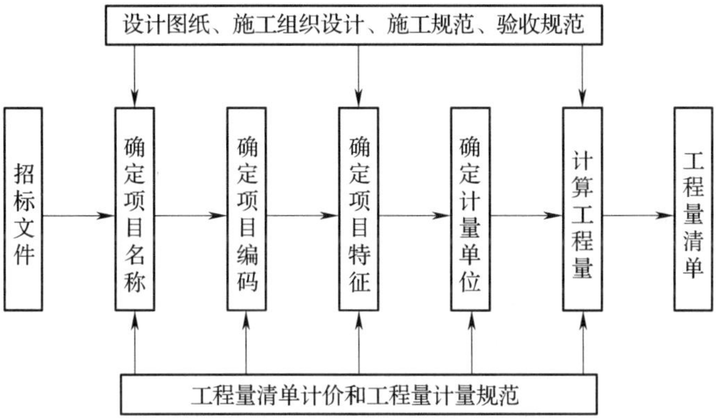

图 2.1.2　工程量清单编制程序

$$分部分项工程费 = \sum（分部分项工程量 \times 相应分部分项工程综合单价）$$

$$措施项目费 = \sum 各措施项目费$$

$$其他项目费 = 暂列金额 + 暂估价 + 计日工 + 总承包服务费$$

$$单位工程造价 = 分部分项工程费 + 措施项目费 + 其他项目费 + 规费 + 税金$$

$$单项工程造价 = \sum 单位工程造价$$

$$建设项目总造价 = \sum 单项工程造价$$

（三）定额计价与工程量清单计价的主要区别

虽然从计价原理上看，定额计价与工程量清单计价均可以采用工程造价表示为工程量与单价乘积后的汇总，但两者之间也存在着明显的区别。

1. 造价形成机制不同

造价形成机制不同是定额计价与工程量清单计价的最根本区别。即使是在生产要素价格放开由市场决定的前提下，定额计价本质上仍然维持着由生产要素投入和消耗决定工程造价的计价方式，属于生产决定价格的成本法计价机制。而工程量清单计价采用描述工程实体量的方式，要求企业自主选择施工方法、优化施工组织设计，建立起企业内部报价及管理的定额和价格体系。工程造价通过市场竞争形成，属于交易决定价格的市场法计价机制。

2. 风险分担方式不同

工程量清单计价方式下，工程量由招标人根据全国统一的工程量计算规则计算并提供，价格通过市场竞争实现。事前算细账、摆明账，履约过程中可以通过过程结算不断实现固化，简化了竣工结算，实现了计价风险按合同约定由发承包双方分担。定额计价中，发承包双方在招投标过程中均需要进行算量、套价、取费、调差的重复性工作，容易导致履约过程中出现的风险双方分担方式不明确，并且常采用事后算总账的造价形成机制，容易引起双方的工程价款纠纷。

3. 计价的目的不同

定额计价方式更注重在建设项目前期合理设定投资控制目标，为建设单位制订投资及筹资方案提供依据，强调计价依据的统一性和平均水平。而工程量清单计价方式更注重在建设项目交易阶段进行合理定价，强调计价依据的个性化，由承包人根据施工现场情况、施工方案自行确定，体现出以施工组织设计为基础的价格竞争，凸显不同主体的不同价格水平。

五、工程定额体系

（一）工程定额分类

1. 按定额反映的生产要素消耗内容分类

包括劳动消耗定额，材料消耗定额，机具消耗定额三类。

2. 按定额的编制程序和用途分类

分为施工定额、预算定额、概算定额、概算指标和投资估算指标五种，见表 2.1.2。

表 2.1.2　各种定额间关系的比较

项目	施工定额	预算定额	概算定额	概算指标	投资估算指标
对象	施工过程或基本工序	分项工程或结构构件	扩大的分项工程或扩大的结构构件	单位工程	建设项目、单项工程、单位工程
用途	编制施工预算	编制施工图预算	编制扩大初步设计概算	编制初步设计概算	编制投估算
项目划分	最细	细	较粗	粗	很粗
定额水平	平均先进	平均			
定额性质	生产性定额	计价性定额			

3. 按专业分类

（1）建筑工程定额按专业对象分为建筑及装饰工程定额、房屋修缮工程定额、市政工程定额、铁路工程定额、公路工程定额、矿山井巷工程定额、水利工程定额、水运工程定额等。

（2）安装工程定额按专业对象分为电气设备安装工程定额、机械设备安装工程定额、热力设备安装工程定额、通信设备安装工程定额、化学工业设备安装工程定额、工业管道安装工程定额、工艺金属结构安装工程定额等。

（二）工程定额的制定与修订

工程定额的制定与修订包括制定、全面修订、局部修订、补充等工作，应遵循以下原则：

（1）对新型工程及建筑产业现代化、绿色建筑、建筑节能等工程建设新要求，应及时制定新定额。

（2）对相关技术规程和技术规范已全面更新且不能满足工程计价需要的定额，发布实施已满五年的定额，应全面修订。

（3）对相关技术规程和技术规范发生局部调整且不能满足工程计价需要的定额，部分子目已不适应工程计价需要的定额，应及时局部修订。

（4）对定额发布后工程建设中出现的新技术、新工艺、新材料、新设备等情况，应根据工程建设需求及时编制补充定额。

第二节　工程量清单计价方法

真题解析

一、2023 年考题

1. 根据《建设工程工程量清单计价规范》GB 50500—2013，关于工程量清单及其编制，下列说法正确的是（　　）。

A. 招标工程量清单的完整性由招标代理人负责

B. 招标工程量清单应以分部分项工程为单位编制

C. 已标价工程量清单需经承包人确认

D. 已标价工程量清单不包括规费和税金项目清单

【答案】C

【解析】采用工程量清单方式招标，招标工程量清单必须作为招标文件的组成部分，其准确性和完整性由招标人负责。招标工程量清单应以单位（项）工程为单位编制，由分部分项工程项目清单、措施项目清单、其他项目清单、规费项目、税金项目清单组成。

【考点】工程量清单计价原理。

2. 下列措施费中，宜采用分部分项工程项目清单编制的是（　　）。

A. 大型机械进出场及安拆费　　B. 安全文明施工费

C. 二次搬运费　　D. 已完工程和设备保护费

【答案】A

【解析】措施项目中可以计算工程量的项目包括：脚手架工程，混凝土模板及支架（撑），垂直运输，超高施工增加，大型机械设备进出场及安拆，施工排水、降水，这类措施项目按照分部分项工程项目清单的方式采用综合单价计价，更有利于措施费的确定和调整。

【考点】措施项目清单——措施项目清单的格式。

3. 下列费用中，在投标时需按招标人确定的单价或金额计入投标总价的有（　　）。

A. 暂列金额　　B. 专业工程暂估价

C. 计日工单价　　D. 材料暂估单价

E. 总承包服务费

【答案】ABD

【解析】选项 C 错误，投标时，单价由投标人自主报价，按暂定数量计算合价，计入投标总价中；选项E错误，投标时，费率及金额由投标人自主报价，计入投标总价中。

【考点】其他项目费用。

4. 在编制投标报价时，其他费用中的专业工程暂估价的费用组成为（　　）。

A. 人工费、机械费、材料费

B. 人工费、机械费、材料费、企业管理费、利润

C. 人工费、机械费、材料费、企业管理费、利润、规费

D. 人工费、机械费、材料费、企业管理费、利润、规费、税金

【答案】B

【解析】专业工程的暂估价一般应是综合暂估价，包括人工费、材料费、施工机具使用费、企业管理费和利润，不包括规费和税金。

【考点】其他项目费用——暂估价。

二、2022年考题

1. 关于分部分项工程项目清单的编制，下列说法正确的是（　　）。

A. 第二级项目编码为单位工程顺序码

B. 应补充描述清单计算规范中未规定的其他独有特征

C. 项目名称应直接采用规范附录给定的名称

D. 工程量中应包含多种必要的施工损耗量

【答案】B

【解析】第二级项目编码为附录分类顺序码。凡项目特征中未描述到的其他独有特征，由清单编制人视项目具体情况确定，以准确描述清单项目为准。分部分项工程项目清单的项目名称应按各专业工程工程量计算规范附录的项目名称结合拟建工程的实际确定。工程数量主要通过工程量计算规则计算得到。工程量计算规则是指对清单项目工程量计算的规定。除另有说明外，所有清单项目的工程量应以实体工程量为准，并以完成后的净值计算；投标人投标报价时，应在单价中考虑施工中的各种损耗和需要增加的工程量。

【考点】分部分项工程项目清单。

2. 根据现行工程量清单计价规范，下列费用中，应列入单价措施项目清单与计价表的是（　　）。

A. 施工排水、降水费　　B. 二次搬运费

C. 夜间施工增加费　　D. 临时设施费

【答案】A

【解析】单价措施项目：脚手架工程，混凝土模板及支架（撑），垂直运输，超高施工增加，大型机械设备进出场及安拆，施工排水、降水等。

【考点】措施项目清单——措施项目清单的格式。

3. 关于招标工程量清单中的暂估价，下列说法正确的是（　　）。

A. 工程项目暂估价应汇总计入其他项目费

B. 材料暂估单价应计入工程量清单综合单价

C. 专业工程暂估价中应包含规费和税金

D. 材料、工程设备暂估单价应由投标人填写

【答案】B

【解析】暂估价分为材料、工程设备暂估单价和专业工程暂估价。材料、工程设备暂估单价计入工程量清单综合单价，专业工程的暂估价一般应是综合暂估价，包括人工费、材料费、施工机具使用费、企业管理费和利润，不包括规费和税金。材料、工程设备暂估单价应由招标人填写。

【考点】其他项目清单——暂估价。

三、2021 年考题

1. 关于工程量清单计价的适用范围和编制要求，下列说法正确的是（　　）。

A. 工程量清单计价主要用于设计及其以后各个阶段的计价活动

B. 招标工程量清单的完整性和准确性由编制人负责

C. 招标工程量清单应以单位（项）工程为对象编制

D. 国家特许的融资项目可不采用工程量清单计价

【答案】C

【解析】选项 A 错误：我国目前使用的建设工程工程量清单计价规范主要用于施工图完成后进行发包的阶段。选项 B 错误：采用工程量清单方式招标，招标工程量清单必须作为招标文件的组成部分，其准确性和完整性由招标人负责。选项 D 错误：使用国有资金投资的建设工程发承包必须采用工程量清单计价。

【考点】工程量清单计价方法。

2. 关于分部分项工程项目清单中“项目特征”的描述，下列说法正确的是（　　）。

A. 工程量计算规范附录中没有规定的其他独有特征，在特征描述中无须描述

B. 投标报价时如遇项目特征描述与图纸不符，应以图纸为准

C. 在进行项目特征描述的同时也应对工程内容加以描述

D. 应结合技术规范、标准图集、施工图纸等进行描述

【答案】D

【解析】分部分项工程项目清单的项目特征应按各专业工程工程量计算规范附录中规定的项目特征，结合技术规范、标准图集、施工图纸，按照工程结构、使用材质及规格或安装位置等予以详细而准确的表述和说明。凡项目特征中未描述到的其他独有特征，由清单编制人视项目具体情况确定，以准确描述清单项目为准。

【考点】分部分项工程项目清单——项目特征。

3. 关于分部分项工程项目清单的编制要求，下列说法正确的是（　　）。

A. 所有清单项目的工程量均应以完成后的净值计算

B. 以“个”“项”等为计算单位时，应取整数，小数部分四舍五入

C. 有两个或两个以上计量单位时，应按不同计量单位分别计量

D. 当出现规范附录中未包含的清单项目时，编制人应作补充，并报省级或行业工程造价管理机构备案

【答案】D

【解析】除另有说明外，所有清单项目的工程量应以实体工程量为准，并以完成后的净值计算，故选项 A 错误；以“个”“项”等为计算单位时，应取整数，故选项 B 错误；当计量单位有两个或两个以上时，应根据所编工程量清单项目的特征要求，选择最适宜表现该项目特征并方便计量的单位，故选项 C 错误。

【考点】分部分项工程项目清单。

4. 按照《住房城乡建设部关于进一步推进工程造价改革的指导意见》（建标〔2014〕142 号）的要求，工程量清单规范体系应满足（　　）下工程计价需要。

A. 不同管理需求　　B. 不同融资方式

C. 不同设计深度　　D. 不同复杂程度

E. 不同承包方式

【答案】ACDE

【解析】按照《住房城乡建设部关于进一步推进工程造价改革的指导意见》（建标〔2014〕142 号）的要求，工程量清单规范体系应满足不同设计深度、不同复杂程度、不同承包方式、不同管理需求。

【考点】工程量清单计价方法。

四、2020 年考题

1. 关于工程量清单计价，下列计算式正确的是（　　）。

A. Σ分部分项工程量 × 工料单价

B. Σ措施项目工程量 × 措施项目工料单价

C. 其他项目费 = 暂列金额 + 暂估价 + 计日工 + 总承包服务费

D. 单项工程费 = 分部分项项目费 + 措施项目费 + 其他项目 + 税金

【答案】C

【解析】分部分项工程费 = Σ（分部分项工程量 × 相应分部分项工程综合单价）；措施项目费 = 各措施项目费；其他项目费 = 暂列金额 + 暂估价 + 计日工 + 总承包服务费；单位工程造价 = 分部分项工程费 + 措施项目费 + 其他项目费 + 规费 + 税金；单项工程造价 = Σ单位工程造价；建设项目总造价 = Σ单项工程造价。

【考点】工程量清单计价方法。

2. 关于分部分项工程项目清单中项目编码的编制，下列说法正确的是（　　）。

A. 第二级编码为分部工程顺序码

B. 第五级编码为分项工程项目名称顺序码

C. 同一标段内多个单位工程中项目特征完全相同的分项工程，可采用相同编码

D. 补充项目应采用 6 位编码工程

【答案】D

【解析】补充项目的编码由工程量计算规范的代码与 B 和三位阿拉伯数字组成，并应从 001 起顺序编制，如房屋建筑与装饰工程如需补充项目，则其编码应从 01B001 开始起顺序编制，同一招标工程的项目不得重码。

【考点】分部分项工程项目清单——项目编码。

3. 下列费用中，应计入总价措施项目清单与计价表中的是（　　）。

A. 垂直运输费　　B. 施工降排水

C. 地上地下成品保护　　D. 大型机械进出场

【答案】C

【解析】措施项目费用的发生与使用时间、施工方法或者两个以上的工序相关，如安全文明施工费，夜间施工，非夜间施工照明，二次搬运，冬雨季施工，地上、地下设施和建筑物的临时保护设施，已完工程及设备保护等。但是有些措施项目则是可以计算工程量的项目，如脚手架工程，混凝土模板及支架（撑），垂直运输，超高施工增加，大型机械设备进出场及安拆，施工排水、降水等，这类措施项目按照分部分项工程项目清单的方式采用综合单价计价，更有利于措施费的确定和调整。

【考点】措施项目清单——措施项目清单的格式。

4. 编制工程量清单时，下列费用属于总承包服务费考虑范围的是（　　）。

A. 总包人对专业工程的投标费

B. 承包人自行采购工程设备的保护费

C. 总包人施工现场的管理费

D. 竣工决算文件的编制费

【答案】C

【解析】总承包服务费是指总承包人为配合、协调建设单位进行的专业工程发包，对建设单位自行采购的材料、工程设备等进行保管以及施工现场管理、竣工资料汇总整理等服务所需的费用。

【考点】其他项目清单——总承包服务费。

5. 关于其他项目清单与计价表的编制，下列说法正确的有（　　）。

A. 材料暂估单价进入清单项目综合单价，不汇总到其他项目清单计价表总额

B. 暂列金额归招标人所有，投标人应将其扣除后再做投标报价

C. 专业工程暂估价的费用构成类别应与分部分项工程综合单价的构成保持一致

D. 计日工的名称和数量应由投标人填写

E. 总承包服务费的内容和金额应由投标人填写

【答案】AC

【解析】材料（工程设备）暂估单价进入清单项目综合单价，其他项目清单与计价汇总表中不汇总。暂列金额明细表由招标人填写，如不能详列，也可只列暂定金额总额，投标人应将上述暂列金额计入投标总价中。专业工程的暂估价一般应是综合暂估价，包括人工费、材料费、施工机具使用费、企业管理费和利润，不包括规费和税金。计日工表项目名称、暂定数量由招标人填写，编制最高投标限价时，单价由招标人按有关计价规定确定；投标时，单价由投标人自主报价，按暂定数量计算合价计入投标总价中。结算时，按发承包双方确认的实际数量计算合价。总承包服务费计价表项目名称、服务内容由招标人填写，编制最高投标限价时，费率及金额由招标人按有关计价规定确定；投标时，费率及金额由投标人自主报价，计入投标总价中。

【考点】其他项目清单。

6. 根据现行《建设工程工程量清单计价规范》GB 50500—2013，关于工程量清单的特点和应用，下列说法正确的有（　　）。

A. 分为招标工程量清单和已标价工程量清单

B. 以单位（项）工程为单位编制

C. 是招标文件的组成部分

D. 是载明发包工程内容和数量的清单，不涉及金额

E. 仅用于最高投标限价和投标报价的编制

【答案】ABC

【解析】按照工程量清单计价的一般原理，工程量清单应是载明建设工程项目名称、项目特征、计量单位和工程数量等的明细清单，工程量清单又可分为招标工程量清单和已标价工程量清单，由招标人根据国家标准、招标文件、设计文件以及施工现场实际情况编制的称为招标工程量清单，作为投标文件组成部分的已标明价格并经承包人确认的称为已标价工程量清单。招标工程量清单应由具有编制能力的招标人或受其委托，具有相应资质的工程造价咨询人或招标代理人编制。采用工程量清单方式招标，招标工程量清单必须作为招标文件的组成部分，其准确性和完整性由招标人负责。招标工程量清单应以单位（项）工程为单位编制，由分部分项工程项目清单，措施项目清单，其他项目清单，规费项目、税金项目清单组成。

【考点】工程量清单计价方法。

五、2019 年考题

1. 根据现行工程量计算规范，适宜采用分部分项工程项目清单计价方式计价的措施项目费是（　　）。

A. 二次搬运费　　B. 超高施工增加费

C. 已完工程及设备保护费　　D. 地上、地下设施临时保护费

【答案】B

【解析】有些措施项目则是可以计算工程量的项目，如脚手架工程，混凝土模板及支架（撑），垂直运输，超高施工增加，大型机械设备进出场及安拆，施工排水、降水等，这类措施项目按照分部分项工程项目清单的方式采用综合单价计价，更有利于措施费的确定和调整。

【考点】措施项目清单——措施项目清单的格式。

2. 在工程量清单计价中，下列费用项目应计入总承包服务费的是（　　）。

A. 总承包人的工程分包费

B. 总承包人的管理费

C. 总承包人对发包人自行采购材料的保管费

D. 总承包工程的竣工验收费

【答案】C

【解析】总承包服务费是指总承包人为配合协调发包人进行的专业工程发包，对发包人自行采购的材料、工程设备等进行保管以及施工现场管理、竣工资料汇总整理等服务所需的费用。

【考点】其他项目清单——总承包服务费。

3. 在工程量清单计价中，下列关于暂估价的说法，正确的是（ ）。

A. 材料设备暂估价是指用于尚未确定或不可预见的材料、设备采购的费用

B. 纳入分部分项工程项目清单综合单价中的材料暂估价包括暂估单价及数量

C. 专业工程暂估价与分部分项工程综合单价在费用构成方面应保持一致

D. 专业工程暂估价由投标人自主报价

【答案】C

【解析】暂估价是指招标人在工程量清单中提供的用于支付必然发生但暂时不能确定价格的材料、工程设备的单价以及专业工程的金额，包括材料暂估单价、工程设备暂估单价和专业工程暂估价，故选项 A 错误。暂估价数量和拟用项目应当结合工程量清单中的"暂估价表"予以补充说明。为方便合同管理，需要纳入分部分项工程项目清单综合单价中的暂估价应只是材料、工程设备暂估单价，以方便投标人组价。专业工程的暂估价一般应是综合暂估价，包括人工费、材料费、施工机具使用费、企业管理费和利润，不包括规费和税金。

【考点】其他项目清单——暂估价。

4. 关于分部分项工程清单的编制，下列说法正确的有（ ）。

A. 项目编码第 7 ~ 9 位为分项工程项目名称顺序码

B. 项目名称应按工程量计算规范附录中给定的名称确定

C. 项目特征应按工程量计算规范附录中规定的项目特征予以描述

D. 计量单位应按工程量计算规范附录中给定的，选用最适宜表现项目特征并方便计量的单位

E. 工程量应按实际完成的工程量计算

【答案】AD

【解析】选项 A 正确，第四级表示分项工程项目名称顺序码（分三位）；选项 B 错误，分部分项工程项目清单的项目名称应按各专业工程工程量计算规范附录的项目名称结合拟建工程的实际确定。分部分项工程项目清单的项目特征应按各专业工程工程量计算规范附录中规定的项目特征，结合技术规范、标准图集、施工图纸，按照工程结构、使用材质及规格或安装位置等，予以详细而准确的表述和说明。当计量单位有两个或两个以上时，应根据所编工程量清单项目的特征要求，选择最适宜表现该项目特征并方便计量的单位。

【考点】分部分项工程项目清单。

考点统计

通过对 2019—2023 年的考题统计，本节涉及的考点主要是工程量清单计价原理（2023 版新加考点）、工程量清单计价的范围和作用、分部分项工程项目清单、措施项目清单、其他项目清单五项内容。近 5 年涉及本节的真题共有 21 题，具体考点的考核频率如表 2.2.1 所示。

表 2.2.1 第二章第二节考点考核频次表

序号	知识点	具体考点	考核频次
1	工程量清单计价原理	"工程量清单计价原理"综合性考点	1
2	分部分项工程项目清单	"分部分项工程项目清单"综合性考点	3
		项目特征	1
		项目编码	1
3	措施项目清单	措施项目清单的格式	4
4	其他项目清单	"其他项目清单"综合性考点	2
		暂估价	3
		总承包服务费	2
5	工程量清单计价方法	"工程量清单计价方法"综合性考点	4

知识点凝练

一、工程量清单计价原理

从本质上说，工程量清单计价是招标人为完成工程交易而提供的一套完整的实物量清单，投标人根据招标人提供的实物量清单中列明的项目名称、项目特征、计量单位和工程数量进行自主报价，只是根据不同的规范、标准或项目条件，可以有不同的项目名称设置要求、项目特征描述方式、计量单位的选择和工程数量的计算规则。招标人对各投标人的报价进行比较选择，最终择优选定中标人完成工程交易签订合同，并在后续的合同履约过程中根据约定进行价款调整、支付和结算。

由于建设项目交易时点的不确定，尤其是在我国大力推行工程总承包方式后，交易时点被前移至初步设计或扩大初步设计阶段。为满足不同交易时点的需要，工程量清单的项目设置规则应具备多样性。因此，工程量清单的发展方向应建立多层级工程量清单，形成以清单计价规范和各专（行）业工程量计算规范配套使用的清单规范体系，满足不同设计深度、不同复杂程度、不同承包方式及不同管理需求下工程计价的需要。而我们目前使用的建设工程工程量清单计价规范主要适用于施工图设计完成后的施工发承包及施工阶段的计价活动。相应的项目编码规则、项目特征描述方式，以及工程量计算规则都是在项目已经具备了施工图的基础上进行规定的，并不完全适合不同交易时点对工程量清单的实际需要。

在工程实践中，为了克服目前计价规范不能完全支持多阶段交易的要求，出现了"模拟工程量清单"这一变通性方式。模拟工程量清单实质上是在工程设计图没有或不完备的情况下工程量清单的替代方式。其与现行计价规范中标准工程量清单最大的不同点就是编制基础不同。工程量清单的编制基础是构成工程实体的各部分实物工程量，而模拟工程量清单则是依据业主的概念设计，参照类似工程的清单项目和技术指标进行编制的暂估工程量清单。结合现有政策规定，模拟工程量清单计价模式即是基于初步设计相关成果文件，参照类似工程而进行“提前”计价的工程量清单计价模式。

根据《建设工程工程量清单计价规范》GB 50500—2013 的规定，由于其主要适用于施工图完成后进行发包的阶段，故将工程量清单的项目设置分为分部分项工程项目、措施项目、其他项目，以及规费和税金项目（本书后文中如不加明确说明，工程量清单均指《建设工程工程量清单计价规范》GB 50500—2013 所规定的工程量清单）。工程量清单又可分为招标工程量清单和已标价工程量清单，由招标人根据国家标准、招标文件、设计文件以及施工现场实际情况编制的称为招标工程量清单，作为投标文件组成部分的已标明价格并经承包人确认的称为已标价工程量清单。招标工程量清单应由具有编制能力的招标人或受其委托的工程造价咨询人或招标代理人编制。采用工程量清单方式招标，招标工程量清单必须作为招标文件的组成部分，其准确性和完整性由招标人负责。招标工程量清单应以单位（项）工程为单位编制，由分部分项工程项目清单，措施项目清单，其他项目清单，规费项目、税金项目清单组成。

二、工程量清单计价的范围和作用

（一）工程量清单计价的适用范围

清单计价规范适用于建设工程发承包及其实施阶段的计价活动。使用国有资金投资的建设工程发承包，必须采用工程量清单计价；非国有资金投资的建设工程，宜采用工程量清单计价；不采用工程量清单计价的建设工程，应执行计价规范中除工程量清单等专门性规定外的其他规定。

国有资金（含国家融资资金）为主的工程建设项目是指国有资金占投资总额 50% 以上，或虽不足 50% 但国有投资者实质上拥有控股权的工程建设项目。

国有资金投资的项目包括全部使用国有资金（含国家融资资金）投资或国有资金投资为主的工程建设项目。

（1）国有资金投资的工程建设项目包括：

1）使用各级财政预算资金的项目；

2）使用纳入财政管理的各种政府性专项建设资金的项目；

3）使用国有企事业单位自有资金，并且国有资产投资者实际拥有控制权的项目。

（2）国家融资资金投资的工程建设项目包括：

1）使用国家发行债券所筹资金的项目；

2）使用国家对外借款或者担保所筹资金的项目；

3）使用国家政策性贷款的项目；

4）国家授权投资主体融资的项目；

5）国家特许的融资项目。

（3）国有资金（含国家融资资金）为主的工程建设项目是指国有资金占投资总额 50% 以上，或虽不足 50% 但国有投资者实质上拥有控股权的工程建设项目。

（二）工程量清单计价的作用

（1）提供一个平等的竞争条件。

（2）满足市场经济条件下竞争的需要。

（3）有利于提高工程计价效率，能真正实现快速报价。

（4）有利于工程款的拨付和工程造价的最终结算。

（5）有利于业主对投资的控制。

三、分部分项工程项目清单

分部分项工程项目清单必须载明项目编码、项目名称、项目特征、计量单位和工程量。分部分项工程项目清单必须根据各专业工程工程量计算规范规定的项目编码、项目名称、项目特征、计量单位和工程量计算规则进行编制。其格式如教材表 2.2.1 所示，在分部分项工程项目清单的编制过程中，由招标人负责前六项内容填列，金额部分在编制最高投标限价或投标报价时填列。

（一）项目编码

项目编码是分部分项工程和措施项目清单名称的阿拉伯数字标识。分部分项工程量清单项目编码以五级编码设置，用十二位阿拉伯数字表示。一、二、三、四级编码为全国统一，即一至九位应按计价规范附录的规定设置。

（二）项目名称

分部分项工程量清单的项目名称应按各专业工程计量规范附录的项目名称结合拟建工程的实际确定。

（三）项目特征

项目特征是构成分部分项工程项目、措施项目自身价值的本质特征。项目特征是对项目的准确描述，是确定一个清单项目综合单价不可缺少的重要依据，是区分清单项目的依据，是履行合同义务的基础。分部分项工程量清单的项目特征应按各专业工程计量规范附录中规定的项目特征，结合技术规范、标准图集、施工图纸，按照工程结构、使用材质及规格或安装位置等，予以详细而准确的表述和说明。

（四）计量单位

当计量单位有两个或两个以上时，应根据所编工程量清单项目的特征要求，选择最适宜表现该项目特征并方便计量的单位。

（五）工程数量的计算

除另有说明外，所有清单项目的工程量应以实体工程量为准，并以完成后的净值计算；投标人投标报价时，应在单价中考虑施工中的各种损耗和需要增加的工程量。

（1）补充项目的编码应按工程量计算规范的规定确定。

（2）在工程量清单中应附补充项目的项目名称、项目特征、计量单位、工程量计算规则和工作内容。

四、措施项目清单

（一）措施项目列项

措施项目是指为完成工程项目施工，发生于该工程施工准备和施工过程中的技术、生活、安全、环境保护等方面的项目。

（二）措施项目清单的格式

1. 措施项目清单的类别

措施项目中可以计算工程量的项目清单宜采用分部分项工程量清单的方式编制，列出项目编码、项目名称、项目特征、计量单位和工程量计算规则；不能计算工程量的项目清单，以“项”为计量单位进行编制。

2. 措施项目清单的编制

措施项目清单的编制依据主要有：

（1）施工现场情况、地勘水文资料、工程特点；

（2）常规施工方案；

（3）与建设工程有关的标准、规范、技术资料；

（4）拟定的招标文件；

（5）建设工程设计文件及相关资料。

五、其他项目清单

（一）暂列金额

暂列金额是指招标人在工程量清单中暂定并包括在合同价款中的一笔款项。

（二）暂估价

暂估价是指招标人在工程量清单中提供的用于支付必然发生但暂时不能确定价格的材料、工程设备的单价以及专业工程的金额，包括材料暂估单价、工程设备暂估单价和专业工程暂估价。

暂估价中的材料、工程设备暂估单价应根据工程造价信息或参照市场价格估算，列出明细表。

（三）计日工

计日工适用的所谓零星项目或工作一般是指合同约定之外的或者因变更而产生的、工程量清单中没有相应项目的额外工作，尤其是那些难以事先商定价格的额外工作。

（四）总承包服务费

总承包服务费是指总承包人为配合协调发包人进行的专业工程发包，对发包人自行采购的材料、工程设备等进行保管以及施工现场管理、竣工资料汇总整理等服务所需的费用。

六、规费、税金项目清单

规费项目清单应按照下列内容列项：社会保险费，包括养老保险费、失业保险费、医疗保险费、工伤保险费、生育保险费；住房公积金；工程排污费；出现清单计价规范中未列的项目，应根据省级政府或省级有关权力部门的规定列项。

税金项目主要是指增值税。出现计价规范未列的项目，应根据税务部门的规定列项。

七、各级工程造价的汇总

各个工程量清单编制好后，将各个清单合计进行汇总，就形成相应单位工程的造价。根据所处计价阶段的不同，单位工程造价汇总表可分为单位工程最高投标限价汇总表、单位工程投标报价汇总表和单位工程竣工结算汇总表。

各单位工程相应造价汇总后，形成单项工程及建设项目的工程造价。

第三节　建筑安装工程人工、材料和施工机具台班消耗量的确定

真题解析

一、2023 年考题

1. 下列工作时间中，属于损失时间但在拟定定额时可以适当考虑的是（　　）。

A. 抹灰工偶然补墙洞的时间　　B. 工人熟悉图纸的时间

C. 工人完工后清理的时间　　D. 工人喝水的时间

【答案】A

【解析】多余工作是工人进行了任务以外而又不能增加产品数量的工作，如重新施工质量不合格的工程多余工作的工时损失，一般都是由于工程技术人员和工人的差错而引起的，因此，不应计入定额时间中。偶然工作也是工人在任务外进行的工作，但能够获得一定产品，如抹灰工不得不补上偶然遗留的墙洞等。由于偶然工作能获得一定产品，拟定定额时要适当考虑其影响。

【考点】施工过程分解及工时研究——工作时间分类。

2. 下列施工机械消耗时间，应计入施工机具台班消耗量的有（　　）。

A. 筑路机在工作区末端掉头的时间

B. 暴雨时压路机的停工时间

C. 操作工人短暂休息的停机时间

D. 汽车装货时的停车时间

E. 甲方材料供应不及时引起的停机时间

【答案】ACD

【解析】机械的必需消耗时间包括有效工作时间，不可避免的无负荷工作时间和不可避免的中断时间。筑路机在工作区末端掉头的时间属于不可避免的无负荷工作时间。汽车装货时的停车时间，操作工人短暂休息的停机时间属于不可避免的中断时间。暴雨时压路机的停工时间属于机械的停工时间，属于损失时间。

【考点】施工过程分解及工时研究——工作时间分类。

3. 通过计时观察资料得知，砌砖墙人工勾缝 $10m^2$ 的基本工作时间为 90min，辅助工作时间占工序作业时间的 5%，准备与结束工作时间、不可避免中断时间、休息时间分别占工作日的 5%、12%、3%，该人工勾缝的产量定额为（　　）m^2/ 工日。

A. 0.024　　B. 0.025　　C. 40.53　　D. 42.22

【答案】C

【解析】时间定额 =90/10/（60 × 8）/（1–5%）/（1–20%）=0.024 67（工日 /m^2）；

产量定额 =1/0.024 67=40.53（m^2/ 工日）。

【考点】确定人工定额消耗量的基本方法——拟定时间定额。

4. 用 M75 水泥砂浆与规格为 240mm × 115mm × 53mm 的普通砖砌筑一砖厚墙体灰缝宽度为 10mm。假设普通砖与水泥砂浆的损耗率均为 1%，则每 10m^3 该墙体中普通砖和水泥砂浆的消耗量分别为（　　）。

A. 5 291 块，2.26m^3　　B. 5 344 块，2.18m^3

C. 5 291 块，2.20m^3　　D. 5 344 块，2.28m^3

【答案】D

【解析】普通砖消耗量 =10/[0.24 ×（0.115+0.01）×（0.053+0.01）] ×（1+1%）=5 344（块）；

水泥砂浆消耗量 =（10–5 291 × 0.24 × 0.115 × 0.053）×（1+1%）=2.28（m^3）。

【考点】确定材料定额消耗量的基本方法——确定材料消耗量的基本方法。

二、2022 年考题

1. 关于人工定额消耗量的测定，下列计算公式正确的是（　　）。

A. 工序作业时间 = 基本工作时间 / [1+ 辅助工作时间（%）]

B. 规范时间 = 辅助工作时间 + 准备与结束工作时间 + 休息时间

C. 规范时间 = 工序作业时间 / [1+ 规范时间（%）]

D. 定额时间 = 工序作业时间 + 规范时间

【答案】D

【解析】工序作业时间 = 基本工作时间 + 辅助工作时间

规范时间 = 准备与结束工作时间 + 不可避免的中断时间 + 休息时间

工序作业时间 = 基本工作时间 + 辅助工作时间

定额时间 = 工序作业时间 + 规范时间

【考点】确定人工定额消耗量的基本方法——拟定定额时间。

2. 用规格为 290 × 240 × 190 的烧结空心砌块砌筑 240mm 厚墙体，灰缝宽度为 10mm，砌块损耗率为 1%，则每 10m^3 该种砌体空心砌块的消耗量为（　　）m^3。

A. 8.90　　B. 9.18　　C. 9.28　　D. 10.10

【答案】C

【解析】先计算出 1m^3 烧结空心砌块的净用量 =1/ [0.24 ×（0.29+0.01）×（0.19+0.01）] = 69.45（块）；

1m^3 烧结空心砌块总的消耗量 =69.45 ×（1+1%）=70.14（块）；

10m^3 砌体空心砌块的消耗量 =70.14 ×（0.29 × 0.24 × 0.19）× 10=9.28（m^3）。

【考点】确定材料定额消耗量的基本方法——确定材料消耗量的基本方法。

3. 某型号施工机械循环作业一次，各循环组成部分的正常延续时间分别为 3min、5min、4min、2min，交叠时间为 2min，一次循环的产量为 2m^3，机械时间利用系数为 0.9，则该机械的产量定额为（　　）m^3/ 台班。

A. 36　　B. 80　　C. 54　　D. 72

【答案】D

【解析】一次循环正常延续时间 =3+5+4+2−2=12（min）;

纯工作 1h 循环次数 =60/12=5（次）;

纯工作 1h 正常生产率 =5 × 2=10（m^3）;

产量定额 =10 × 8 × 0.9=72（m^3/ 台班）。

【考点】确定施工机具台班定额消耗量的基本方法——计算施工机械台班定额。

4. 根据工程定额编制下列工人工作时间消耗、机械工作时间消耗或材料的消耗，应计入人工、材料或施工机具定额的有（　　）。

A. 施工本身造成的停工时间　　B. 不可避免的施工废料

C. 施工措施性材料的用量　　D. 有根据地降低负荷下的工作时间

E. 与机械保养相关的必要中断时间

【答案】BCDE

【解析】不可避免的施工废料必须消耗的材料属于施工正常消耗，是确定材料消耗定额的基本数据。其中，直接用于建筑和安装工程的材料编制材料净用量定额，不可避免的施工废料和材料损耗编制材料损耗定额。施工措施性材料的用量施工中的材料可分为实体材料和非实体材料两类。非实体材料是指在施工中必须使用但又不能构成工程实体的施工措施性材料。非实体材料主要是指周转性材料，如模板、脚手架、支撑等。施工本身造成的停工时间属于损失时间。

【考点】建筑安装工程人工、材料和施工机具台班消耗量的确定。

三、2021 年考题

1. 下列人工消耗量定额测定时间中，其长短与所负担的工作量大小无关，但往往与工作内容有关的是（　　）。

A. 基本工作时间　　B. 辅助工作时间

C. 准备与结束工作时间　　D. 休息时间

【答案】C

【解析】选项 A 错误：基本工作时间是工人完成能生产一定产品的施工工艺过程所消耗的时间。选项 B 错误：辅助工作时间是为保证基本工作能顺利完成所消耗的时间。选项 C 正确：基本准备与结束工作时间是执行任务前或任务完成后所消耗的工作时间。选项 D 错误：休息时间是工人在工作过程中为恢复体力所必需的短暂休息和生理需要的时间消耗。

【考点】施工过程分解及工时研究——工作时间分类。

2. 某一砖半厚混水墙，采用规格为 240 × 115 × 53 的烧结煤矸石普通砖砌筑，灰缝厚度为 10mm，每 10m^3 该种墙体砖的净用量为（　　）千块。

A. 5.148　　B. 5.219　　C. 6.374　　D. 6.462

【答案】B

【解析】$A=K \times 1/$［墙厚（砖长 + 灰缝）×（砖厚 + 灰缝）］。

【考点】确定材料定额消耗量的基本方法——确定材料消耗量的基本方法。

3. 出料容量为 200L 的干混砂浆罐式搅拌机，每一次工作循环中，运料、装料、搅拌、卸料、不可避免的中断时间分别为 5min、1min、3min、1min、5min，若机械时间利用系数为 0.8，则该机械台班产量定额为（　　）。

A. 5.12m^3/ 台班　　B. 1.3 台班 /10m^3　　C. 7.68m^3/ 台班　　D. 1.95 台班 /10m^3

【答案】C

【解析】机械一次循环的正常延续时间 =5+1+3+1+5=15（min）=0.25（h），机械纯工作 1h 的循环次数 =4。

机械纯工作 1h 的正常生产量 =4 × 200L=0.8（m^3），机械台班产量定额 =0.8 × 8 × 0.8=5.12（m^3/ 台班）。

【考点】确定施工机具台班定额消耗量的基本方法——计算施工机械台班定额。

4. 下列工人工作班内消耗时间，在确定人工工日消耗量定额时应适当考虑其影响的有（　　）。

A. 多余工作时间　　B. 偶然工作实践

C. 施工本身造成的停工时间　　D. 非施工本身造成的停工时间

E. 违背劳动纪律损失时间

【答案】BD

【解析】损失时间是与产品生产无关，而与施工组织和技术上的缺点有关，与工人在施工过程中的个人过失或某些偶然因素有关的时间消耗，损失时间中包括由多余和偶然工作、停工、违背劳动纪律所引起的工时损失。

（1）多余工作是工人进行了任务以外而又不能增加产品数量的工作，如重新施工质量不合格的工程。

（2）停工时间是工作班内停止工作造成的工时损失。

（3）违背劳动纪律造成的工作时间损失，是指工人迟到、早退、擅自离开工作岗位、工作时间内怠工等造成的工时损失。由于个别工人违背劳动纪律而影响其他工人无法工作的时间损失也包括在内。

【考点】施工过程分解及工时研究——工作时间分类。

四、2020 年考题

1. 对工人工作时间消耗的分类中，属于必需消耗时间而被计入时间定额的是（　　）。

A. 偶然工作时间　　B. 工人休息时间

C. 施工本身造成的停工时间　　D. 非施工本身造成的停工时间

【答案】B

【解析】必需消耗的时间包括有效工作时间、休息时间和不可避免的休息时间。

【考点】施工过程分解及工时研究——工作时间分类。

2. 干混地面砂浆 DSM20 贴 600mm × 600mm 石材楼面，灰缝宽 2mm，石材损耗率 2%。则每 100m^2 石材楼面中石材的消耗量为（　　）块。

A. 281.46　　B. 281.57　　C. 283.33　　D. 283.45

【答案】A

【解析】石材净用量 =100 ÷（0.602 × 0.602）=275.94（块），石材的消耗量 =275.94 ×（1+2%）=281.46（块）。

【考点】确定材料定额消耗量的基本方法——确定材料消耗量的基本方法。

3. 关于人工定额消耗量的确定，下列算式正确的有（ ）。

A. 工序作业时间 = 基本工作时间 ×［1+ 辅助工作时间占比（%）］

B. 工序作业时间 = 基本工作时间 + 辅助工作时间 + 不可避免中断时间

C. 规范时间 = 准备与结束时间 + 不可避免中断时间 + 休息时间

D. $定额时间=\frac{基本工作时间}{1-辅助工作时间占比（\%）}$

E. $定额时间=\frac{基本工作时间+辅助工作时间}{1-规范时间占比（\%）}$

【答案】CE

【解析】工序作业时间 = 基本工作时间 + 辅助工作时间；

规范时间 = 准备与结束工作时间 + 不可避免的中断时间 + 休息时间；

$工序作业时间=基本工作时间+辅助工作时间=\frac{基本工作时间}{1-辅助作业时间（\%）}$；

$定额时间=\frac{工序作业时间}{1-规范时间（\%）}$。

【考点】确定人工定额消耗量的基本方法。

五、2019 年考题

1. 在测定定额所采用的方法中，测时法用于测定（ ）。

A. 循环组成部分的工作时间　　B. 准备与结束时间

C. 工人休息时间　　D. 非循环工作时间

【答案】A

【解析】测时法只用来测定施工过程中循环组成部分工作时间消耗，不研究工人休息、准备与结束及其他非循环的工作时间。

【考点】施工过程分解及工时研究——计时观察法。

2. 工作日写实法测定的数据显示，完成 $10m^3$ 某现浇混凝土工程需基本工作时间 8h，辅助工作时间占工序作业时间的 8%，准备与结束工作时间、不可避免的中断时间、休息时间、损失时间分别占工作日的 5%、2%、18%、6%。则该混凝土工程的时间定额是（ ）工日 $/10m^3$。

A. 1.44　　B. 1.45　　C. 1.56　　D. 1.64

【答案】B

【解析】8h 等于 1 个工日，工序作业时间 =1/（1−8%）=1.087（工日 $/10m^3$）；时间定额 =1.087/（1−5%−2%−18%）=1.45（工日 $/10m^3$）。

【考点】确定人工定额消耗量的基本方法——拟定定额时间。

3. 用干混抹灰砂浆贴 200mm × 300mm 瓷砖墙面，灰缝宽 5mm，假设瓷砖损耗率为 8%，则 $100m^2$ 瓷砖墙面的瓷砖损耗量为（ ）m^2。

A. 103.6　　B. 104.3　　C. 108　　D. 108.7

【答案】A

【解析】$100m^2$ 瓷砖的净用量 =100/［（0.2+0.005）×（0.3+0.005）］×0.2×0.3=95.96（m^2）；

$100m^2$ 瓷砖墙面的瓷砖损耗量 =95.96×（1+8%）=103.6（m^2）。

【考点】确定材料定额消耗量的基本方法——确定材料消耗量的基本方法。

4. 下列人工、材料、机械台班的消耗，应计入定额消耗量的有（ ）。

A. 准备与结束工作时间
B. 施工本身原因造成的工人停工时间
C. 措施性材料的合理消耗量
D. 不可避免的施工废料
E. 低负荷下的机械工作时间

【答案】ACD

【解析】选项 A 正确，必须消耗的工作时间是工人在正常施工条件下，为完成一定合格产品（工作任务）所消耗的时间，是制定定额的主要依据，包括有效工作时间、休息时间和不可避免中断时间的消耗。必须消耗的材料，是指在合理用料的条件下生产合格产品需要消耗的材料，包括直接用于建筑和安装工程的材料、不可避免的施工废料、不可避免的材料损耗。措施性材料的合理消耗量属于材料消耗量。

【考点】建筑安装工程人工、材料和施工机具台班消耗量的确定。

考点统计

通过对 2019—2023 年的考题统计，本节涉及的考点主要是施工过程分解及工时研究、确定人工定额消耗量的基本方法、确定材料定额消耗量的基本方法、确定施工机具台班定额消耗量的基本方法四项内容。近 5 年涉及本节的真题共有 19 题，具体考点的考核频次如表 2.3.1 所示。

表 2.3.1 第二章第三节考点考核频次表

序号	知识点	具体考点	考核频次
1	建筑安装工程人工、材料和施工机具台班消耗量的确定	“建筑安装工程人工、材料和施工机具台班消耗量的确定”综合性考点	2
2	施工过程分解及工时研究	工作时间分类	5
		计时观察法	1
3	确定人工定额消耗量的基本方法	“确定人工定额消耗量的基本方法”综合性考点	1
		拟定定额时间	3
4	确定材料定额消耗量的基本方法	确定材料消耗量的基本方法	5
5	确定施工机具台班定额消耗量的基本方法	计算施工机械台班定额	2

知识点凝练

一、施工过程分解及工时研究

（一）施工过程及其分类

1. 施工过程的含义

施工过程就是为完成某一项施工任务，在施工现场所进行的生产过程。其最终目的是要建造、改建、修复或拆除工业及民用建筑物和构筑物的全部或一部分。

2. 施工过程分类

（1）根据施工过程组织上的复杂程度，可以分解为工序、工作过程和综合工作过程。

1）工序是指在组织上不可分割的，在操作上属于同一类的作业环节。特征是：劳动者、劳动对象、使用的劳动工具均不变化。

2）工作过程是指由同一工人或同一小组所完成的在技术操作上相互有机联系的工序的总合体。其特点是劳动者、劳动对象不变化，劳动工具则可以变换。

3）综合工作过程是指同时进行的，在组织上有直接联系的，为完成一个最终产品结合起来的各个施工过程的总和。

（2）按照施工工序是否重复循环，可以分为循环施工过程和非循环施工过程两类。

（3）按施工过程的完成方法和手段，可以分为手工操作过程（手动过程）、机械化过程（机动过程）、机手并动过程（半自动化过程）。

（4）按劳动者、劳动工具、劳动对象所处位置和变化分类，可以分为工艺过程、搬运过程、检验过程。

3. 施工过程的影响因素

对施工过程的影响因素进行研究，其目的是正确确定单位施工产品所需要的作业时间消耗。施工过程的影响因素包括技术因素、组织因素和自然因素。

（二）工作时间分类

研究施工中的工作时间最主要的目的是确定施工的时间定额和产量定额，其前提是对工作时间按其消耗性质进行分类，以便研究工时消耗的数量及其特点。

工作时间指的是工作班延续时间。例如 8 小时工作制的工作时间就是 8 小时，午休时间不包括在内。对工作时间消耗的研究，可以分为两个系统进行，即工人工作时间的消耗和施工机械工作时间消耗。

1. 工人工作时间消耗的分类

工人工作时间：班内消耗的工作时间，按其消耗的性质，基本可以分为必需消耗的时间和损失时间。

（1）必需消耗的工作时间是工人在正常施工条件下，为完成一定合格产品（工作任务）所消耗的时间，是制定定额的主要依据，包括有效工作时间、休息时间和不可避免的中断时间的消耗。

1）有效工作时间是从生产效果来看与产品生产直接有关的时间消耗。其中包括基本工作时间、辅助工作时间、准备与结束工作时间的消耗。

①基本工作时间是工人完成能生产一定产品的施工工艺过程所消耗的时间。

②辅助工作时间是为保证基本工作能顺利完成所消耗的时间。

③准备与结束工作时间是执行任务前或任务完成后所消耗的工作时间。

2）休息时间是工人在工作过程中为恢复体力所必需的短暂休息和生理需要的时间消耗。

3）不可避免的中断所消耗的时间是由于施工工艺特点引起的工作中断所必需的时间。

（2）损失时间是与产品生产无关，而与施工组织和技术上的缺点有关，与工人在施工过程中的个人过失或某些偶然因素有关的时间消耗，损失时间中包括由多余和偶然工作、停工、违背劳动纪律所引起的工时损失。

1）多余工作是工人进行了任务以外而又不能增加产品数量的工作。如重新施工质量不合格的工程。

2）停工时间是工作班内停止工作造成的工时损失。

3）违背劳动纪律造成的工作时间损失是指工人迟到、早退、擅自离开工作岗位、工作时间内怠工等造成的工时损失。由于个别工人违背劳动纪律而影响其他工人无法工作的时间损失也包括在内。

2. 施工机械工作时间消耗的分类

机器工作时间：按其性质分为必需消耗的时间和损失时间两大类。

（1）在必需消耗的工作时间里，包括有效工作、不可避免的无负荷工作和不可避免的中断三项时间消耗。而在有效工作的时间消耗中又包括正常负荷下有根据地降低负荷下的工时消耗。

1）正常负荷下的工作时间是指机器在与机器说明书规定的额定负荷相符的情况下进行工作的时间。

2）有根据地降低负荷下的工作时间是指在个别情况下由于技术上的原因，机器在低于其计算负荷下工作的时间。

3）不可避免的无负荷工作时间是指由施工过程的特点和机械结构的特点造成的机械无负荷工作时间。

4）不可避免的中断工作时间是指与工艺过程的特点、机器的使用和保养、工人休息有关的中断时间。

（2）损失的工作时间包括多余工作、停工、违背劳动纪律所消耗的工作时间和低负荷下的工作时间。

1）机器的多余工作时间，一是机器进行任务内和工艺过程内未包括的工作而延续的时间，如工人没有及时供料而使机器空运转的时间；二是机械在负荷下所做的多余工作，如混凝土搅拌机搅拌混凝土时超过规定搅拌时间，即属于多余工作时间。

2）机器的停工时间，按其性质也可分为施工本身造成和非施工本身造成的停工。

3）违反劳动纪律引起的机器的时间损失是指由于工人迟到早退或擅离岗位等原因引起的机器停工时间。

4）低负荷下的工作时间是由于工人或技术人员的过错所造成的施工机械在降低负荷的情况下工作的时间。

（三）计时观察法

计时观察法是研究工作时间消耗的一种技术测定方法。它以研究工时消耗为对象，以观察测时为手段，通过密集抽样和粗放抽样等技术进行直接的时间研究。

计时观察法能够把现场工时消耗情况和施工组织技术条件联系起来加以考察，它不仅能为制订定额提供基础数据，而且也能为改善施工组织管理、改善工艺过程和操作方法、消除不合理的工时损失和进一步挖掘生产潜力提供技术根据。计时观察法的局限性是考虑人的因素不够。

对施工过程进行观察、测时，计算实物和劳务产量，记录施工过程所处的施工条件和确定影响工时消耗的因素是计时观察法的三项主要内容和要求。计时观察法种类很多，最主要的有测时法、写实记录法和工作日写实法三种。

1. 测时法

测时法主要适用于测定定时重复的循环工作的工时消耗，是精确度比较高的一种计时观察法，一般可达 0.2 ~ 15s。测时法只用来测定施工过程中循环组成部分的工作时间消耗，不研究工人休息、准备与结束即其他非循环的工作时间。

（1）测时法的分类。

1）选择法测时。它是间隔选择施工过程中非紧连接的组成部分测定工时，精确度达 0.5s。

2）接续法测时。它是连续测定一个施工过程各工序或操作的延续时间。接续法测时每次要记录各工序或操作的终止时间，并计算出本工序的延续时间，也称连续法测时。它比选择法测时准确、完善，但观察技术也较为复杂。

（2）测时法的观察次数。需要的观察次数与要求的算术平均值精确度及数列的稳定系数有关。

2. 写实记录法

写实记录法是一种研究各种性质的工作时间消耗的方法，包括基本工作时间、辅助工作时间、不可避免的中断时间、准备与结束时间以及各种损失时间。

影响写实记录法延续时间的主要因素：所测施工过程的广泛性和经济价值，已经达到的功效水平的稳定程度，同时测定不同类型施工过程的数目，被测定的工人人数以及测定完成产品的可能次数等。

（1）写实记录法的种类。写实记录法按记录时间的方法不同分为数示法、图示法和混合法三种，计时一般采用有秒针的普通计时表即可。

（2）写实记录法的延续时间。延续时间的确定应立足于既不能消耗过多的观察时间，又能得到比较可靠和准确的结果。影响写实记录法延续时间的主要因素有：所测施工过程的广泛性和经济价值，已经达到的功效水平的稳定程度，同时测定不同类型施工过程的数目，被测定的工人人数以及测定完成产品的可能次数等。

3. 工作日写实法

工作日写实法是一种研究整个工作班内的各种工时消耗的方法。

二、确定人工定额消耗量的基本方法

时间定额和产量定额是人工定额的两种表现形式。拟定出时间定额，也就可以计算出产量定额。

（一）确定工序作业时间

根据计时观察资料的分析和选择，我们可以获得各种产品的基本工作时间和辅助工作时间，将这两种时间合并，可以称为工序作业时间。它是各种因素的集中反映，决定着整个产品的定额时间。

1. 拟定基本工作时间

基本工作时间在必需消耗的工作时间中占的比重最大。在确定基本工作时间时，必须细致、精确。基本工作时间消耗一般应根据计时观察资料来确定。其做法是，首先确定工作过程每一组成部分的工时消耗，然后综合出工作过程的工时消耗。如果组成部分的产品计量单位和工作过程的产品计量单位不符，就需先求出不同计量单位的换算系数，进行产品计量单位的换算，然后相加，求得工作过程的工时消耗。

（1）各组成部分与最终产品单位一致时的基本工作时间计算。此时，单位产品基本工作时间就是施工过程各个组成部分作业时间的总和。计算公式为：

$$T_1=\sum_{i=1}^{n}t_i$$

式中：T_1——单位产品基本工作时间；

t_i——各组成部分的基本工作时间；

n——各组成部分的个数。

（2）各组成部分单位与最终产品单位不一致时的基本工作时间计算。此时，各组成部分基本工作时间应分别乘以相应的换算系数。计算公式为：

$$T_1=\sum_{i=1}^{n}k_i\times t_i$$

式中：k_i——对应于 t_i 的换算系数。

2. 拟定辅助工作时间

辅助工作时间的确定方法与基本工作时间相同。如果在计时观察时不能取得足够的资料，也可采用工时规范或经验数据来确定。如具有现行的工时规范，可以直接利用工时规范中规定的辅助工作时间的百分比来计算。

（二）确定规范时间

规范时间内容包括工序作业时间以外的准备与结束时间、不可避免的中断时间以及休息时间。

1. 确定准备与结束时间

准备与结束工作时间分为班内和任务两种。任务的准备与结束时间通常不能集中在某一个工作日中，而要采取分摊计算的方法，分摊在单位产品的时间定额里。

如果在计时观察资料中不能取得足够的准备与结束时间的资料，也可根据工时规范或经验数据来确定。

2. 确定不可避免的中断时间

在确定不可避免的中断时间的定额时，必须注意由工艺特点所引起的不可避免中断才可列入工作过程的时间定额。

不可避免的中断时间也需要根据测时资料通过整理分析获得，也可以根据经验数据或工时规范，以占工作日的百分比表示此项工时消耗的时间定额。

3. 拟定休息时间

休息时间应根据工作班作息制度、经验资料、计时观察资料以及对工作的疲劳程度做全面分析来确定。同时，应考虑尽可能利用不可避免的中断时间作为休息时间。

（三）拟定定额时间

时间定额和产量定额互成倒数。利用工时规范，可以计算劳动定额的时间定额。

计算公式如下：

$$工序作业时间=基本工作时间+辅助工作时间$$

$$规范时间=准备与结束工作时间+不可避免的中断时间+休息时间$$

$$工序作业时间=基本工作时间+辅助工作时间=\frac{基本工作时间}{1-辅助时间（\%）}$$

$$定额时间=\frac{工序作业时间}{1-规范时间（\%）}$$

三、确定材料定额消耗量的基本方法

（一）材料的分类

1. 根据材料消耗的性质划分

施工中材料的消耗可分为必须消耗的材料和损失的材料两类性质。

必须消耗的材料，是指在合理用料的条件下生产合格产品所需消耗的材料。包括直接用于建筑和安装工程的材料、不可避免的施工废料、不可避免的材料损耗。

2. 根据材料消耗与工程实体的关系划分

施工中的材料可分为实体材料和非实体材料两类。

（1）实体材料是指直接构成工程实体的材料。它包括工程直接性材料和辅助性材料。

（2）非实体材料是指在施工中必须使用但又不能构成工程实体的施工措施性材料。非实体材料主要是指周转性材料，如模板、脚手架等。

（二）确定材料消耗量的基本方法

确定实体材料的净用量定额和材料损耗定额的计算数据，是通过现场技术测定、实验室试验、现场统计和理论计算等方法获得的。

（1）现场技术测定法，又称观测法。现场技术测定法主要适用于确定材料损耗量，因为该部分数值用统计法或其他方法较难得到。

（2）实验室试验法，主要用于编制材料净用量定额。其缺点在于无法估计到施工现场某些因素对材料消耗量的影响。

（3）现场统计法。由于不能分清材料消耗的性质，因而不能作为确定材料净用量定额和材料损耗定额的依据。

（4）理论计算法，适用于不易产生损耗，且容易确定废料的材料消耗量的计算。

1）标准砖墙材料用量计算。

每立方米砖墙的用砖数和砌筑砂浆的用量可用下列理论计算公式计算各自的净用量。

用砖数：

$$A=\frac{1}{\text{墙厚}\times(\text{砖长}+\text{灰缝})\times(\text{砖厚}+\text{灰缝})}\times k$$

式中：k——墙厚的砖数 ×2。

砂浆用量：

$$B=1-\text{砖数}\times\text{每块砖体积}$$

材料的损耗一般以损耗率表示。材料损耗率可以通过观察法或统计法确定。材料损耗率及材料损耗量的计算通常采用以下公式：

$$\text{损耗率}=\frac{\text{损耗量}}{\text{净用量}}\times 100\%$$

$$\text{消耗量}=\text{净用量}+\text{损耗量}=\text{净用量}\times(1+\text{损耗率})$$

2）块料面层的材料用量计算。

每 $100m^2$ 面层块料数量、灰缝及结合层材料用量公式如下：

$$100m^2\text{块料净用量}=\frac{100}{(\text{块料长}+\text{灰缝宽})\times(\text{块料宽}+\text{灰缝宽})}$$

$$100m^2\text{灰缝材料净用量}=[100-(\text{块料长}\times\text{块料宽}\times 100m^2\text{块料用量})]\times\text{灰缝深}$$

$$\text{结合层材料用量}=100m^2\times\text{结合层厚度}$$

四、确定施工机具台班定额消耗量的基本方法

施工机具台班定额消耗量包括施工机械台班定额消耗量和仪器仪表台班定额消耗量，二者的确定方法大体相同，本部分主要介绍施工机械台班定额消耗量的确定。

（一）确定机械 1h 纯工作正常生产率

机械纯工作时间，就是指机械的必需消耗时间。机械 1h 纯工作正常生产率，就是在正常施工组织条件下，具有必需的知识和技能的技术工人操纵机械 1h 的生产率。

根据机械工作特点的不同，机械 1h 纯工作正常生产率的确定方法也有所不同。

（1）对于循环动作机械，确定机械纯工作 1h 正常生产率的计算公式如下：

$$\begin{array}{c}\text{机械一次循环的}\\\text{正常延续时间}\end{array}=\sum\left(\begin{array}{c}\text{循环各组成部分}\\\text{正常延续时间}\end{array}\right)-\text{交叠时间}$$

$$\text{机械纯工作 1h 循环次数}=\frac{60\times 60\ (s)}{\text{一次循环的正常延续时间}}$$

$$\begin{array}{c}\text{机械纯工作 1h}\\\text{正常生产率}\end{array}=\begin{array}{c}\text{机械纯工作 1h}\\\text{正常循环次数}\end{array}\times\begin{array}{c}\text{一次循环生产的}\\\text{产品数量}\end{array}$$

（2）对于连续动作机械，确定机械纯工作 1h 正常生产率要根据机械的类型和结构特征，以及工作过程的特点来进行。计算公式如下：

$$\text{连续动作机械纯工作 1h 正常生产率}=\frac{\text{工作时间内生产的产品数量}}{\text{工作时间（h）}}$$

工作时间内的产品数量和工作时间的消耗，要通过多次现场观察和机械说明书来取得数据。

（二）确定施工机械的时间利用系数

确定施工机械的时间利用系数，是指机械在一个台班内的净工作时间与工作班延续时间之比。机械的时间利用系数和机械在工作班内的工作状况有着密切的关系。所以，要确定机械的时间利用系数，首先要拟定机械工作班的正常工作状况，保证合理利用工时。机械时间利用系数的计算公式如下：

$$\text{机械时间利用系数}=\frac{\text{机械在一个工作班内纯工作时间}}{\text{一个工作班延续时间（8h）}}$$

（三）计算施工机械台班定额

计算施工机械台班定额是编制机械定额工作的最后一步。在确定了机械工作正常条件、机械 1h 纯工作正常生产率机械时间利用系数之后，采用下列公式计算施工机械的产量定额：

$$\text{施工机械台班产量定额}=\text{机械 1h 纯工作正常生产率}\times\text{工作班纯工作时间}$$

或

$$\text{施工机械台班产量定额}=\text{机械 1h 纯工作正常生产率}\times\text{工作班延续时间}\times\text{机械时间利用系数}$$

$$\text{施工机械时间定额}=\frac{1}{\text{机械台班产量定额指标}}$$

第四节　建筑安装工程人工、材料和施工机具台班单价的确定

真题解析

一、2023 年考题

1. 某建设项目从供应商处采购甲材料，已知含税采购价为 5 650 元 /t（适用 13% 增值税税率），不含税运杂费为 100 元 /t。若运输损耗、采购保管费率均按 3% 考虑，则该材料的不含税单价应为（　　）元 /t。

A. 5 100　　B. 5 406　　C. 5 411　　D. 5 750

【答案】C

【解析】材料的不含税单价 =（5 650/1.13+100）× 1.03 × 1.03=5 411（元 /t）。

【考点】材料单价的组成和确定方法——材料单价的编制依据和确定方法。

2. 某载重汽车预算价格为 20 万元，可耐用 1 000 台班，残值率为 5%，需配司机 1 人。若年度工作日为 250 天，年工作台班为 200 台班，人工单价为 300 元，该载重汽车的台班折旧费、人工费分别是（　　）元 / 台班。

A. 190，300　　B. 190，375　　C. 200，300　　D. 200，375

【答案】B

【解析】台班折旧费 =200 000 ×（1−5%）/1 000=190（元 / 台班）；人工费 =1 × 250/200 × 300=375（元 / 台班）。

【考点】施工机械台班单价的组成和确定方法。

3. 下列与施工仪器仪表相关的费用中，属于施工仪器仪表台班单价的有（　　）。

A. 折旧费　　B. 维护费

C. 校验费　　D. 检测软件费用

E. 操作人工费

【答案】ABC

【解析】施工仪器仪表台班单价由四项费用组成，包括折旧费、维护费、校验费、动力费。施工仪器仪表台班单价中的费用组成不包括检测软件的相关费用。

【考点】施工仪器仪表台班单价的组成和确定方法。

二、2022 年考题

1. 某材料从两地采购，采购量分别是 600t 和 400t。采购价（含税）分别为 500 元 /t 和 550 元 /t。运杂费（含税）分别为 20 元 /t 和 25 元 /t，运输损耗率、采购与仓储保管费费率分别为 0.5%、3%，采用“一票制”支付方式，增值税税率为 13%，则该材料的预算单价（不含税）为（　　）元 /t。

A. 488.04　　B. 488.11　　C. 496.43　　D. 496.51

【答案】D

【解析】根据题干，采用“一票制”的支付方式，运杂费采用与材料原价相同的方式扣除增值税进项税额。{[600 ×（500+20）/1.13] + [400 ×（550+25）/1.13]} ÷ 1 000 × 1.005 × 1.03=496.51（元 /t）。

【考点】材料单价的组成和确定方法——材料单价的编制依据和确定方法。

2. 下列施工机械安拆费及场外运费中，应计入施工机械台班单价的是（　　）。

A. 轻型施工机械现场安装发生的试运转费

B. 机械辅助设施的折旧、搭设和拆除费用

C. 固定在车间的施工机械使用费

D. 重型施工机械从停放地点至施工现场的装卸费用

【答案】A

【解析】安拆简单、移动需要起重及运输机械的轻型施工机械，其安拆费及场外运费计入台班单价。

【考点】施工机械台班单价的组成和确定方法——安拆费及场外运费的组成和确定。

3. 下列因素中，能够影响人工、材料或施工机具台班单价水平的有（　　）。

A. 社会保障和福利政策

B. 材料的场内运输损耗

C. 施工过程中合理的材料损耗

D. 材料的生产成本

E. 施工机械的维护保养水平

【答案】ADE

【解析】影响人工日工资单价的因素：①社会平均工资水平。②消费价格指数。③人工日工资单价的组成内容。④劳动力市场供需变化。⑤政府推行的社会保障和福利政策也会影响人工日工资单价的变动。

影响材料单价变动的因素：①市场供需变化。②材料生产成本的变动直接影响材料单价的波动。③流通环节的多少和材料供应体制也会影响材料单价。④运输距离和运输方法的改变会影响材料运输费用的增减，从而也会影响材料单价。⑤国际市场行情会对进口材料单价产生影响。施工机械台班单价由七项费用组成，包括折旧费、检修费、维护费、安拆费及场外运费、人工费、燃料动力费和其他费用。因此，施工机械的维护保养水平会影响机具台班单价。

【考点】建筑安装工程人工、材料和施工机具台班单价的确定。

三、2021 年考题

1. 某种材料含税（适用增值税税率 13%）出厂价为 500 元 /t，含税（适用增值税税率 9%）运杂费为 30 元 /t，运输损耗率为 1%，采购及保管费费率为 3%。该材料的预算单价（不含税）为（　　）元 /t。

A. 480.93　　B. 488.94　　C. 551.36　　D. 632.17

【答案】B

【解析】$500/1.13+30/1.09\times1.01\times1.03=488.94$（元 /t）。

【考点】材料单价的组成和确定方法——材料单价的编制依据和确定方法。

2. 下列施工机械中，其安拆费及场外运费应单独计算，但不计入施工机械台班单价中的是（　　）。

A. 安拆简单的轻型施工机械　　B. 利用辅助设施移动的施工机械

C. 固定在车间的施工机械　　D. 不需辅助设施移动的施工运输机械

【答案】B

【解析】单独计算的情况包括：①安拆复杂、移动需要起重及运输机械的重型施工机械，其安拆费及场外运费单独计算；②利用辅助设施移动的施工机械，其辅助设施等的折旧、搭设和拆除等费用可单独计算。

【考点】施工机械台班单价的组成和确定方法——安拆费及场外运费的组成和确定。

3. 下列费用项目，属于施工仪器仪表台班单价组成内容的有（　　）。

A. 折旧费　　B. 安拆费

C. 检测软件相关费用　　D. 校验费

E. 燃料费

【答案】AD

【解析】仪器仪表台班单价通常由折旧费、维护费、校验费和动力费组成。施工仪器仪表台班单价中的费用组成不包括检测软件的相关费用。

【考点】施工仪器仪表台班单价的组成和确定方法。

四、2020 年考题

1. 采用“一票制”“两票制”支付方式采购材料的，在进行增值税进项税抵扣的，正确的做法是（　　）。

A.“一票制”下，构成材料价格的所有费用均按货物销售适用的税率进行抵扣

B.“一票制”下，材料原价按货物销售适用税率进行抵扣，运杂费不再进行抵扣

C.“两票制”下，材料原价按货物销售适用税率、运杂费按交通运输适用税率进行抵扣

D.“两票制”下，材料原价按货物销售适用税率，运杂费、运输损耗和采购保管费按交通运输适用税率进行抵扣

【答案】C

【解析】①“两票制”支付方式，是指材料供应商就收取的货物销售价款和运杂费向建筑企业分别提供货物销售和交通运输两张发票的材料。在这种方式下，运杂费以接受交通运输与服务适用税扣除增值税进项税额。②“一票制”支付方式，是指材料供应商就收取的货物销售价款和运杂费合计金额向建筑企业仅提供一张货物销售发票的材料。在这种方式下，运杂费采用与材料原价相同的方式扣减增值税进项税额。

【考点】材料单价的组成和确定方法——材料单价的编制依据和确定方法。

2. 已知某施工机械采购原值 5 万元，寿命期内检修次数为 3 次，检修间隔台班 400 台班，机械的残值率为 5%，则该台施工机械的台班折旧费为（　　）元 / 台班。

A. 29.69　　B. 31.25　　C. 39.58　　D. 41.67

【答案】A

【解析】检修周期 = 检修次数 +1=3+1=4（次）；

耐用总台班 = 折旧年限 × 年工作台班 = 检修间隔台班 × 检修周期 =400×4=1 600（台班）；

台班折旧费 =50 000×（1−5%）÷1 600=29.69（元 / 台班）。

【考点】施工机械台班单价的组成和确定方法。

3. 下列材料损耗中，因损耗而产生的费用包含在材料单价中的有（　　）。

A. 场外运输损耗　　B. 工地仓储损耗

C. 出工地料库后的搬运损耗　　D. 材料加工损耗

E. 材料施工损耗

【答案】AB

【解析】材料单价包括材料原价、材料运杂费、运输损耗费，采购及保管费。材料单价中的运输损耗在材料的运输中应考虑一定的场外运输损耗费用。采购及保管费是指为组织采购、供应和保管材料过程中所需要的各项费用，包括采购费、仓储费、工地保

管费和仓储损耗。

【考点】材料单价的组成和确定方法——材料单价的编制依据和确定方法。

五、2019 年考题

1. 某工程采用两票制支付方式采购某种材料，已知材料原价和运杂费的含税价格分别为 500 元 /t、30 元 /t，材料运输损耗率、采购及保管费费率分别为 0.5%、3.5%。材料采购和运输的增值税税率分别为 13%、9%，则该材料的不含税单价为（　　）元 /t。

A. 480.87　　B. 481.47　　C. 488.88　　D. 489.49

【答案】C

【解析】[500/（1+13%）+30/（1+9%）] ×（1+0.5%）×（1+3.5%）=488.88（元 /t）。

【考点】材料单价的组成和确定方法——材料单价的编制依据和确定方法。

2. 下列费用项目中属于施工仪器仪表台班单价构成内容的是（　　）。

A. 人工费　　B. 燃料费

C. 检测软件费　　D. 校验费

【答案】D

【解析】施工仪器仪表台班单价由四项费用组成，包括折旧费、维护费、校验费、动力费。施工仪器仪表台班单价中的费用组成不包括检测软件的相关费用。

【考点】施工仪器仪表台班单价的组成和确定方法。

3. 下列费用中，不计入机械台班单价而需要单独列项计算的有（　　）。

A. 安拆简单、移动需要起重及运输机械的重型施工机械的安拆费及场外运费

B. 安拆复杂、移动需要起重及运输机械的重型施工机械的安拆费及场外运费

C. 利用辅助设施移动的施工机械的辅助设施相关费用

D. 不需相关机械辅助运输的自行移动机械的场外运费

E. 固定在车间的施工机械的安拆费及场外运费

【答案】BC

【解析】单独计算的情况包括：①安拆复杂、移动需要起重及运输机械的重型施工机械，其安拆费及场外运费单独计算；②利用辅助设施移动的施工机械，其辅助设施（包括轨道和枕木）等的折旧、搭设和拆除等费用可单独计算。

【考点】施工机械台班单价的组成和确定方法——安拆费及场外运费的组成和确定。

考点统计

通过对 2019—2023 年的考题统计，本节涉及的考点主要是人工日工资单价的组成和确定方法，材料单价的组成和确定方法，施工机械台班单价的组成和确定方法，施工仪器仪表台班单价的组成和确定方法四项内容。近 5 年涉及本节真题共有 15 题，具体考点的考核频次如表 2.4.1 所示。

表 2.4.1　第二章第四节考点考核频次表

序号	知识点	具体考点	考核频次
1	材料单价的组成和确定方法	材料单价的编制依据和确定方法	6
2	施工机械台班单价的组成和确定方法	“施工机械台班单价的组成和确定方法”综合性考点	2
		安拆费及场外运费的组成和确定	3
3	施工仪器仪表台班单价的组成和确定方法	“施工仪器仪表台班单价的组成和确定方法”综合性考点	3
4	建筑安装工程人工、材料和施工机具台班单价的确定	“建筑安装工程人工、材料和施工机具台班单价的确定”综合性考点	1

知识点凝练

一、人工日工资单价的组成和确定方法

（一）人工日工资单价组成内容

人工日工资单价由计时工资或计件工资、奖金、津贴补贴以及特殊情况下支付的工资组成。

（1）计时工资或计件工资，是指按计时工资标准和工作时间或对已做工作按计件单价支付给个人的劳动报酬。

（2）奖金，是指对超额劳动和增收节支支付给个人的劳动报酬，如节约奖、劳动竞赛奖等。

（3）津贴补贴，是指为了补偿职工特殊或额外的劳动消耗和因其他原因支付给个人的津贴，以及为了保证职工工资水平不受物价影响支付给个人的物价补贴，如流动施工津贴、特殊地区施工津贴、高温（寒）作业临时津贴、高空津贴等。

（4）特殊情况下支付的工资，是指根据国家法律、法规和政策规定，因病、工伤、产假、计划生育假、婚丧假、事假、探亲假、定期休假、停工学习、执行国家或社会义务等原因按计时工资标准或计件工资标准的一定比例支付的工资。

（二）人工日工资单价确定方法

（1）年平均每月法定工作日。由于人工日工资单价是每一个法定工作日的工资总额，因此需要对年平均每月法定工作日进行计算。计算公式如下：

$$\text{年平均每月法定工作日}=\frac{\text{全年日历日}-\text{法定假日}}{12}$$

（2）日工资单价的计算。确定了年平均每月法定工作日后，将上述工资总额进行分摊，即形成了人工日工资单价。计算公式如下：

$$\text{日工资单价}=\frac{\begin{matrix}\text{生产工人平均月工资}\\\text{（计时、计件）}\end{matrix}+\text{平均月}\left(\text{奖金}+\text{津贴补贴}+\begin{matrix}\text{特殊情况下}\\\text{支付的工资}\end{matrix}\right)}{\text{年平均每月法定工作日}}$$

（3）日工资单价的管理。虽然施工企业投标报价时可以自主确定人工费，但由于人工日工资单价在我国具有一定的政策性，因此工程造价管理机构确定日工资单价应根据工程项目的技术要求，通过市场调查并参考实物工程量人工单价综合分析确定，发布的最低日工资单价不得低于工程所在地人力资源和社会保障部门所发布的最低工资标准：普工 1.3 倍、一般技工 2 倍、高级技工 3 倍。

（三）影响人工日工资单价的因素

（1）社会平均工资水平。

（2）消费价格指数。

（3）人工日工资单价的组成内容。

（4）劳动力市场供需变化。

（5）政府推行的社会保障和福利政策也会影响人工日工资单价的变动。

二、材料单价的组成和确定方法

（一）材料单价的编制依据和确定方法

材料单价是由材料原价（或供应价格）、材料运杂费、运输损耗以及采购及保管费合计而成的。

1. 材料原价（或供应价格）

材料原价是指国内采购材料的出厂价格，国外采购材料抵达买方边境、港口或车站并交纳完各种手续费、税费（不含增值税）后形成的价格。

2. 材料运杂费

材料运杂费是指国内采购材料自来源地、国外采购材料自到岸港运至工地仓库或指定堆放地点发生的费用。同一品种的材料有若干个来源地，应采用加权平均的方法计算材料运杂费。

若运输费用为含税价格，则需要按“两票制”和“一票制”两种支付方式分别调整。

（1）“两票制”支付方式指材料供应商就收取的货物销售价款和运杂费向建筑企业分别提供货物销售和交通运输两张发票的材料。在这种方式下，运杂费以接受交通运输与服务适用税率 9% 扣减增值税进项税额。

（2）“一票制”支付方式指材料供应商就收取的货物销售价款和运杂费合计金额向建筑企业仅提供一张货物销售发票的材料。在这种方式下，运杂费采用与材料原价相同的方式扣减增值税进项税额。

3. 运输损耗

在材料的运输中应考虑一定的场外运输损耗费用。这是指材料在运输装卸过程中不可避免的损耗。运输损耗的计算公式是：

$$运输损耗 =（材料原价 + 运杂费）\times 运输损耗率（\%）$$

4. 采购及保管费

采购及保管费是指组织材料采购、检验、供应和保管过程中发生的费用，包括采购费、仓储费、工地管理费和仓储损耗。

采购及保管费一般按照材料到库价格以费率取定。材料采购及保管费计算公式如下：

采购及保管费 = 材料运到工地仓库价格 × 采购及保管费费率（%）

或　采购及保管费 =（材料原价 + 运杂费 + 运输损耗费）× 采购及保管费费率（%）

材料单价 =（供应价格 + 运杂费）×［1+ 运输损耗率（%）］×［1+ 采购及保管费费率（%）］

（二）影响材料单价变动的因素

（1）市场供需变化。材料原价是材料单价中最基本的组成。市场供大于求价格就会下降；反之，价格就会上升。从而也就会影响材料单价的涨落。

（2）材料生产成本的变动直接影响材料单价的波动。

（3）流通环节的多少和材料供应体制也会影响材料单价。

（4）运输距离和运输方法的改变会影响材料运输费用的增减，从而也会影响材料单价。

（5）国际市场行情会对进口材料单价产生影响。

三、施工机械台班单价的组成和确定方法

施工机械台班单价由七项费用组成，包括折旧费、检修费、维护费、安拆费及场外运费、人工费、燃料动力费和其他费用。

（一）折旧费的组成及确定

折旧费是指施工机械在规定的耐用总台班内，陆续收回其原值的费用。计算公式如下：

$$台班折旧费=\frac{机械预算价格\times（1-残值率）}{耐用总台班}$$

1. 机械预算价格

（1）国产施工机械的预算价格。国产施工机械预算价格按照机械原值、相关手续费和一次运杂费以及车辆购置税之和计算。

1）机械原值。机械原值应按下列途径询价、采集：

①编制期施工企业购进施工机械的成交价格；

②编制期施工机械展销会发布的参考价格；

③编制期施工机械生产厂、经销商的销售价格；

④其他能反映编制期施工机械价格水平的市场价格。

2）相关手续费和一次运杂费应按实际费用综合取定，也可按其占施工机械原值的百分率确定。

3）车辆购置税的计算。车辆购置税应按下列公式计算：

车辆购置税 = 计取基数 × 车辆购置税率

其中，计取基数 = 机械原值 + 相关手续费和一次运杂费。车辆购置税率应按编制期间国家有关规定计算。

（2）进口施工机械的预算价格。进口施工机械的预算价格按照到岸价格、关税、消费税、相关手续费和国内一次运杂费、银行财务费、车辆购置税之和计算。

1）进口施工机械原值应按下列方法取定：

①进口施工机械原值应按“到岸价格 + 关税”取定，到岸价格应按编制期施工企业签订的采购合同、外贸与海关等部门的有关规定及相应的外汇汇率计算取定；

②进口施工机械原值应按不含标准配置以外的附件及备用零配件的价格取定。

2）关税、消费税及银行财务费应执行编制期国家有关规定，并参照实际发生的费用计算，也可按占施工机械原值的百分率取定。

3）相关手续费和国内一次运杂费应按实际费用综合取定，也可按其占施工机械原值的百分率确定。

4）车辆购置税应按下列公式计算：

$$\text{车辆购置税} = \text{计税价格} \times \text{车辆购置税税率}$$

其中，计税价格 = 到岸价格 + 关税 + 消费税，车辆购置税税率应执行编制期间国家有关规定计算。

2. 残值率

残值率是指机械报废时回收其残余价值占施工机械预算价格的百分数。残值率应按编制期国家有关规定确定：目前各类施工机械均按 5% 计算。

3. 耐用总台班

耐用总台班指施工机械从开始投入使用至报废前使用的总台班数，应按相关技术指标取定。年工作台班指施工机械在一个年度内使用的台班数量。年工作台班应在编制期制度工作日基础上扣除检修、维护天数及考虑机械利用率等因素综合取定。

机械耐用总台班的计算公式为：

$$\text{耐用总台班} = \text{折旧年限} \times \text{年工作台班} = \text{检修间隔台班} \times \text{检修周期}$$

检修间隔台班是指机械自投入使用起至第一次检修止或自上一次检修后投入使用起至下一次检修止，应达到的使用台班数。

检修周期是指机械正常的施工作业条件下，将其寿命期（即耐用总台班）按规定的检修次数划分为若干个周期。其计算公式为：

$$\text{检修周期} = \text{检修次数} + 1$$

（二）检修费的组成及确定

检修费是指施工机械在规定的耐用总台班内，按规定的检修间隔进行必要的检修，以恢复其正常功能所需的费用。检修费是机械使用期限内全部检修费之和在台班费用中的分摊额，取决于一次检修费、检修次数和耐用总台班的数量，其计算公式为：

$$\text{台班检修费} = \frac{\text{一次检修费} \times \text{检修次数}}{\text{耐用总台班}} \times \text{除税系数}$$

（1）一次检修费，是指施工机械一次检修发生的工时费、配件费、辅料费、油燃料费等。一次检修费应按施工机械的相关技术指标和参数为基础，结合编制期市场价格综合确定。可按其占预算价格的百分率取定。

（2）检修次数，是指施工机械在其耐用总台班内的检修次数。检修次数应按施工机械的相关技术指标取定。

（3）除税系数，是指考虑一部分检修可以考虑购买服务，从而需扣除维护费中包括的增值税进项税额。

除税系数 = 自行检修比例 + 委外检修比例 /（1+ 税率）

自行检修比例、委外检修比例是指施工机械自行检修、委托专业修理修配部门检修占检修费比例。具体比值应结合本地区（部门）施工机械检修实际综合取定。税率按增值税修理修配劳务适用税率计取。

（三）维护费的组成及确定

维护费是指施工机械在规定的耐用总台班内，按规定的维护间隔进行各级维护和临时故障排除所需的费用。保障机械正常运转所需替换与随机配备工具附具的摊销和维护费用、机械运转及日常保养维护所需润滑与擦拭的材料费用及机械停滞期间的维护费用等。各项费用分摊到台班中，即为维护费。其计算公式为：

$$台班维护费=\frac{\sum（各级维护一次费用\times除税系数\times各级维护次数）+临时故障排除费}{耐用总台班}$$

当维护费计算公式中各项数值难以确定时，也可按下列公式计算：

$$台班维护费 = 台班检修费 \times K$$

式中：K——维护费系数，指维护费占检修费的百分数。

（1）各级维护一次费用应按施工机械的相关技术指标，结合编制期市场价格综合取定。

（2）各级维护次数应按施工机械的相关技术指标取定。

（3）临时故障排除费可按各级维护费用之和的百分数取定。

（4）替换设备及工具附具台班摊销费应按施工机械的相关技术指标，结合编制期市场价格综合取定。

（5）除税系数。

除税系数 = 自行维护比例 + 委外维护比例 /（1+ 税率）

自行维护比例、委外维护比例是指施工机械自行维护、委托专业修理修配部门维护占维护费比例。具体比值应结合本地区（部门）施工机械检修实际综合取定。税率按增值税修理修配劳务适用税率计取。

（四）安拆费及场外运费的组成和确定

安拆费及场外运费根据施工机械不同分为计入台班单价、单独计算和不需计算三种类型。

（1）安拆简单、移动需要起重及运输机械的轻型施工机械，其安拆费及场外运费应计入台班单价。

1）一次安拆费应包括施工现场机械安装和拆卸一次所需的人工费、材料费、机械费、安全检测部门的检测费及试运转费；

2）一次场外运费应包括运输、装卸、辅助材料和回程等费用；

3）年平均安拆次数按施工机械的相关技术指标，结合具体情况综合确定；

4）运输距离均按平均值 30km 计算。

（2）单独计算的情况包括：

1）安拆复杂、移动需要起重及运输机械的重型施工机械，其安拆费及场外运费单独计算；

2）利用辅助设施移动的施工机械，其辅助设施等的折旧、搭设和拆除等费用可单独计算；

（3）不需计算的情况包括：

1）不需安拆的施工机械，不计算一次安拆费；

2）不需相关机械辅助运输的自行移动机械，不计算场外运费；

3）固定在车间的施工机械，不计算安拆费及场外运费。

（4）自升式塔式起重机、施工电梯安拆费的超高起点及其增加费，各地区、部门可根据具体情况确定。

（五）人工费的组成及确定

人工费指机上司机（司炉）和其他操作人员的人工费。计算公式为：

$$台班人工费=人工消耗费\times\left(\frac{1+年制度工作日-年工作台班}{年工作台班}\right)\times人工单价$$

（1）人工消耗量指机上司机（司炉）和其他操作人员工日消耗量。

（2）年制度工作日应执行编制期国家有关规定。

（3）人工单价应执行编制期工程造价管理机构发布的信息价格。

（六）燃料动力费的组成和确定

燃料动力费是指施工机械在运转作业中所耗用的燃料及水、电等费用。计算公式如下：

$$台班燃料动力费=\sum（台班燃料动力消耗量\times燃料动力单价）$$

（1）燃料动力消耗量应根据施工机械技术指标等参数及实测资料综合确定。计算公式为：

$$台班燃料动力消耗量=（实测数\times4+定额平均值+调查平均值）/6$$

（2）燃料动力单价应执行编制期工程造价管理机构发布的不含税信息价格。

（七）其他费用的组成和确定

其他费用是指施工机械按照国家规定应缴纳的车船税、保险费及检测费等。其计算公式为：

$$台班其他费=\frac{年车船费+年保险费+年检测费}{年工作台班}$$

（1）年车船税、年检测费应执行编制期国家及地方政府有关部门的规定。

（2）年保险费应执行编制期国家及地方政府有关部门强制性保险的规定，非强制性保险不应计算在内。

四、施工仪器仪表台班单价的组成和确定方法

施工仪器仪表台班单价由四项费用组成，包括折旧费、维护费、校验费、动力费。施工仪器仪表台班单价中的费用组成不包括检测软件的相关费用。

1. 折旧费

施工仪器仪表台班折旧费是指施工仪器仪表在耐用总台班内，陆续收回其原值的费用。计算公式如下：

$$台班折旧费=\frac{施工仪器表原值\times（1-残值率）}{耐用总台班}$$

（1）施工仪器仪表原值应按以下方法取定：

1）对从施工企业采集的成交价格，各地区、部门可结合本地区、部门实际情况，综合确定施工仪器仪表原值；

2）对从施工仪器仪表展销会采集的参考价格或从施工仪器仪表生产厂、经销商采集的销售价格，各地区、部门可结合本地区、部门实际情况，测算价格调整系数取定施工仪器仪表原值；

3）对类别、名称、性能规格相同而生产厂家不同的施工仪器仪表，各地区、部门可根据施工企业实际购进情况，综合取定施工仪器仪表原值；

4）对进口与国产施工仪器仪表性能规格相同的，应以国产为准取定施工仪器仪表原值；

5）进口施工仪器仪表原值应按编制期国内市场价格取定；

6）施工仪器仪表原值应按不含一次运杂费和采购保管费的价格取定。

（2）残值率指施工仪器仪表报废时回收其残余价值占施工仪器仪表原值的百分比。残值率应按国家有关规定取定。

（3）耐用总台班指施工仪器仪表从开始投入使用至报废前所积累的工作总台班数量。耐用总台班应按相关技术指标取定。

$$耐用总台班=年工作台班\times折旧年限$$

1）年工作台班指施工仪器仪表在一个年度内使用的台班数量。

$$年工作台班=年制度工作日\times年使用率$$

年制度工作日应按国家规定制度工作日执行，年使用率应按实际使用情况综合取定。

2）折旧年限指施工仪器仪表逐年计提折旧费的年限。

2. 维护费

施工仪器仪表台班维护费是指施工仪器仪表各级维护、临时故障排除所需的费用及为保证仪器仪表正常使用所需备件（备品）的维护费用。计算公式如下：

$$台班维护费=\frac{年维护费}{年工作台班}$$

年维护费指施工仪器仪表在一个年度内发生的维护费用。年维护费应按相关技术指标，结合市场价格综合取定。

3. 校验费

施工仪器仪表台班校验费是指按国家与地方政府规定的标定与检验的费用。计算公式如下：

$$台班校验费=\frac{年校检费}{年工作台班}$$

年校验费指施工仪器仪表在一个年度内发生的校验费用。年校验费应按相关技术指标取定。

4. 动力费

施工仪器仪表台班动力费是措施工仪器仪表在施工过程中所耗用的电费。计算公式如下：

$$台班动力费 = 台班耗电量 \times 电价$$

（1）台班耗电量应根据施工仪器仪表不同类别，按相关技术指标综合取定。

（2）电价应执行编制期工程造价管理机构发布的信息价格。

第五节　工程计价定额的编制

真题解析

一、2023 年考题

依据劳动定额编制预算定额人工工日消耗量，已知完成 10m³ 某工作的基本用工 8 个工日、辅助用工 1.5 个工日、超运距用工 0.5 个工日，人工幅度差系数按照 15% 考虑，则完成该工作 10m³ 的预算定额人工消耗量为（　　）工日。

A. 10.0　　B. 11.2　　C. 11.3　　D. 11.5

【答案】D

【解析】（8+1.5+0.5）×（1+15%）=11.5（工日）。

【考点】预算定额及其基价编制——预算定额消耗量的编制方法。

二、2022 年考题

1. 关于投资估算指标，下列说法正确的是（　　）。

A. 投资估算指标反映社会平均先进水平

B. 投资估算指标的费用范围涉及建设期全部投资

C. 投资估算指标应以单项工程为对象

D. 投资估算指标可分为综合估算指标和单项估算指标

【答案】B

【解析】投资估算指标是一种反映社会平均水平的计价性定额，以独立的建设项目、单项工程或单位工程为对象，综合项目全过程投资和建设中的各类成本和费用，反映出其扩大的技术经济指标。投资估算指标的内容可分为建设项目综合指标、单项工程指标和单位工程指标三个层次。

【考点】投资估算指标及其编制——投资估算指标的编制原则和依据。

2. 关于预算定额、概算定额和估算指标等各类计价定额的异同，下列说法正确的有（　　）。

A. 编制原则不同

B. 项目划分与综合扩大程度各有不同
C. 定额的表现形式不同
D. 定额内容均包含人工、材料、施工机具台班消耗量等内容
E. 通用的图纸深度不同
【答案】BCDE
【解析】各类计价定额的编制原则相同。
【考点】工程计价定额的编制。

三、2021 年考题

1. 关于概算指标的内容和特点，下列说法正确的是（　　）。
A. 编制对象只涉及单项工程和建设项目
B. 编制内容不包括人工、材料、机具台班的消耗量
C. 适用范围不包括投资决策阶段和施工阶段
D. 编制费用包括建筑安装费和设备及工器具购置费
【答案】D
【解析】建筑安装工程概算指标通常是以单位工程为对象，故选项 A 错误；以建筑面积、体积或成套设备装置的台或组为计量单位而规定的人工、材料、机械台班的消耗量标准和造价指标，故选项 B 错误；概算指标是与各个设计阶段相适应的多层次计价的产物，故选项 C 错误；概算指标包括建筑工程概算指标和设备及安装工程概算指标，因此费用包含两项，故选项 D 正确。
【考点】概算指标及其编制——概算指标的概念及其作用。
2. 概算指标列表形式的构成内容包括（　　）等。
A. 示意图　　B. 工程总说明
C. 人工、主要材料消耗量　　D. 工程量指标
E. 总投资指标
【答案】ACD
【解析】总体来讲列表形式分为以下几个部分：①示意图；②工程特征；③经济指标；④构造内容及工程量指标。
【考点】概算指标及其编制——概算指标的分类和表现形式。

四、2020 年考题

1. 某装载容量为 15m^3 的运输机械，每运输 10km 的一次循环工作中，装车、运输、卸料、空转时间分别为 10min、15min、8min、12min，机械时间利用系数为 0.75，则该机械运输 10km 的台班产量定额为（　　）10m^3/ 台班。
A. 8　　B. 10.91　　C. 12　　D. 16.36
【答案】C
【解析】一次循环需要的时间 =10+15+8+12=45（min）=0.75（h），机械纯工作 1h 循环次数 =1/0.75=1.33（次 / 台班），机械台班产量定额 =1.33 × 15 × 0.75 × 8=120（m^3/ 台班）=12（10m^3/ 台班）。

【考点】预算定额及其基价编制——预算定额消耗量的编制方法。

2. 关于概算定额，下列说法正确的是（　　）。

A. 不仅包括人工、材料和施工机具台班的数量标准，还包括费用标准

B. 是施工定额的综合与扩大

C. 反映的主要内容、项目划分和综合扩大程度与预算定额类似

D. 定额水平体现平均先进水平

【答案】A

【解析】概算定额是预算定额的综合与扩大。概算定额表达的主要内容、表达的主要方式及基本使用方法都与预算定额相近。概算定额与预算定额的不同之处，在于项目划分和综合扩大程度上的差异，同时，概算定额主要用于设计概算的编制。概算定额反映的是平均水平。

【考点】概算定额及其基价编制——概算定额的概念。

3. 关于投资估算指标，下列说法正确的有（　　）。

A. 以独立的建设项目、单项工程或单位工程为对象

B. 费用和消耗量指标主要来自概算指标

C. 一般分为建设项目综合指标，单项工程指标和单位工程指标三个层次

D. 单位工程指标一般以单位生产能力投资表示

E. 建设项目综合指标表示的建设项目的静态投资指标

【答案】AC

【解析】与概预算定额相比，估算指标以独立的建设项目、单项工程或单位工程为对象，一般分为建设项目综合指标，单项工程指标和单位工程指标三个层次，单位工程指标一般以如下方式表示：房屋区别不同结构形式以“元/m^2”表示；道路区别不同结构层、面层以“元/m^2”表示；水塔区别不同结构层、容积以“元/座”表示；管道区别不同材质、管径以“元/m”表示。建设项目综合指标表示的建设项目的总投资。

【考点】投资估算指标及其编制。

五、2019 年考题

1. 编制预算定额人工日消耗量时，实际工程现场运距超过预算定额取定运距时的用工应计入（　　）。

A. 超运距用工　　B. 辅助用工　　C. 二次搬运用工　　D. 人工幅度差

【答案】C

【解析】需要指出，实际工程现场运距超过预算定额取定运距时，可另行计算现场二次搬运费。

【考点】预算定额及其基价编制——预算定额消耗量的编制方法。

2. 关于各类工程计价定额的说法，正确的有（　　）。

A. 概算定额基价可以是工料单价、综合单价或全费用综合单价

B. 概算指标分为建筑工程概算指标和设备及安装工程概算指标

C. 综合概算指标的准确性高于单项概算指标

D. 概算指标是在概算定额的基础上进行编制的

E. 投资估算指标必须反映项目建设前期和交付使用期内发生的动态投资

【答案】ABE

【解析】概算定额基价和预算定额基价一样，根据不同的表达方法，概算定额基价可能是工料单价、综合单价或全费用综合单价，用于编制设计概算。概算指标可分为两大类，一类是建筑工程概算指标，另一类是设备及安装工程概算指标。概算定额以现行预算定额为基础，通过计算之后才综合确定出各种消耗量指标，而概算指标中各种消耗量指标的确定，则主要来自各种预算或结算资料。综合概算指标的概括性较大，其准确性、针对性不如单项指标。由于投资估算指标属于项目建设前期进行估算投资的技术经济指标，它不但要反映实施阶段的静态投资，还必须反映项目建设前期和交付使用期内发生的动态投资，以投资估算指标为依据编制的投资估算，包含项目建设的全部投资额。

【考点】工程计价定额的编制。

考点统计

通过对 2019—2023 年的考题统计，本节涉及的考点主要是预算定额及其基价编制、概算定额及其基价编制、概算指标及其编制、投资估算指标及其编制四项内容。近 5 年涉及本节的真题共有 10 题，具体考点的考核频次如表 2.5.1 所示。

表 2.5.1　第二章第五节考点考核频次表

序号	知识点	具体考点	考核频次
1	预算定额及其基价编制	预算定额消耗量的编制方法	3
2	概算定额及其基价编制	概算定额的概念	1
3	概算指标及其编制	概算指标的概念及其作用	1
		概算指标的分类和表现形式	1
4	投资估算指标及其编制	投资估算指标的编制原则和依据	1
		“投资估算指标及其编制”综合性考核	1
5	工程计价定额的编制	“工程计价定额的编制”综合性考点	2

知识点凝练

工程计价定额是指工程定额中直接用于工程计价的定额或指标，包括预算定额、概算定额、概算指标和估算指标等。工程计价定额主要用来在建设项目的不同阶段作为确定和计算工程造价的依据。

一、预算定额及其基价编制

（一）预算定额的概念与用途

1. 预算定额的概念

预算定额是在正常的施工条件下，完成一定计量单位合格分项工程和结构构件所需消耗的人工、材料、施工机具台班的数量及其相应费用标准。为了计价的方便，虽然我国大部分预算定额中都包含了定额基价，但是，预算定额作为反映单位合格工程人材机消耗量标准的本质是不变的。预算定额是工程建设中的一项重要的技术经济文件，是编制施工图预算的主要依据，是确定和控制工程造价的基础。

2. 预算定额的用途和作用

（1）预算定额是编制施工图预算的依据。施工图设计一经确定，工程预算造价主要受预算定额水平和人工、材料及机具台班的价格的影响。

（2）预算定额可以作为编制施工组织设计的参考依据。根据预算定额，能够计算出施工中各项资源的需要量，为有计划地组织材料采购和预制件加工、劳动力和施工机具的调配提供计算依据。

（3）预算定额可以作为确定合同价款、拨付工程进度款及办理工程结算的参考性基础。按照施工图进行工程发包时，合同价款的确定及施工过程中的工程结算等都需要按照施工图纸进行计价，预算定额是施工图预算的主要编制依据，也为上述计价工作提供支持。

（4）预算定额可以作为施工单位经济活动分析的依据。预算定额规定的物化劳动和劳动消耗指标，可以作为施工单位生产中允许消耗的最高标准。施工单位可以预算定额为依据，进行技术革新，提高劳动生产率和管理效率，提高自身竞争力。

（5）预算定额是编制概算定额的基础。概算定额是在预算定额基础上综合扩大编制的。利用预算定额作为编制依据，不但可以节省编制工作的大量人力、物力和时间，收到事半功倍的效果，还可以使概算定额在水平上与预算定额保持一致，保证计价工作的连贯性。

（二）预算定额的编制原则和依据

1. 预算定额的编制原则

（1）按社会平均水平确定预算定额的原则。

（2）简明适用的原则。

2. 预算定额的编制依据

（1）现行劳动定额和施工定额。预算定额是在现行劳动定额和施工定额的基础上编制的。

（2）现行设计规范、施工及验收规范，质量评定标准和安全操作规程。

（3）具有代表性的典型工程施工图及有关标准图。

（4）新技术、新结构、新材料和先进的施工方法等。

（5）有关科学实验、技术测定和统计、经验资料。

（6）现行的预算定额、材料预算价格及有关文件规定等。

（三）预算定额消耗量的编制方法

以施工定额为基础编制预算定额时，预算定额人工、材料、机具台班消耗指标的确定，先按施工定额的分项逐项计算出消耗指标，再按预算定额的项目加以综合确定。但是这种综合不是简单的合并和相加，而需要在综合过程中增加两种定额之间适当的水平差。

人工、材料和机具台班消耗量指标应根据定额编制原则和要求，采用理论与实际相结合、图纸计算与施工现场测算相结合、编制人员与现场工作人员相结合等方法进行计算和确定。

1. 预算定额中人工工日消耗量的计算

预算定额中的人工工日消耗量可以有两种确定方法。一种是以劳动定额为基础确定；另一种是以现场观察测定资料为基础计算，主要用于遇到劳动定额缺项时的人工工日消耗量确定。

预算定额中人工工日消耗量是指在正常施工条件下，生产单位合格产品所必需消耗的人工工日数量，是由分项工程所综合的各个工序劳动定额包括的基本用工、其他用工两部分组成的。

（1）基本用工。基本用工指完成一定计量单位的分项工程或结构构件的各项工作过程的施工任务所必需消耗的技术工种用工。按技术工种相应劳动定额工时定额计算，以不同工种列出定额工日。基本用工包括：

1）完成定额计量单位的主要用工。按综合取定的工程量和相应劳动定额进行计算。计算公式如下：

$$基本用工 = \sum（综合取定的工程量 \times 劳动定额）$$

2）按劳动定额规定应增（减）计算的用工量。由于预算定额是在施工定额子目的基础上综合扩大的，包括的工作内容较多，施工的工效视具体部位而不一样，所以需要另外增加人工消耗，而这种人工消耗也可以列入基本用工内。

（2）其他用工。其他用工是辅助基本用工消耗的工日，包括超运距用工、辅助用工和人工幅度差用工。

1）超运距用工。超运距是指劳动定额中已包括的材料、半成品场内水平搬运距离与预算定额所考虑的现场材料、半成品堆放地点到操作地点的水平运输距离之差。计算公式如下：

$$超运距 = 预算定额取定运距 - 劳动定额已包括的运距$$

$$超运距用工 = \sum（超运距材料数量 \times 时间定额）$$

2）辅助用工。指技术工种劳动定额内不包括而在预算定额内又必须考虑的用工。

3）人工幅度差。即预算定额与劳动定额的差额，主要是指在劳动定额中未包括而在正常施工情况下不可避免但又很难准确计量的用工和各种工时损失。内容包括：

①各工种间的工序搭接及交叉作业相互配合或影响所发生的停歇用工；

②施工机械在单位工程之间转移及临时水电线路移动所造成的停工；

③质量检查和隐蔽工程验收工作的影响；

④班组操作地点转移用工；

⑤工序交接时对前一工序不可避免的修整用工；

⑥施工中不可避免的其他零星用工。

人工幅度差计算公式如下：

$$人工幅度差 = （基本用工 + 辅助用工 + 超运距用工）\times 人工幅度差系数$$

人工幅度差系数一般为 10% ~ 15%。

2. 预算定额中材料消耗量的计算

材料消耗量计算方法主要有：

（1）凡有标准规格的材料，按规范要求计算定额计量单位的耗用量，如砖、防水卷材、块料面层等。

（2）凡设计图纸标注尺寸及下料要求的按设计图纸尺寸计算材料净用量，如门窗制作用材料、方、板料等。

（3）换算法。各种胶结、涂料等材料的配合比用料，可以根据要求条件换算，得出材料用量。

（4）测定法。包括实验室试验法和现场测定法。指各种强度等级的混凝土及砌筑砂浆配合比的耗用原材料数量的计算，须按照规范要求试配，经过试压合格以后并经过必要的调整后得出的水泥、砂子、石子、水的用量。对新材料、新结构又不能用其他方法计算定额消耗用量时，须用现场测定法来确定。

3. 预算定额中机具台班消耗量的计算

（1）根据施工定额确定机械台班消耗量的计算。这种方法是指用施工定额中机械台班产量加机械幅度差计算预算定额的机械台班消耗量。

机械台班幅度差是指在施工定额中所规定的范围内没有包括，而在实际施工中又不可避免产生的影响机械或使机械停歇的时间。其内容包括：

1）施工机械转移工作面及配套机械相互影响损失的时间。

2）在正常施工条件下，机械在施工中不可避免的工序间歇。

3）工程开工或收尾时工作量不饱满所损失的时间。

4）检查工程质量影响机械操作的时间。

5）临时停机、停电影响机械操作的时间。

6）机械维修引起的停歇时间。

$$预算定额机械耗用台班 = 施工定额机械耗用台班 \times（1+ 机械幅度差系数）$$

（2）以现场测定资料为基础确定机械台班消耗量。如遇到施工定额缺项者，则需要依据单位时间完成的产量测定。

（四）预算定额示例

中华人民共和国住房和城乡建设部于 2015 年组织修订了《房屋建筑与装饰工程消耗量定额》TY 01–31–2015。该定额按施工顺序分部工程划章，按分项工程划节，按结构不同、材质品种、机械类型、使用要求不同划项。该定额共 17 章，包括土石方工程，地基处理与基坑支护工程，桩基础工程，砌筑工程，混凝土及钢筋混凝土工程，金属结构工程，木结构工程，门窗工程，屋面及防水工程，保温、隔热、防腐工程，楼地面装饰工程，墙、柱面装饰与隔断、幕墙工程，天棚工程，油漆、涂料、裱糊工程，其他装饰工程，拆除工程，措施项目。

预算定额的说明包括定额总说明以及分章说明。项目表是定额手册的主要部分。

（五）预算定额基价编制

预算定额基价就是预算定额分项工程或结构构件的单价，我国现行各省预算定额基价的表达内容不尽统一。有的定额基价只包括人工费、材料费和施工机具使用费，即工料单价；有的定额基价包括了直接费以外的管理费、利润的清单综合单价，即不完全综合单价；也有的定额基价包括了规费、税金在内的全费用综合单价，即完全综合单价。

预算定额基价是根据现行定额和当地的价格水平编制的，具有相对的稳定性。在预算定额中列出的“预算价值”或“基价”，应视作该定额编制时的工程单价。为了适应市场价格的变动，在编制施工图预算时，应根据调价系数或指数等对定额基价进行修正。修正后的定额基价乘以根据图纸计算出来的工程量，就可以获得符合实际市场情况的人工、材料、机具费用。或者只使用预算定额的人材机消耗量，人材机单价采用市场价格信息进行计价。

二、概算定额及其基价编制

（一）概算定额的概念

概算定额，是在预算定额基础上，确定完成合格的单位扩大分项工程或单位扩大结构构件所需消耗的人工、材料和施工机械台班的数量标准及其费用标准。概算定额又称扩大结构定额。

概算定额与预算定额的相同之处在于它们都是以建（构）筑物各个结构部分和分部分项工程为单位表示的，内容也包括人工、材料和机械台班使用量定额三个基本部分，并列有基准价。概算定额表达的主要内容、表达的主要方式及基本使用方法都与预算定额相近。

概算定额与预算定额的不同之处在于项目划分和综合扩大程度上的差异，同时概算定额主要用于设计概算的编制。由于概算定额综合了若干分项工程的预算定额，因此使概算工程量计算的概算表的编制，都比编制施工图预算简化一些。

（二）概算定额的作用

概算定额主要作用如下：

（1）是初步设计阶段编制概算、扩大初步设计阶段编制修正概算的主要依据；

（2）是对设计项目进行技术经济分析比较的基础资料之一；

（3）是建设工程主要材料计划编制的依据；

（4）是控制施工图预算的依据；

（5）是施工企业在准备施工期间编制施工组织总设计或总规划时对生产要素提出需要量计划的依据；

（6）是工程结束后，进行竣工决算和评价的依据。

（三）概算定额的编制原则和编制依据

1. 概算定额的编制原则

由于概算定额和预算定额都是工程计价的依据，所以应符合价值规律和反映现阶段大多数企业的设计、生产及施工管理水平。但在概预算定额水平之间应保留必要的幅度差。概算定额的内容和深度是以预算定额为基础的综合和扩大。在合并中不得遗漏或增及项目，以保证其严密和正确性。概算定额务必达到简化、准确和适用。

2. 概算定额的编制依据

概算定额的编制依据因其使用范围不同而不同。编制依据一般有以下几种：

（1）相关的国家和地区文件；

（2）现行的设计规范、施工验收技术规范和各类工程预算定额、施工定额；

（3）具有代表性的标准设计图纸和其他设计资料；

（4）有关的施工图预算及有代表性的工程决算资料；

（5）现行的人工日工资单价标准、材料单价、机具台班单价及其他的价格资料。

（四）概算定额手册的内容

概算定额手册包括文字说明部分和定额项目表。

（五）概算定额基价的编制

概算定额基价和预算定额基价一样，根据不同的表达方法，概算定额基价可能是工料单价、综合单价或全费用综合单价，用于编制设计概算。

概算定额基价和预算定额基价的编制方法类似，单价均为不含增值税进项税额的价格，以概算定额基价为工料单价的情况为例，概算定额基价编制的过程如下。

概算定额基价 = 人工费 + 材料费 + 机具费

人工费 = 现行概算定额中人工工日消耗量 × 人工单价

材料费 = Σ（现行概算定额中材料消耗量 × 相应材料单价

机具费 = Σ（现行概算定额中机械台班消耗量 × 相应机械台班单价）+

Σ（仪器仪表台班用量 × 仪器仪表台班单价）

三、概算指标及其编制

（一）概算指标的概念及其作用

建筑安装工程概算指标通常是以单位工程为对象，以建筑面积、体积或成套设备装置的台或组为计量单位而规定的人工、材料、机械台班的消耗量标准和造价指标。

建筑安装工程概算定额与概算指标的主要区别如下：

1. 确定各种消耗量指标的对象不同

概算定额是以单位扩大分项工程或单位扩大结构构件为对象，而概算指标则是以单位工程为对象。因此概算指标比概算定额更加综合与扩大。

2. 确定各种消耗量指标的依据不同

概算定额以现行预算定额为基础，通过计算之后才综合确定出各种消耗量指标，而概算指标中各种消耗量指标的确定，则主要来自各种预算或结算资料。

（二）概算指标的分类和表现形式

1. 概算指标的分类

概算指标可分为两大类，一类是建筑工程概算指标，另一类是设备及安装工程概算指标。

2. 概算指标的组成内容及表现形式

（1）概算指标的组成内容一般分为文字说明和列表形式两部分，以及必要的附录。

1）总说明和分册说明。

2）列表形式包括：建筑工程列表形式，安装工程的列表形式。

总体来讲，列表形式分为以下几个部分：示意图，工程特征，经济指标，构造内容及工程量指标。

（2）概算指标的表现形式。概算指标在具体内容的表示方法上，分为综合指标和单项指标两种形式。

1）综合概算指标。综合概算指标是按照工业或民用建筑及其结构类型而制订的概算指标。综合概算指标的概括性较大，其准确性、针对性不如单项指标。

2）单项概算指标。单项概算指标是指为某种建筑物或构筑物而编制的概算指标。单项概算指标的针对性较强，故指标中对工程结构形式要做介绍。只要工程项目的结构形式及工程内容与单项指标中的工程概况相吻合，编制出的设计概算就比较准确。

（三）概算指标的编制

1. 概算指标的编制依据

（1）标准设计图纸和各类工程典型设计。

（2）国家颁发的建筑标准、设计规范、施工规范等。

（3）现行的概算指标，以及已完工程的预算或结算资料。

（4）人工工资标准、材料单价、机具台班单价及其他价格资料。

2. 概算指标的编制方法

每百平方米建筑面积造价指标编制方法如下：

（1）编写资料审查意见及填写设计资料名称、设计单位、设计日期、建筑面积及构造情况，提出审查和修改意见。

（2）在计算工程量的基础上，编制单位工程预算书，据以确定每百平方米建筑面积及构造情况以及人工、材料、机具消耗指标和单位造价的经济指标。

1）计算工程量，就是根据审定的图样和预算定额计算出建筑面积及各分部分项工程量，然后按编制方案规定的项目进行归并，并以每平方米建筑面积为计算单位，换算出所含的工程量指标。

2）根据计算出的工程量和预算定额等资料，编出预算书，求出每百平方米建筑面积的预算造价及工、料、施工机具使用费和材料消耗量指标。

构筑物是以“座”为单位编制概算指标，因此，在计算完工程量，编出预算书后，不必进行换算，预算书确定的价值就是每座构筑物概算指标的经济指标。

四、投资估算指标及其编制

（一）投资估算指标及其作用

工程建设投资估算指标是编制建设项目建议书、可行性研究报告等前期工作阶段投资估算的依据，也可以作为编制固定资产长远规划投资额的参考。与概预算定额相比较，估算指标以独立的建设项目、单项工程或单位工程为对象，综合项目全过程投资和建设中的各类成本和费用，反映出其扩大的技术经济指标。

（二）投资估算指标编制原则和依据

1. 投资估算指标的编制原则

（1）投资估算指标项目的确定，应考虑以后几年编制建设项目建议书和可行性研究报告投资估算的需要。

（2）投资估算指标的分类、项目划分、项目内容、表现形式等要结合各专业的特点，并且要与项目建议书、可行性研究报告的编制深度相适应。

（3）投资估算指标的编制内容，典型工程的选择，必须遵循国家的有关建设方针政策，符合国家技术发展方向，贯彻国家发展方向原则，使指标的编制既能反映正常建设条件下的造价水平，也能适应今后若干年的科技发展水平。坚持技术上先进、可行和经济上的合理，力争以较少的投入求得最大的投资效益。

（4）投资估算指标的编制要反映不同行业、不同项目和不同工程的特点，投资估算指标要适应项目前期工作深度的需要，而且具有更大的综合性。投资估算指标要密切结合行业特点，项目建设的特定条件，在内容上既要贯彻指导性、准确性和可调性原则，又要有一定的深度和广度。

（5）投资估算指标的编制要贯彻静态和动态相结合的原则。要充分考虑到在市场经济条件下，由于建设条件、实施时间、建设期限等因素的不同，考虑到建设期的动态因素，即价格、建设期利息及涉外工程的汇率等因素的变动，导致指标的量差、价差、利息差、费用差等“动态”因素对投资估算的影响，对上述动态因素给予必要的调整办法和调整参数，尽可能减少这些动态因素对投资估算准确度的影响，使指标具有较强的实用性和可操作性。

2. 投资估算指标的编制依据

（1）依照不同的产品方案、工艺流程和生产规模，确定建设项目主要生产、辅助生产、公用设施及生活福利设施等单项工程内容、规模、数量以及结构形式，选择相应具有代表性、符合技术发展方向、数量足够的已经建成或正在建设的并具有重复使用可能的设计图样及其工程量清单、设备清单、主要材料用量表和预算资料、决算资料，经过分类，筛选、整理出编制依据。

（2）国家和主管部门制订颁发的建设项目用地定额、建设项目工期定额、单项工程施工工期定额及生产定员标准等。

（3）编制年度现行全国统一、地区统一的各类工程计价定额、各种费用标准。

（4）编制年度的各类工资标准、材料单价、机具台班单价及各类工程造价指数，应以所处地区的标准为准。

（5）设备价格。

（三）投资估算指标的内容

一般可分为建设项目综合指标、单项工程指标和单位工程指标三个层次。

1. 建设项目综合指标

建设项目综合指标是指按规定应列入建设项目总投资的，从立项筹建开始至竣工验收交付使用的全部投资额，包括单项工程投资、工程建设其他费用和预备费等。建设项目综合指标一般以项目的综合生产能力单位投资表示，如“元 /t”“元 /kW”；或以使用功能表示，如医院床位：“元 / 床”。

2. 单项工程指标

单项工程指标是指按规定应列入能独立发挥生产能力或使用效益的单项工程内的全部投资额，包括建筑工程费、安装工程费、设备、工器具及生产家具购置费和可能包含的其他费用。单项工程指标一般以单项工程生产能力单位投资，如“元 /t”或其他单位表示。

3. 单位工程指标

单位工程指标按规定应列入能独立设计、施工的工程项目的费用，即建筑安装工程费用。单位工程指标一般以如下方式表示：房屋区别不同结构形式以“元 /m²”表示；道路区别不同结构层、面层以“元 /m²”表示；水塔区别不同结构层、容积以“元 / 座”表示；管道区别不同材质、管径以“元 /m”表示。

（四）投资估算指标的编制方法

考虑到投资估算指标的编制涉及建设项目的产品规模、产品方案、工艺流程、设备选型、工程设计和技术经济等各个方面，既要考虑到现阶段技术状况，又要展望技术发展趋势和设计动向，通常编制人员应具备较高的专业素质。在各个工作阶段，针对投资估算指标的编制特点，具体工作具有特殊性。

1. 收集整理资料

收集整理已建成或正在建设的符合现行技术政策和技术发展方向、有可能重复采用、有代表性的工程设计施工图、标准设计以及相应的竣工决算或施工预算资料等，这些资料是编制工作的基础，资料收集得越广泛，反映出的问题越多，编制工作考虑得越全面，就越有利于提高投资估算指标的实用性和覆盖面。同时，对调查收集到的资料要选择占投资比重大，相互关联多的项目进行认真的分析整理，由于已建成或正在建设的工程的设计意图、建设时间和地点、资料的基础等不同，相互之间的差异很大，需要去粗取精、去伪存真地加以整理，才能重复利用。将整理后的数据资料按项目划分栏目加以归类，按照编制年度的现行定额、费用标准和价格，调整成编制年度的造价水平及相互比例。

2. 测算审查

测算是将新编的指标和选定工程的概预算在同一价格条件下进行比较，检验其“量差”的偏离程度是否在允许偏差的范围之内，如偏差过大，则要查找原因，进行修正，以保证指标的确切、实用。测算同时也是对指标编制质量进行的一次系统检查，应由专人进行，以保持测算口径的统一，在此基础上组织有关专业人员予以全面审查定稿。

第六节　工程计价信息及其应用

真题解析

一、2023 年考题

1. 根据《建设工程造价指标指数分类与测算标准》GB/T 51290—2018，按照用途的不同，建设工程造价指标可以分为（　　）。

A. 投资估算、设计施工图预算、工程结算和竣工决算指标

B. 工程经济指标、工程量指标、工料价格与消耗量指标

C. 建设项目总投资指标和建设项目投资明细指标

D. 人材机市场价格指标、单项工程造价指标和建设工程造价综合指标

【答案】B

【解析】按照用途的不同，建设工程造价指标可以分为工程经济指标、工程量指标、工料价格与消耗量指标。

【考点】工程造价指标的编制及使用——工程造价指标及其分类。

2. 关于房屋建筑工程造价指标的特征信息，下列说法正确的有（　　）。

A. 建设项目特征信息包括基本信息和面积信息

B. 二级或三级分类的工程需描述分类特征信息

C. 必须描述的项目特征信息包括工程所在地、竣工日期和资金来源等

D. 必须描述的通用特征信息包括建筑性质、结构类型、抗震等级、建筑面积等

E. 居住建筑必须描述的分类特征信息包括建筑分类、高度类型、建筑档次等

【答案】ABDE

【解析】建设项目特征信息是以建设项目为单位，针对建设项目的共性内容、通用内容进行描述。对于房屋建筑工程而言，通常包括基本信息和面积信息两部分。基本信息中工程特征分类（民用建筑、工业建筑或构筑物）、项目所在地、造价类型（投资估算、设计概算、最高投标限价、投标报价、合同价、工程结算、竣工决算等），以及建筑安装造价是否含税为必须描述的项目特征。单项工程特征信息是以单项工程为单位，对单项工程的基本信息、工程专业信息、计价信息进行描述，对于房屋建筑工程而言，可包括通用特征信息和分类特征信息两部分。通用特征信息中必须描述的通用特征包括建设性质（新建或扩建）、结构类型、抗震等级、建筑面积、檐高、层数、层高、装修标准等。分类特征信息的描述要求适合于房屋建筑工程二级或三级分类。以居住建筑为例，必须描述的分类特征信息包括居住建筑（普通住宅、别墅、公寓、养老地产、集体宿舍等）、高度类型（低层或多层、高层）、居住建筑档次（高、中、低档）等。

【考点】工程造价指标的编制及使用——工程造价指标的测算。

3. 现从 30 个建设工程造价资料中随机抽取 7 个项目的现浇混凝土矩形梁工程综合单价及工程量，数据如下表所示。采用数据统计法测算，现浇混凝土矩形梁工程的综合单价指标为（　　）元 /m^2。

项目编号	1	2	3	4	5	6	7
综合单价 /（元 /m^3）	680	770	720	745	805	830	765
工程量 /m^3	1 200	540	620	600	420	190	570

A. 738　　B. 758　　C. 759　　D. 761

【答案】A

【解析】（680 × 1 200+770 × 540+720 × 620+745 × 600+805 × 420+830 × 190+765 × 570）/（1 200+540+620+600+420+190+570）=738（元 /m^2）。

【考点】工程造价指标的编制及使用——工程造价指标的测算。

4. 某地区测算新建医院的造价综合指数，已测得新建医院的住院楼、医技楼、门诊楼、实验楼、其他建筑的造价指数及总投资额如下表所示。若基期价格指数为 1.00，则该地区新建医院的造价综合指数为（　　）。

类别	住院楼	医技楼	门诊楼	实验楼	其他建筑
单项工程造价指数	1.08	1.10	1.05	1.03	1.04
总投资额 / 亿元	6	4	5	2	3

A. 1.060　　B. 1.066　　C. 1.075　　D. 1.077

【答案】B

【解析】（1.08×6+1.10×4+1.05×5+1.03×2+1.04×3）/（6+4+5+2+2）=1.066。

【考点】工程造价指数及其编制——工程造价指数的编制。

二、2022 年考题

1. 现有 30 个某类建设工程造价数据，随机抽取 7 个项目的造价及相关数据如下表所示。采用数据统计法测算该类工程造价指标是（　　）元 /m^2。

项目编号	1	2	3	4	5	6	7
造价数据（单方造价）/（元 /m^2）	2 000	1 800	1 900	1 850	2 050	2 200	1 950
建设规模（建筑面积）/m^2	10 万	50 万	10 万	20 万	30 万	50 万	30 万

A. 1 980　　B. 1 960　　C. 1 870　　D. 2 069

【答案】B

【解析】数据统计法计算建设工程经济指标、工程量指标、消耗量指标时，应将所有样本工程的单位造价、单位工程量、单位消耗量进行排序，从序列两端各去掉 5% 的边缘项目，边缘项目不足 1 时按 1 计算，剩下的样本采用加权平均计算，得出相应的造价指标。

因此需要去掉项目编号 6 和编号 2，进行加权平均。

（2 000×10+1 900×10+1 850×20+2 050×30+1 950×30）/（10+10+20+30+30）= 1 960（元 /m^2）

【考点】工程造价指标的编制及使用——工程造价指标的使用。

2. 某地区新建学校的教学楼、宿舍楼、实验楼、办公楼、其他建筑的报告期指数及相关投资数据见下表。如学校项目基期造价综合指数为 1，则其报告期的建设工程造价综合指数是（　　）。

指标指数	教学楼	宿舍楼	实验楼	办公楼	其他建筑
总投资 / 亿元	28	36	3	1	2
报告期单项工程造价指数	1.1	1.05	1.3	1.15	1.2

A. 1.07　　B. 1.10　　C. 1.09　　D. 1.08

【答案】C

【解析】（1.1×28+1.05×36+1.3×3+1.15×1+1.2×2）/（28+36+3+1+2）=1.086

【考点】工程造价指数及其编制——建设工程造价综合指数。

三、2021 年考题

1. 关于建设工程造价综合指数的计算方法，下列说法正确的是（　　）。

A. 按报告期与基准期建设工程造价的比值计算

B. 按报告期与基期各类单项工程造价指数之和的比值计算

C. 用同期各类单项工程造价指数加总计算

D. 用同期各类单项工程造价指数加权汇总计算

【答案】D

【解析】建设工程造价综合指数的编制是在单项工程造价指数编制结果的基础上，将不同专业类型的单项工程造价指数以投资额为权重加权汇总后编制完成的。

【考点】工程造价指数及其编制——工程造价指数的编制。

2. 当应用数据统计法测算工程造价指标时，采用各样本工程的消耗量占比作为权重进行加权平均计算的造价指标是（　　）。

A. 工程经济指标　　B. 工程量指标

C. 消耗量指标　　D. 单价指标

【答案】D

【解析】数据统计法计算建设工程单价指标，应采用加权平均法。

【考点】工程造价指标的编制及使用——工程造价指标的测算。

3. 建设工程造价指标应区分不同的工程特征进行测算，这些特征包括（　　）等。

A. 地区特征　　B. 工程类型

C. 造价类型　　D. 合同类型

E. 资金来源

【答案】ABC

【解析】根据工程特征进行测算。建设工程造价指标应区分地区特征、工程类型、造价类型、时间进行测算。

【考点】工程造价指标的编制及使用——工程造价指标的测算。

四、2020 年考题

1. 2020 年某水泥厂建设工程的建筑安装工程造价为 7.31 亿元。其中：矿山工程造价为 7 800 万元，定额编制期同类项目的矿山工程造价为 6 000 万元。该水泥厂建设工程造价综合指数为 1.20，则该矿山工程的造价指数是（　　）。

A. 1.30　　B. 0.77　　C. 0.92　　D. 1.56

【答案】A

【解析】工程造价指数是一定时期的建设工程造价相对于某一固定时期工程造价的比值，以某一设定值为参照得出的同比例数值，7 800/6 000=1.3。

【考点】工程造价指数及其编制——工程造价指数的编制。

2. 关于工程造价指标，下列说法正确的是（　　）。

A. 按照工程构成不同，工程造价指标可划分为人工指标、材料指标、机械台班指标

B. 工程造价指标测算时，部分数据可通过理论推测获得

C. 造价指标可分行业、分专业进行测算，不受区域范围影响

D. 汇总计算法计算工程造价指标时，应采用加权平均的方法

【答案】D

【解析】按照工程构成的不同，建设工程造价指标可分为建设投资指标和单项、单位工程造价指标。其中单项工程造价指标又可以按照专业类型分为房屋建筑与装饰工程、仿古建筑工程、通用安装工程、市政工程、园林绿化工程、矿山工程、构筑物工程、城市轨道交通工程和爆破工程等。用于测算指标的数据无论是整体数据还是局部数据都必须是采集实际的工程数据。建设工程造价指标应区分地区特征、工程类型、造价类型、时间进行测算。

【考点】工程造价指标的编制及使用。

3. 按照用途的不同，建设工程造价指标可分为（　　）。

A. 工料价格指标

B. 工程经济指标

C. 工程量指标

D. 单位工程造价指标

E. 消耗量指标

【答案】ABCE

【解析】按照用途的不同，建设工程造价指标可以分为工程经济指标、工程量指标、工料价格指标及消耗量指标。

【考点】工程造价指标的编制及使用——工程造价指标及其分类。

五、2019 年考题

1. 工程造价指标测算中，各类造价数据的时间需符合造价指标的时间要求。下列造价数据的时间选取符合规定的是（　　）。

A. 投资估算采用投资估算书编制完成日期

B. 最高投标限价采用投标截止日期

C. 合同价采用合同签订日期

D. 结算价采用工程结算日期

【答案】A

【解析】建设工程造价指标的时间应符合下列规定：

（1）投资估算、设计概算、招标控制价应采用成果文件编制完成日期；

（2）合同价应采用工程开工日期；

（3）结算价应采用工程竣工日期。

【考点】工程造价指标的编制及使用——工程造价指标的测算。

2. 关于工程造价指数的计算，下列表达正确的是（　　）。

A. 材料费价格指数 $=\dfrac{\sum（同期各种材料单价\times所有材料费用）}{所有材料费用之和}$

B. 单位工程价格指数 $=\dfrac{\sum（同期各分部工程价格指数\times各分部工程费用）}{单位工程费用}$

C. 单项工程造价指数 $=\dfrac{报告期单项工程造价指标}{基期单项工程造价指标}$

D. 建设工程造价综合指数 $=\dfrac{报告期建设工程造价综合指标}{基期建设工程造价综合指标}$

【答案】C

【解析】单项工程造价指数 $=P_1/P_0$，其中 P_0 为基期单项工程造价指标，P_1 为报告期单项工程造价指标。

【考点】工程造价指数及其编制——工程造价指数的编制。

3. 建设工程造价指标测算常用的方法包括（　　）。

A. 数据统计法　　B. 现场测算法

C. 典型工程法　　D. 写实记录法

E. 汇总计算法

【答案】ACE

【解析】建设工程造价指标测算方法主要包括数据统计法、典型工程法和汇总计算法。

【考点】工程造价指标的编制及使用——工程造价指标的测算。

考点统计

通过对 2019—2023 年的考题统计，本节涉及的考点主要是工程计价信息及其主要内容、工程造价指标的编制及使用、工程造价指数及其编制、工程计价信息的动态管理四项内容。近 5 年涉及本节的真题共有 15 题，具体考点的考核频次如表 2.6.1 所示。

表 2.6.1　第二章第六节考点考核频次表

序号	知识点	具体考点	考核频次
1	工程造价指标的编制及使用	工程造价指标的使用	1
		“工程造价指标的编制及使用”综合性考点	1
		工程造价指标及其分类	2
		工程造价指标的测算	6
2	工程造价指数及其编制	建设工程造价综合指数	1
		工程造价指数的编制	4

知识点凝练

一、工程计价信息及其主要内容

（一）工程计价信息的概念和特点

1. 工程计价信息的概念和特点

工程计价信息是一切有关工程计价的工程特征、状态及其变动的消息的组合。在工程发承包市场和工程建设过程中，工程造价总是在不停地运动着、变化着，并呈现出种种不同特征。人们对工程发承包市场和工程建设过程中工程造价运动的变化，是通过工程计价信息来认识和掌握的。

在工程发承包市场和工程建设中，工程造价是最灵敏的调节器和指示器，无论是政府工程造价主管部门还是工程发承包双方，都要通过接收工程计价信息来了解工程建设市场动态，预测工程造价发展，决定政府的工程造价政策和工程发承包价。因此，工程造价主管部门和工程发承包双方都要接收、加工、传递和利用工程计价信息。

2. 工程计价信息的特点

包括区域性、多样性、专业性、系统性、动态性和季节性。

（二）工程计价信息的分类

1. 价格信息

包括各种建筑材料、装修材料、安装材料、人工工资、施工机具等的最新市场价格。这些信息是比较初级的，一般没有经过系统的加工处理，也可以称其为数据。

（1）人工价格信息。包括建筑工程实物工程量人工价格信息和建筑工种人工成本信息。

（2）材料价格信息。

（3）施工机具价格信息。

2. 工程造价指数

工程造价指数是反映一定时期价格变化对工程造价影响程度的指数，包括各种单项价格指数、设备工器具价格指数、建筑安装工程造价指数、建设项目或单项工程造价指数。

3. 工程造价指标

根据已完或在建工程的各种造价信息，经过统一格式及标准化处理后的造价数值。可用于对已完或在建工程的造价分析以及拟建工程的计价依据。

二、工程造价指标的编制及使用

（一）工程造价指标及其分类

工程造价指标是指建设工程整体或局部在某一时间、地域一定计量单位的造价水平或人材机消耗量的数值。建设工程造价指标可以按照不同的分类标准进行分类。

（1）按照工程构成的不同，建设工程造价指标可分为建设投资指标和单项、单位工程造价指标。其中单项工程造价指标又可以按照专业类型分为房屋建筑与装饰工程、仿古建筑工程、通用安装工程、市政工程、园林绿化工程、矿山工程、构筑物工程、城市轨道交通工程和爆破工程等。

（2）按照用途的不同，建设工程造价指标可以分为工程经济指标、工程量指标、单价指标及消耗量指标。

（二）工程造价指标的测算

1. 工程造价指标测算时应注意的问题

（1）数据的真实性。用于测算指标的数据无论是整体数据还是局部数据必须都是采集实际的工程数据。实际工程数据是指完成工程造价计价成果的实际工程计价数据，包括建设工程投资估算、设计概算、最高投标限价、合同价、竣工结算价。

（2）符合时间要求。建设工程造价指标的时间应符合下列规定：

1）投资估算、设计概算、最高投标限价应采用成果文件编制完成日期。

2）合同价应采用工程开工日期。

（3）根据工程特征进行测算。按照工程造价指标层级，工程特征包括建设项目特征信息和单项工程特征信息。

1）建设项目特征信息。建设项目特征信息是以建设项目为单位，针对建设项目的共性内容、通用内容进行描述。对于房屋建筑工程而言，通常包括基本信息和面积信息两部分。基本信息中工程特征分类（民用建筑、工业建筑或构筑物）、项目所在地、造价类型（投资估算、设计概算、最高投标限价、投标报价、合同价、工程结算、竣工决算等），以及建筑安装造价是否含税为必须描述的项目特征，其余可选择描述的特征还包括了绿化率、开竣工日期、工程承包模式、资金来源等；面积信息中必须描述的项目特征主要是建筑面积，其余可选择描述的项目特征还包括红线内室外面积、人防建筑面积、停车场面积等。

2）单项工程特征信息。单项工程特征信息是以单项工程为单位，对单项工程的基本信息、工程专业信息、计价信息进行描述，对于房屋建筑工程而言，可包括通用特征信息和分类特征信息两部分。

①单项工程通用特征信息。通用特征信息中必须描述的通用特征包括建设性质（新建或扩建）、结构类型、抗震等级、建筑面积、檐高、层数、层高、装修标准等。通用特征的信息描述要求适合于所有的房屋建筑工程的一级分类。

②单项工程分类特征信息。分类特征信息的描述要求适合于房屋建筑工程的二级或三级分类。以居住建筑为例，必须描述的分类特征信息包括居住建筑分类（普通住宅、别墅、公寓、养老地产、集体宿舍等）、高度类型（低层或多层、高层、超高层）、居住建筑档次（高、中、低档）等。

2. 工程造价指标的测算方法

建设工程造价指标测算方法主要包括数据统计法、典型工程法和汇总计算法。

（三）工程造价指标的使用

1. 作为对已完或在建工程进行造价分析的依据

工程造价指标的测算结果是对已完或在建工程进行造价分析，判断数据合理性的重要依据。利用工程造价指标对已完或在建工程进行造价分析可以从以下几个方面进行。

（1）总体水平分析，是指反映项目造价状况的信息（工程量、资源消耗量、价格）与建设规模的适应程度分析。

（2）构成分析，是指工程造价中各种构成的比例关系。以建设项目总造价分析为例，包括建筑工程费、设备工器具购置费、安装工程费、工程建设其他费用等占总造价的比例。

（3）影响因素与风险分析，是指对工程造价形成过程的主要影响因素、特征和可能导致的风险进行评价、分析。工程造价影响因素不但包括“量”和“价”，而且包括工程概况、建设条件、项目特征等。

（4）变动分析，是指把分析对象同某一可比较性目标进行变动角度的分析。如同一个工程，不同阶段经济指标的纵向比较，目的是分析工程造价在不同阶段的控制情况，并分析超支或节支状况。同一类工程，不同时期经济指标的纵向比较，目的是分析工程造价经济指标在不同时期的变化趋势。

2. 作为拟建类似项目工程计价的重要依据

工程造价指标按照工程特征分门别类地进行测算和整理，在未来拟建类似项目的计价活动中，是重要的参考依据。

（1）用作编制投资估算的重要依据。

（2）用作编制初步设计概算和审查施工图预算的重要依据。

（3）用作确定最高投标限价和投标报价的参考资料。

3. 作为反映同类工程造价变化规律的基础资料

（1）用作编制各类定额的基础资料。

（2）用以研究同类工程造价的变化规律，编制造价指数。

三、工程造价指数及其编制

（一）工程造价指数的概念和分类

1. 指数的概念

指数是用来统计研究社会经济现象数量变化幅度和趋势的一种特有的分析方法和手段。指数有广义和狭义之分。广义的指数指反映社会经济现象变动与差异程度的相对数，如产值指数、产量指数、出口额指数等。而从狭义上说，统计指数是用来综合反映社会经济现象复杂总体数量变动状况的相对数。所谓复杂总体，是指数量上不能直接加总的总体。

2. 工程造价指数的概念及其编制的意义

（1）可以利用工程造价指数分析价格变动趋势及其原因；

（2）可以利用工程造价指数预计宏观经济变化对工程造价的影响；

（3）工程造价指数是工程发承包双方进行工程估价和结算的重要依据。

3. 工程造价指数的分类

建设工程造价指数分为人材机市场价格指数、单项工程造价指数、建设工程造价综合指数。

（1）人材机市场价格指数。这其中包括了反映各类工程的人工费、材料费、施工机具使用费报告期价格对基期价格的变化程度的指标。可利用它研究主要单项价格变化的情况及其发展变化的趋势。其计算过程可以简单表示为报告期价格与基期价格之比。

（2）单项工程造价指数。主要是指按照不同专业类型划分的各类单项工程造价指数，与单项工程造价指标的分类类似，单项工程造价指数也可划分为房屋建筑与装饰工程、仿古建筑工程、通用安装工程、市政工程、园林绿化工程、矿山工程、构筑物工程、城市轨道交通工程和爆破工程等。

（3）建设工程造价综合指数。综合指数通常按照地区进行编制，即将不同专业的单项工程造价指数进行加权汇总后，反映出该地区某一时期内工程造价的综合变动情况。

（二）工程造价指数的编制

1. 人材机市场价格指数的编制

人材机市场价格指数的编制可以直接用报告期价格与基期价格相比后得到。其计算公式如下：

$$\text{人工费（材料费、施工机具使用费）价格指数}=\frac{P_1}{P_0}$$

式中：P_0——基期人工日工资单价（材料价格、施工机具台班单价）；

P_1——报告期人工日工资单价（材料价格、施工机具台班单价）。

2. 单项工程造价指数

单项工程造价指数可使用已有的各类单项工程造价指标进行编制。通过报告期与基期相应的工程造价指标的比值计算，其计算公式为：

$$\text{单项工程造价指数}=\frac{P'_1}{P'_0}$$

式中：P'_0——基期单项工程造价指标；

P'_1——报告期单项工程造价指标。

3. 建设工程造价综合指数的编制

建设工程造价综合指数的编制是在单项工程造价指数编制结果的基础上，将不同专业类型的单项工程造价指数以投资额为权重加权汇总后编制完成的，其计算公式为：

$$\text{建筑工程造价综合指数}=\frac{A_1\times X_1+A_2\times X_2+\cdots+A_n\times X_n}{X_1+X_2+\cdots+X_n}$$

式中：A_n——同期各类单项工程造价指数；

X_n——同期各类单项工程总投资额。

四、工程计价信息的动态管理

工程计价信息管理是指对信息的收集、加工整理、储存、传递与应用等一系列工作的总称。其目的就是通过有组织的信息流通，使决策者能及时、准确地获取相应的信息。随着市场的变动、工程设计技术和施工技术的发展，工程计价信息尤其是要素价格信息也会随之变动，因此需要对工程计价信息进行动态管理。

1. 工程计价信息管理的现状

目前我国工程计价信息的提供仍以政府主管部门为主导，且在信息发布、数据共享、分类标准方面仍存在需要改进的方面。

（1）信息发布、更新不及时，信息准确度不高。

（2）各种计价信息主要分布在从业人员个人手中或各参建单位内部，缺乏有效的信息共享机制。

（3）计价信息口径和分类标准仍不够统一。

2. 多元化工程造价信息服务方式的确立

住房和城乡建设部组织制定的《建筑业发展“十三五”规划》提出，构建多元化的工程造价信息服务方式，明确政府提供的工程造价信息服务清单，鼓励社会力量开展工程造价信息服务。建立国家工程造价数据库，开展工程造价数据积累工作。

3. 工程造价信息化建设

（1）工程造价信息化发展规划。住房和城乡建设部发布的《2016—2020 年建筑业信息化发展纲要》要求进一步提高工程造价业信息化水平，初步建成一体化行业监管和服务平台，提升数据资源利用水平和信息服务能力。完善建筑行业与企业信息化标准体系和相关信息化标准，为信息资源共享和深度挖掘奠定基础。制定出一整套目标明确、可操作性强的信息化发展规划方案，指定专人负责，做好相关资料收集、信息化技术培训等基础工作。

住房和城乡建设部发布的《工程造价事业发展“十三五”规划》结合工程造价行业发展背景，明确了“十三五”期间工程造价行业信息化发展的主要目标是建立多元化工程造价信息服务方式，加快工程造价信息化标准体系建设，统一工程交易阶段造价信息数据交换标准，实现互联互通和跨部门信息协同。加强对市场价格信息、造价指标、指数、工程案例信息等各类型、各专业造价信息的综合开发利用，丰富多元化信息服务种类。鼓励企业及社会个体按照规定的计价规则及技术标准开展细微、精准的工程造价信息服务业务，建立健全合作机制，促进多元化平台良性发展。加强对商业信息服务行为监管，重点防止行业和地方技术壁垒。加强“互联网 +”协同发展，促进工程计价方式改革，提高合理确定和有效控制工程造价的精准度。

2011 年 5 月住房和城乡建设部标准定额司发布了《关于做好建设工程造价信息化管理工作的若干意见》（建标造函〔2011〕46 号），该文件针对我国建设工程造价信息化管理中的政府部门职能分工、信息化平台建设、工程造价数据管理等问题提出了若干意见。

（2）工程造价信息化标准建设。住房和城乡建设部、国家质量监督检验检疫总局于 2012 年 12 月发布了国家标准《建设工程人工材料设备机械数据标准》GB/T 50851—2013，该标准通过规定人材机编码和特征描述、人材机数据库组成内容、人材机信息库价格特征描述内容、人材机数据交换接口数据元素规定等，规范建设工程人材机价格信息的收集、整理、分析、上报和发布工作。此外，住建部标准定额司于 2008 年 3 月发布了《城市住宅建筑工程造价信息数据标准》，用于规范城市住宅建筑工程造价数据的采集、统计、分析和发布；于 2011 年 9 月发布了《建设工程造价数据编码规则》，建立了针对单项工程整体数据汇总文件的编码体系，用于规范工程造价信息的收集和整理工作；于 2018 年 7 月发布了《建设工程造价指标指数分类与测算标准》GB/T 51290—

2018，规范了建设工程造价指标指数的分类、测算方法，以加强建设工程造价指标指数在宏观决策、行业管理中的指导作用。

（3）工程造价信息化平台建设。1992年建设部标准定额司组织标准定额研究所、中国建设工程造价管理协会和建设部信息中心，按照建设部关于建设工程信息网络建设规划，在中国工程建设信息网的基础上建立了建设工程造价信息网（www.cecn.org.cn），并初步完成了建设部发布的有关工程造价管理信息的建库工作。目前，建设工程造价信息网主要内容包括造价数据监测平台、人工成本信息、住宅造价信息、砂石料价格信息系统、人材机动态数据系统、建设工程定额共享平台等。工程造价信息化平台建设取得了实质性进展。

五、工程造价数字化及发展趋势

（一）工程造价数字化的含义

工程造价数字化的核心是工程造价管理数字化，它是指综合运用管理学、经济学、工程技术，以及建筑信息模型（BIM）、云计算、大数据、物联网、移动互联网和人工智能等数字技术方面的知识与技能，对工程造价进行预测、计划、控制、核算、分析和评价等的工作过程。

"数字造价管理"是利用BIM、云计算、大数据、物联网、移动互联网和人工智能等数字技术引领工程造价管理转型升级的行业战略。它结合全面造价管理的理论与方法，集成人员、流程、数据、技术和业务系统，实现工程造价管理的全过程、全要素、全方位的结构化、电子化、智能化，进而构建项目、企业和行业的平台生态圈。同时它也将促进以新计价、新管理、新服务为代表的愿景的实现，推动工程造价专业领域转型升级，实现让每一个工程项目综合价值更优的目标。

（二）工程造价数字化发展趋势

数字化时代变革正影响着社会的方方面面，同样对工程造价行业各方面也产生着深远的影响，代表着工程造价数字化发展趋势。

1. 造价从业人员角度

数字技术可以在市场定价机制的引领下，收集行业市场价格数据信息，形成市场计价依据体系，保障市场定价的合理性；助力项目建模与计价工作的完成；驱动项目数据互通，实现线上协同、数据智能应用。让造价编制工作在提质增效的前提下，促使造价人员将更多的精力投入造价控制工作之中，实现从造价编制向造价控制的转变。

2. 项目各参与方角度

数字技术可以为业主方、施工方、咨询方以投资控制为核心的全过程造价管理和以成本数据为导向的施工成本管理等提供解决方案。参建各方利用数字化平台，不仅可以助力实现工程造价全业务流程电子化、数字化，而且可以积累企业运营的相关数据，实现造价咨询成果数字化共享，提升企业运营效率、经营质量、造价业务效率和质量。

数字技术对施工单位而言，还可以利用智能化现场管理技术对人工、材料和机械消耗进行跟踪和测定，从而掌握施工生产效率，提高成本管理水平。

3. 行业管理角度

数字技术可以助力行业管理部门以网络平台为基础，集成各个业务子系统，整合各方资源和数据；搭建数据采集加工中心，保障数据来源符合市场行情，形成最新数据信息，以更好地服务于各方市场主体。

4. 项目管理角度

（1）全过程动态数字化造价管理。数字技术可以根据工程实施情况的变化实时更新、实时生成最新造价成果，实现全过程动态数字化造价管理，为工程造价动态管理提供有力支撑。

（2）集成管理综合服务。数字技术可以实现从专业服务到集成管理综合服务的转变，并且在深化专业服务的同时，还可以扩展以造价为核心的项目管理。借助数字化平台实现由专业到系统的组织集成、过程集成、要素集成和信息集成。组织集成，是将项目各参与方用同一个平台集合起来，实现多方协同管理；过程集成，是指项目全过程的造价管理，包括决策阶段、设计阶段、施工阶段以及运营维护阶段；要素集成，包括质量、安全、工期、成本、环境等要素对工程造价的影响；信息集成，即政策信息、决策信息、勘察信息、施工信息等信息都可在平台上集成。

（三）BIM 技术在工程计价中的应用

1. BIM 技术的特点

BIM 技术的特点包括可视化、协调性、模拟性、互用性和优化性。

2. BIM 技术对工程造价管理的价值

（1）提高了工程量计算的准确性和效率；

（2）提高了设计效率和质量；

（3）提高工程造价分析能力；

（4）BIM 技术真正实现了造价全过程管理。

3. BIM 技术在工程造价管理各阶段的应用

（1）BIM 在决策阶段的应用；

（2）BIM 在设计阶段的应用；

（3）BIM 在发承包阶段的应用；

（4）BIM 在施工过程中的应用；

（5）BIM 在工程竣工阶段中的应用。

（四）大数据技术对各阶段计价的影响

大数据技术的应用可以使工程造价产生的海量数据与实时性数据实现融合、共享，建设项目参建各方均可从不同角度综合利用，大数据技术对项目各阶段计价工作产生着深远的影响。

（1）投资决策阶段。在投资决策阶段，需要对建设项目的成本做出分析与估算，利用大数据建立工程造价指标体系能够使投资者在已完工项目数据库的基础上，快速做出投资估算，进而进行可行性研究及项目决策。

运用大数据系统通过对多个类似项目数据的积累和分析，能够提供较为准确可靠的数据信息，使工程成本分析与估算等工作更加方便快捷，并且准确度更高。工程造价信息数据库系统除可以检索、查询、调阅，编制和审查项目投资估算和初步设计概算以外，还可以实时动态地反映工程数据资料的更新和变动，有利于快速分析工程造价信息资料，准确决策投资方向，从而保证工程项目投资的合理性。

（2）设计阶段。工程设计直接影响着工程建设所需的全部投资，只有合理控制此阶段的造价以及设计质量，才能为后期整体造价控制奠定基础。工程造价人员可以借助工程设计文件，运用造价数据、信息模型，对相应数据进行准确快速地获取，通过获取的数据计算出工程所需全部投资。若与前期投资控制目标偏差较大时，还可通过设计优化等措施对投资实施控制。

（3）发承包阶段。在发承包阶段，可以运用大数据技术建立电子化工程招标投标及评标系统，包括建设工程市场信息和评标信息，促进招投标的信息化和智能化。通过建立招投标交易价格数据库，利用大数据进行不平衡报价的筛查、投标报价低于成本的判定等；利用大数据也可以识别工程项目围标、串标行为；利用大数据还可以建立工程招标全过程监管体系。总之，大数据技术有利于招投标工作信息化、智能化、电子化和透明化。

（4）施工阶段。在项目的施工阶段，经常会发生设计变更、价格变化以及政策性调整等情况，通过行业或参建单位的信息化数据平台，可以高效收集政策法规、指数指标、要素价格等信息，对实时变化的信息做出科学决策，提高效率，节约成本。

高效的信息共享，还能促进项目实施过程中各参建单位、单位内部各部门、各工作环节之间的有效沟通，使各方面形成合力，实现全方位和全过程的控制。

（5）竣工阶段。在竣工阶段，利用大数据技术形成的各阶段性的分析数据，不仅可以快速输出竣工结算数据，而且可以保障每部分费用和成本的准确性，进而保障工程造价管理的整体质量以及工程运行的规范性。竣工结算数据及分析资料，还可以在工程预结算、结算进度评价、结算费用分析、参建单位评价等方面得到应用。

本章考分统计

本章考分统计表

节	年份				
	2023	2022	2021	2020	2019
第一节	4	4	4	1	4
第二节	5	3	5	8	5
第三节	5	5	5	4	5
第四节	4	4	4	4	4
第五节	1	3	3	4	3
第六节	5	2	4	4	4

本章考点点评

第一节：本节的主要考点有工程计价的含义、工程计价的基本原理、工程计价依据、工程计价的基本程序、工程定额体系五项内容。其中考点一工程计价的含义、考点二工程计价的基本原理、考点三工程计价依据、考点四工程计价的基本程序虽然统领整章内容，但是重要性并不高，考点五工程定额体系主要考核定额的分类方式，按照定额的用途分类时各类定额的区别，以及定额的主要特性及其表现形式。

第二节：本节的主要考点有工程量清单计价的范围和作用、分部分项工程项目清单、措施项目清单、其他项目清单、规费税金项目清单、各级工程造价的汇总六项内容。其中在考点二分部分项工程项目清单中，考生应重点掌握项目编制、项目名称、项目特征、计量单位以及工程数量的编制或计算规则，在考点三措施项目清单中，考生应重点掌握可以计算工程量的项目和不宜计算工程量的项目分别应如何编制。在考点四其他项目清单中，考生应重点掌握各种不同的其他项目应用范围的差异。

工程量清单计价的范围和作用考点的具体考点有工程量清单计价的适用范围和作用，分部分项工程项目清单具体考点有项目编制、项目名称、项目特征、计量单位、工程数量的计算，措施项目清单的具体考点有措施项目列项、措施项目清单的格式——措施项目清单的类别和编制依据，其他项目清单的具体考点有暂列金额、暂估价、计日工、总承包服务费，规费、税金项目清单具体考点有规费项目清单和税金项目。

第三节：本节的主要考点有施工过程分解及工时研究、确定人工定额消耗量的基本方法、确定材料定额消耗量的基本方法、确定施工机具台班定额消耗量的基本方法四项内容。其中人工以及机器工作时间分类、测时方法及其主要特征，以及依据测时或统计资料如何确定人工、材料机具台班定额消耗量是高频考点，且本节考点多出现计算题。

施工过程分解及工时研究具体考点有施工过程及其分类——施工过程含义、分类、影响因素，工作时间分类——工人工作时间消耗分类、机器工作时间消耗的分类，计时观察法——测时法、写实记录法、工作日写实法；确定人工定额消耗量的基本方法具体考点有确定工序作业时间——拟定基本工作时间、拟定辅助工作时间，确定规范时间——确定准备与结束时间、确定不可避免的中断时间、拟定休息时间，拟定定额时间；确定材料定额消耗量的基本方法具体考点有材料的分类、确定材料消耗量的基本方法；确定施工机具台班定额消耗量的基本方法具体考点有确定机械 1h 纯工作正常生产率、确定施工机械的时间利用系数、计算施工机械台班定额。

第四节：本节的主要考点有人工日工资单价的组成和确定方法、材料单价的组成和确定方法、施工机械台班单价的组成和确定方法、施工仪器仪表台班单价的组成和确定方法四项内容。本节考点多出现计算形式，主要考核材料单价的构成计算，以及机具台班单价的计算。

人工日工资单价的组成和确定方法具体考点有人工日工资单价组成内容、人工日工资单价确定方法影响人工日工资单价的因素；材料单价的组成和确定方法具体考点有材料单价的编制依据和确定方法——材料原价、材料运杂费、运输损耗、采购及保管费；影响材料单价变动的因素；施工机械台班单价的组成和确定方法具体考点有折旧费的组成及确定——机械预算价格、残值率、耐用总台班，检修费的组成及确定，维护费的组成及确定，安拆费及场外运费的组成和确定，人工费的组成及确定，燃料动力费的组成和确定，其他费用的组成和确定；施工仪器仪表台班单价的组成和确定方法具体考点有折旧费、维护费、校验费、动力费。

第五节：主要考点有预算定额及其基价编制、概算定额及其基价编制、概算指标及其编制、投资估算指标及其编制四项内容。本节的考点较多，有时会出现相对偏僻题目，在计价定额中，主要考核内容集中在预算定额及基价上，考生应注意掌握预算定额、概算定额与施工定额之间的区别，以及在编制过程中水平幅度差的取定。

预算定额及其基价编制具体考点有预算定额的概念与用途——预算定额的概念、用途和作用，预算定额的编制原则和依据，预算定额消耗量的编制方法——预算定额中人工工日消耗量的计算、预算定额中材料消耗量的计算、预算定额中机具台班消耗量的计算，预算定额示例，预算定额基价编制；概算定额及其基价编制具体考点有概算定额的概念、作用、编制原则和编制依据、概算定额手册的内容、概算定额基价的编制；概算指标及其编制具体考点有概算指标的概念及作用（概算定额和概算指标的区别）、概算指标的分类和表现形式——分类、组成内容和表现形式，概算指标的编制——依据、编制方法；投资估算指标及其编制具体考点有投资估算指标及其作用，投资估算指标的编制原则和依据，投资估算指标的内容，投资估算的编制方法。

第六节：本节的主要考点有工程计价信息及其主要内容、工程造价指标的编制及其使用、工程造价指数及其编制、工程计价信息的动态管理、BIM 技术在建设各阶段的应用五个内容。本节主要依据《建设工程造价指标指数分类与测算标准》GB/T 51290—2018 撰写，考生也应注意 BIM 应用的有关内容。

工程计价信息及其主要内容具体考点有工程计价信息的概念——概念、特点，工程计价信息包含的主要内容——价格信息、工程造价指数、工程造价指标；工程造价指标的编制及其使用具体考点有工程造价指标及其分类，工程造价指标的测算——工程造价指标测算时应注意问题、工程造价指标的测算方法，工程造价指标的使用——作为对已完或在建工程进行造价分析的依据、作为拟建类项目工程计价的重要依据、作为反映同类工程造价变化规律的基础资料；工程造价指数及其编制具体考点有工程造价指数的概念和分类——指数概念、工程造价指数概念及编制意义、工程造价指数分类，工程造价指数的编制——人材机市场价格指数的编制、单项工程造价指数、建设工程造价综合指数的编制；工程计价信息的动态管理具体考点有工程计价信息管理的基本原则、目前我国发展的现状及问题；BIM 技术在建设各阶段的应用具体考点有 BIM 技术的特点、BIM 对技术工程造价管理的价值、BIM 技术在工程造价管理各阶段的应用。

第三章

建设项目决策和设计阶段工程造价的预测

第一节　投资估算的编制

真题解析

一、2023 年考题

1. 某地 2023 年拟建一年产 30 万吨工业产品项目，该地区 2020 年建成的年产 20 万吨同类产品项目主要设备购置费为 6 000 万元，建筑安装工程费占主要设备购置费的比例为 70%。若该地区 2020 年至 2023 年工程造价年均递增 4%，预计建设期两年内造价年均上涨率为 5%，则该项目的工程费用估算为（　　）万元（生产能力指数为 0.8）。

A. 13 768　　B. 15 554　　C. 15 870　　D. 17 497

【答案】C

【解析】6 000 ×（1+70%）×（30/20）0.8 ×（1+4%）^{3}=15 870（万元）。

【考点】投资估算的编制——静态投资部分的估算方法。

2. 关于投资决策阶段对工艺设备安装费的估算，下列说法正确的是（　　）。

A. 以单位工程为估价单元进行估算

B. 不包括安装主材费

C. 可按设备原价为基数，乘以安装费费率进行估算

D. 以“m^3”或“m^2”为单位，套用投资估算指标进行估算

【答案】C

【解析】工艺设备安装费估算，以单项工程为单元，根据单项工程的专业特点和各种具体的投资估算指标，采用按设备费百分比估算指标进行估算；或根据单项工程设备总重，采用以“t”为单位的综合单价指标进行估算。

【考点】投资估算的编制——静态投资部分的估算方法。

3. 关于利用指标估算法进行投资估算，下列说法正确的有（　　）。

A. 应根据不同地区、建设年代、施工条件等进行价格调整

B. 可以以工程量为依据进行价格调整

C. 可以以人工、主要材料消耗量为依据进行价格调整

D. 应根据工艺流程、定额、价格等的分析结果进行指标调整与换算

E. 工程建设其他费的估算指标无须调整

【答案】ABCD

【解析】在应用指标估算法，应根据不同地区、建设年代、条件等进行调整。调整方法可以以人工、主要材料消耗量或“工程量”为计算依据，也可以按不同的工程项目的“万元工料消耗定额”确定不同的系数。使用估算指标法进行投资估算绝不能生搬硬套，必须对工艺流程、定额、价格及费用标准进行分析，经过实事求是的调整与换算后，才能提高其精确度。

【考点】投资估算的编制——静态投资部分的估算方法。

4. 关于投资决策阶段对流动资金的估算，下列说法正确的是（　　）。

A. 在确定各类资产和负债的最低周转天数时应考虑适当的保险系数

B. 流动资金借款利息应计入建设期贷款利息

C. 在项目计算期末收回全部流动资金（含利息）

D. 用扩大指标估算法计算流动资金应在经营成本估算前进行

【答案】A

【解析】各类流动资产和流动负债的最低周转天数，可参照同类企业的平均周转天数并结合项目特点确定，或按部（行业）规定。另外，在确定最低周转天数时应考虑储存天数、在途天数，并考虑适当的保险系数。

【考点】投资估算的编制——流动资金的估算。

二、2022 年考题

1. 在项目决策阶段，环境治理方案比选中的技术水平对比，主要是比较（　　）。

A. 选用设备的先进性、可靠性　　B. 治理效果对比

C. 管理及监测方式对比　　D. 环境效益对比

【答案】A

【解析】环境治理方案比选：对环境治理的各局部方案和总体方案进行技术经济比较，做出综合评价，并提出推荐方案。环境治理方案比选的主要内容包括：①技术水平对比，分析对比不同环境保护治理方案所采用的技术和设备的先进性、适用性、可靠性和可得性。②治理效果对比，分析对比不同环境保护治理方案在治理前及治理后环境指标的变化情况，以及能否满足环境保护法律法规的要求。③管理及监测方式对比，分析对比各治理方案所采用的管理和监测方式的优缺点。④环境效益对比，将环境治理保护所需投资和环保措施运行费用与所获得的收益相比较，并将分析结果作为方案比选的重要依据。效益费用比值较大的方案为优。

【考点】项目决策阶段影响工程造价的主要因素。

2. 某地 2022 年拟建一座年产 40 万吨的化工产品项目，设备购置费估算为 6 000 万元，该地区 2019 年已建 20 万吨相同产品项目的建筑安装工程费为 6 000 万元。该地区 2019 年至 2022 年设备购置费、建筑安装工程费年均分别递增 3%、4%。若生产能力指数为 0.6，则该拟建项目的工程费用投资估算应为（　　）万元。

A. 16 229.85　　B. 16 786.21　　C. 20 167.44　　D. 20 459.70

【答案】A

【解析】利用生产能力指数法计算，$6\,000\times(40/20)^{0.6}\times(1+4\%)^{3}+6\,000=16\,229.85$（万元）。

【考点】投资估算的编制——静态投资部分的估算方法。

3. 关于可行性研究阶段投资估算的方法，下列说法正确的是（ ）。

A. 建筑工程费用估算通常采用概算指标法估算

B. 工业建筑物套用结构形式、施工方法相适应的投资估算指标进行估算

C. 安装工程费的估算应包括安装主材费和安装费

D. 工艺设备安装估算，以单项工程为单元，根据设计选用的材质、规格，以“t”为单位计算

【答案】C

【解析】工业与民用建筑物以“m^2”或“m^3”为单位，套用规模相当、结构形式和建筑标准相适应的投资估算指标或类似工程造价资料进行估算；工艺设备安装费估算，以单项工程为单元，根据单项工程的专业特点和各种具体的投资估算指标，采用按设备费百分比估算指标进行估算；或根据单项工程设备总重，采用以“t”为单位的综合单价指标进行估算。安装工程费包括安装主材费和安装费。

【考点】投资估算的编制——静态投资部分的估算方法。

4. 根据《建设项目投资估算编审规程》CECA/GC 1—2015，关于投资估算文件的编制，下列说法正确的是（ ）。

A. 按照概算法分类，建设投资由建筑安装工程费、设备及工器具购置费和预备费组成

B. 按照形成资产法分类，建设投资由形成固定资产的费用、形成无形资产的费用、形成其他资产的费用

C. 总投资估算表中工程费用的内容应分解到主要单位工程

D. 建设期利息估算表中，期初借款余额等于上年期末借款余额

【答案】D

【解析】按照概算法分类，建设投资由工程费用、工程建设其他费用和预备费三部分构成。总投资估算表中工程费用的内容应分解到主要单项工程；工程建设其他费用可在总投资估算表中分项计算。按照形成资产法分类，建设投资由形成固定资产的费用、形成无形资产的费用、形成其他资产的费用和预备费四部分组成。

【考点】投资估算的编制——投资估算文件的编制。

5. 关于建设期内投资估算编制要求，下列说法正确的是（ ）。

A. 在可行性研究阶段应选用比例估算法估算

B. 应做到工程内容和费用构成齐全，不提高或降低估算标准

C. 需对主要经济指标进行分析

D. 应对影响造价的因素进行敏感性分析

E. 估算内容由静态部分和动态部分两个部分组成

【答案】BCD

【解析】在项目建议书阶段，投资估算的精度较低，可采取简单的匡算法，如生产能力指数法、系数估算法、比例估算法或混合法等，在条件允许时，也可采用指标估算法；在可行性研究阶段，投资估算精度要求高，需采用相对详细的投资估算方法，如指标估算法等。应根据主体专业设计的阶段和深度，各行业的特点，所采用生产工艺流程的成熟性，以及国家及地区、行业或部门、市场相关投资估算基础资料和数据的合理、

可靠、完整程度，采用合适的方法，对建设项目投资估算进行编制，并对主要技术经济指标进行分析。应对影响造价变动的因素进行敏感性分析，分析市场的变动因素，充分估计物价上涨因素和市场供求情况对项目造价的影响，确保投资估算的编制质量。可行性研究阶段的投资估算的编制一般包含静态投资部分、动态投资部分与流动资金估算三部分。

【考点】投资估算的编制——投资估算的编制依据、要求及步骤。

6. 建设项目总投资估算中，属于动态部分的费用项目有（　　）。

A. 工程费用　　B. 流动资金

C. 价差预备费　　D. 建设期利息

E. 工程建设其他费用

【答案】CD

【解析】动态投资部分包括价差预备费和建设期利息两部分。

【考点】投资估算的编制——动态投资部分的估算方法。

三、2021 年考题

1. 关于不同行业、不同类型的建设项目建设规模的确定基础，下列说法正确的是（　　）。

A. 石油天然气项目，应依据资源储备量确定建设规模

B. 水利水电项目，应依据水资源量和可开发利用量确定建设规模

C. 铁路公路项目，应进行运量需求预测和考虑本线路在综合运输系统中的作用等

D. 技术改造项目，应依据产量缺口确定新增生产规模和对应的配套、辅助设施规模

【答案】C

【解析】不同行业、不同类型项目确定建设规模，还应分别考虑以下因素：

①对于煤炭、金属与非金属矿山、石油、天然气等矿产资源开发项目，在确定建设规模和运营状况时，应充分考虑资源合理开发利用要求和资源可采储量、赋存条件等因素。②对于水利水电项目，在确定建设规模时，应充分考虑水的资源量、可开发利用量、地质条件、建设条件、库区生态影响、占用土地以及移民安置等因素。③对于铁路、公路项目，在确定建设规模时，应充分考虑建设项目影响区域内一定时期运输量的需求预测，以及该项目在综合运输系统和本系统中的作用确定线路等级、线路长度和运输能力等因素。④对于技术改造项目，在确定建设规模时，应充分研究建设项目生产规模与企业现有生产规模的关系；新建生产规模属于外延型还是外延内涵复合型，以及利用现有场地、公用工程和辅助设施的可能性等因素。

【考点】项目决策阶段影响工程造价的主要因素。

2. 某地 2021 年拟建一座年产 30 万吨化工产品项目。调查得知该地区 2018 年已建 20 万吨相同产品项目的建筑工程费为 6 000 万元，安装工程费为 3 000 万元，设备购置费为 10 000 万元。已知按 2021 年拟建项目设备购置费为 12 000 万元，土地使用等其他费用 5 000 万元，该地区 2018 年至 2021 年建筑安装工程造价平均每年递增 3%，则按生产能力指数法估算的该项目静态投资为（　　）万元。（生产能力指数为 1）

A. 27 800　　B. 28 801.5　　C. 31 752　　D. 36 143

【答案】C

【解析】已建项目的建筑安装工程费用 =6 000+3 000=9 000（万元），拟建项目的建筑安装工程费 =9 000×（30/20）×（1+3%）^{3}=14 751（万元），拟建项目的静态投资估算 =14 752+12 000+5 000=31 752（万元）。

【考点】投资估算的编制——静态投资部分的估算方法。

3. 关于流动资金估算，下列说法正确的是（　　）。

A. 流动资金的估算与产品存货无关

B. 扩大指标估算法仅用于可行性研究阶段的流动资金估算

C. 达产前应按不同生产负荷下的需要分别估算所需流动资金

D. 投产前筹措的流动资金贷款利息可计入建设总投资

【答案】C

【解析】流动资金的估算与产品存货有关，故选项 A 错误；扩大指标估算法适用于项目建议书阶段的估算，故选项 B 错误；投产前筹措的流动资金贷款利息不可计入建设总投资，故选项 D 错误。

【考点】投资估算的编制——流动资金的估算。

4. 按照形成资产法编制建设投资估算表，生产准备费应列入（　　）。

A. 固定资产费用　　B. 固定资产其他费用

C. 无形资产费用　　D. 其他资产费用

【答案】D

【解析】按形成资产法编制的建设投资估算表，其他资产费用是指建设投资除形成固定资产和无形资产以外的部分，如生产准备费等。

【考点】投资估算的编制——投资估算文件的编制。

5. 编制投资估算文件时，投资估算分析的内容应包括（　　）。

A. 影响投资的主要因素分析　　B. 工程投资比例分析

C. 各类费用构成占比分析　　D. 盈亏平衡分析

E. 与类似工程项目的比较分析

【答案】ABCE

【解析】投资估算估算分析应包含以下内容：

（1）工程投资比例分析。一般民用项目要分析土建及装修、给排水、消防、采暖、通风空调、电气等主体工程和道路、广场、围墙、大门、室外管线、绿化等室外附属 / 总体工程占建设项目总投资的比例；一般工业项目要分析主要生产系统（需列出各生产装置）、辅助生产系统、公用工程（给排水、供电和通信、供气、总图运输等）、服务性工程、生活福利设施、厂外工程等占建设项目总投资的比例。

（2）各类费用构成占比分析。分析设备及工器具购置费、建筑工程费、安装工程费、工程建设其他费用、预备费占建设项目总投资的比例；分析引进设备费用占全部设备费用的比例等。

（3）分析影响投资的主要因素。

（4）与类似工程项目的比较，对投资总额进行分析。

【考点】投资估算的编制——投资估算文件的编制。

四、2020 年考题

1. 确定建设项目建设规模需考虑的首要因素是（　　）。

A. 建设地点　　B. 产品需求市场

C. 生产成本　　D. 建造方案

【答案】B

【解析】市场因素是确定建设规模需考虑的首要因素。

【考点】项目决策阶段影响工程造价的主要因素。

2. 关于项目决策与工程造价的关系，下列说法正确的是（　　）。

A. 项目不同决策阶段的投资估算精度要求是一致的

B. 项目决策的内容与工程造价无关

C. 项目决策的正确性不影响设备选型

D. 工程造价的金额影响项目决策的结果

【答案】D

【解析】项目决策与工程造价的关系包括：项目决策的正确性是工程造价合理性的前提，项目决策的内容是决定工程造价的基础，项目决策的深度影响投资估算的精确度，工程造价的数额影响项目决策的结果。

【考点】项目决策阶段影响工程造价的主要因素——项目决策与工程造价的关系。

3. 关于投资估算中建设投资估算的构成，下列说法正确的是（　　）。

A. 由工程费用和建设期利息估算构成

B. 由工程费用、预备费和建设期利息估算构成

C. 由建筑安装工程费用、工程建设其他费用和预备费估算构成

D. 由工程费用、工程建设其他费用和预备费估算构成

【答案】D

【解析】建设投资由工程费用、工程建设其他费用和预备费三部分构成。

【考点】投资估算的编制——投资估算文件的编制。

五、2019 年考题

1. 在进行建设厂址多方案全寿命周期技术经济分析时，应计入项目投产后生产经营费用的是（　　）。

A. 拆迁补偿费　　B. 生活设施费

C. 动力设施费　　D. 原材料运输费

【答案】D

【解析】在进行厂址多方案技术经济分析时，除比较上述建设地点（厂址）条件外，还应具有全寿命周期的理念，从以下两方面进行分析：一是项目投资费用，包括土地征购费、拆迁补偿费、土石方工程费、运输设施费、排水及污水处理设施费、动力设施费、生活设施费、临时设施费、建材运输费等。二是项目投产后生产经营费用，包括原材料、燃料运入及产品运出费用，给水、排水、污水处理费用，动力供应费用等。

【考点】项目决策阶段影响工程造价的主要因素。

2. 某地 2019 年拟建一座年产 40 万吨某产品的化工厂。根据调查，该地区 2017 年已建年产 30 万吨相同产品项目的建筑工程费为 4 000 万元，安装工程费为 2 000 万元，设备购置费为 8 000 万元。已知按 2019 年该地区价格计算的拟建项目设备购置费为 9 500 万元，征地拆迁等其他费用为 1 000 万元，且该区 2017 年至 2019 年建筑安装工程费平均每年递增 4%，则该拟建项目的静态投资估算为（　　）万元。

A. 16 989.6　　B. 17 910.0　　C. 18 206.4　　D. 19 152.8

【答案】D

【解析】已建项目的建筑安装工程费用 =4 000+2 000=6 000（万元）；拟建项目的建筑安装工程费用 =6 000×（40/30）×（1+4%）^{2}=8 652.8（万元）；拟建项目的静态投资估算 =8 652.8+9 500+1 000=19 152.8（万元）。

【考点】投资估算的编制——静态投资部分的估算方法。

3. 若外币对人民币贬值，则关于该汇率变化对涉外项目投资额产生的影响，下列说法正确的是（　　）。

A. 从国外市场购买材料，所支付的外币金额减少

B. 从国外场购买材料，换算成人民币所支付的金额减少

C. 从国外借款，本息所支付的外币金额增加

D. 从国外借款，换算成人民币所支付的本息金额增加

【答案】B

【解析】外币对人民币升值：项目从国外市场购买设备材料所支付的外币金额不变，但换算成人民币的金额增加；从国外借款，本息所支付的外币金额不变，但换算成人民币的金额增加。外币对人民币贬值：项目从国外市场购买设备材料所支付的外币金额不变，但换算成人民币的金额减少；从国外借款，本息所支付的外币金额不变，但换算成人民币的金额减少。

【考点】投资估算的编制——动态投资部分的估算方法。

4. 某项目根据《建设项目投资估算编审规程》CECA/GC 1—2015，采用概算法编制的估算中，工程费用为 8 000 万元，工程建设其他费用为 800 万元，基本预备费为 880 万元，价差预备费为 120 万元，建设期利息为 200 万元，流动资金为 100 万元，则该项目建设投资估算为（　　）万元。

A. 9 680　　B. 9 800　　C. 9 951　　D. 10 100

【答案】B

【解析】按照概算法分类，建设投资由工程费用、工程建设其他费用和预备费三部分构成。其中工程费用又由建筑工程费、设备及工器具购置费（含工器具及生产家具购置费）和安装工程费构成；工程建设其他费用内容较多，随行业和项目的不同而有所区别；预备费包括基本预备费和价差预备费。8 000+800+880+120=9 800（万元）。

【考点】投资估算的编制——投资估算文件的编制。

5. 流动资产的构成要素一般包括（　　）。

A. 存货　　B. 库存现金

C. 应收账款　　D. 应付账款

E. 预付账款

【答案】ABCE

【解析】流动资产 = 应收账款 + 预付账款 + 存货 + 库存现金。

【考点】投资估算的编制——流动资金的估算。

考点统计

通过对 2019—2023 年的考题统计，本节涉及的考点主要是项目决策阶段影响工程造价的主要因素、投资估算的概念及其编制内容、投资估算的编制三项内容。近 5 年涉及本节的真题共有 23 题，具体考点的考核频次如表 3.1.1 所示。

表 3.1.1 第三章第一节考点考核频次表

序号	知识点	具体考点	考核频次
1	项目决策阶段影响工程造价的主要因素	“项目决策阶段影响工程造价的主要因素”综合性考点	4
		项目决策与工程造价的关系	1
2	投资估算的编制	静态投资部分的估算方法	7
		流动资金的估算	3
		投资估算文件的编制	5
		动态投资部分的估算方法	2
		投资估算的编制依据、要求及步骤	1

知识点凝练

一、项目决策阶段影响工程造价的主要因素

（一）项目决策的概念

项目决策是指投资者在调查分析、研究的基础上，选择和决定投资行动方案的过程，是对拟建项目的必要性和可行性进行技术经济论证，对不同建设方案进行技术经济比较并做出判断和决定的过程。项目决策的正确与否直接关系到项目建设的成败，关系到工程造价的高低及投资效果的好坏。总之，项目投资决策是投资行动的准则，正确的项目投资行动来源于正确的项目投资决策，正确的决策是正确估算和有效控制工程造价的前提。

（二）项目决策与工程造价的关系

1. 项目决策的正确性是工程造价合理性的前提

项目决策正确，意味着对项目建设做出科学的决断，优选出最佳投资行动方案，达

到资源的合理配置，在此基础上合理地估算工程造价，以在实施最优投资方案过程中，有效控制工程造价。

2. 项目决策的内容是决定工程造价的基础

决策阶段是项目建设全过程的起始阶段，决策阶段的工程计价对项目全过程的造价起着宏观控制的作用。决策阶段各项技术经济决策，对该项目的工程造价有重大影响，特别是建设标准的确定、建设地点的选择、工艺的评选、设备的选用等，直接关系到工程造价的高低。据有关资料统计，在项目建设各阶段中，投资决策阶段影响工程造价的程度最高。因此，决策阶段是决定工程造价的基础阶段。

3. 项目决策的深度影响投资估算的精确度

投资决策是一个由浅入深、不断深化的过程，不同阶段决策的深度不同，投资估算的精度也不同。如在项目规划和项目建议书阶段，投资估算的误差率在 ±30% 左右；而在可行性研究阶段，误差率在 ±10% 以内。在项目建设的各个阶段，通过工程造价的确定与控制，形成相应的投资估算、设计概算、施工图预算、合同价、结算价和竣工决算价，各造价形式之间存在着前者控制后者，后者补充前者的相互作用关系。因此，只有加强项目决策的深度，采用科学的估算方法和可靠的数据资料，合理地计算投资估算，才能保证其他阶段的造价被控制在合理范围，避免“三超”现象的发生，继而实现投资控制目标。

4. 工程造价的数额影响项目决策的结果

项目决策影响着项目造价的高低以及拟投入资金的多少，反之亦然。项目决策阶段形成的投资估算是进行投资方案选择的重要依据之一，同时也是决定项目是否可行及主管部进行项目审批的参考依据。因此，项目投资估算的数额，从某种程度上也影响着项目决策。

（三）影响工程造价的主要因素

在项目决策阶段，影响工程造价的主要因素包括建设规模、建设地区及建设地点（厂址）、技术方案、设备方案、工程方案、环境保护措施等。

1. 建设规模

建设规模也称项目生产规模，是指项目在其设定的正常生产运营年份可能达到的生产能力或者使用效益。在项目决策阶段应选择合理的建设规模，以达到规模经济的要求。但规模扩大所产生的效益不是无限的，它受到技术进步、管理水平、社会经济环境等多种因素的制约。

（1）制约项目规模合理化的主要因素。

1）市场因素。市场因素是确定建设规模需考虑的首要因素。

2）技术因素。

3）环境因素。主要环境因素有：政策因素，燃料动力供应，协作及土地条件，运输及通信条件。其中，政策因素包括产业政策、投资政策、技术经济政策以及国家、地区及行业经济发展规划等。

（2）建设规模方案比选。项目合理建设规模的确定方法包括：

1）盈亏平衡产量分析法。

2）平均成本法。最低成本和最大利润属“对偶现象”。成本最低，利润最大；成本最大，利润最低。因此，有人通过以争取达到项目最低平均成本来确定项目的合理建设规模。

3）生产能力平衡法。

4）政府或行业规定。

2. 建设地区及建设地点（厂址）

（1）建设地区的选择。建设地区的选择应遵循以下两个基本原则：

1）靠近原料、燃料提供地和产品消费地的原则；

2）工业项目适当聚集的原则。

（2）建设地点（厂址）的选择。

1）选择建设地点（厂址）的要求：

①节约土地，少占耕地，降低土地补偿费用。

②减少拆迁移民数量。

③应尽量选在工程地质、水文地质条件较好的地段，土壤耐压力应满足拟建厂的要求，严防选在断层、熔岩、流沙层与有用矿床上以及洪水淹没区、已采矿坑塌陷区、滑坡区。

④要有利于厂区的合理布置和安全运行。

⑤应尽量靠近交通运输条件和水电供应等条件好的地方。

⑥应尽量减少对环境的污染。

2）建设地点（厂址）选择时的费用分析：①项目投资费用；②项目投产后生产经营费用比较。

3. 技术方案

（1）技术方案选择的基本原则：先进适用，安全可靠，经济合理。

（2）技术方案选择的内容：生产方法选择，工艺流程方案选择。

（3）技术方案的比选。包括技术的先进程度、可靠程度和技术对产品质量性能的保证程度、技术对原材料的适应性、工艺流程的合理性、自动化控制水平、估算本国及外国各种工艺方案的成本、成本耗费水平、对环境的影响程度等技术经济指标等。工艺改造项目工艺方案的比选论证，还应与原有的工艺方案进行比较。

比选论证后提出的推荐方案，应绘制主要的工艺流程图，编制主要物料平衡表，主要原材料、辅助材料以及水、电、气等的消耗量等图表。

4. 设备方案

在确定生产工艺流程和生产技术后，应根据工厂生产规模和工艺过程的要求，选择设备的型号和数量。设备的选择与技术密切相关，二者必须匹配。没有先进的技术，再好的设备也没用，没有先进的设备，技术的先进性无法体现。

（1）设备方案选择应符合下列要求：

1）主要设备方案应与确定的建设规模、产品方案和技术方案相适应，并满足项目投产后生产或使用的要求；

2）主要设备之间、主要设备与辅助设备之间的生产或使用性能要相互匹配；

3）设备质量应安全可靠、性能成熟，保证生产和产品质量稳定；

4）在保证设备性能前提下，力求经济合理；

5）选择的设备应符合政府部门或专门机构发布的技术标准要求。

（2）设备选用应注意处理的问题：

1）要尽量选用国产设备；

2）要注意进口设备之间以及国内外设备之间的衔接配套问题；

3）要注意进口设备与原有国产设备、厂房之间的配套问题；

4）要注意进口设备与原材料、备品备件及维修能力之间的配套问题。

5. 工程方案

工程方案选择是在已选定项目建设规模、技术方案和设备方案的基础上，研究论证主要建筑物、构筑物的建造方案，包括对于建筑标准的确定。

（1）工程方案选择应满足的基本要求包括：

1）满足生产使用功能要求。确定项目的工程内容、建筑面积和建筑结构时，应满足生产和使用的要求。分期建设的项目应留有适当的发展余地。

2）适应已选定的场址（线路走向）。在已选定的场址（线路走向）的范围内，合理布置建筑物、构筑物，以及地上、地下管网的位置。

3）符合工程标准规范要求。建筑物、构筑物的基础、结构和所采用的建筑材料应符合政府部门或者专门机构发布的技术标准规范要求，确保工程质量。

4）经济合理。工程方案在满足使用功能、确保质量的前提下，力求降低造价、节约建设资金。

（2）工程方案研究内容：

1）一般工业项目的厂房、工业窑炉、生产装置等建筑物、构筑物的工程方案，主要研究其建筑特征（面积、层数、高度、跨度），建筑物、构筑物的结构形式，以及特殊建筑要求（防火、防爆、防腐蚀、隔音、隔热等），基础工程方案，抗震设防等。

2）矿产开采项目的工程方案主要研究开拓方式，根据矿体分布、形态、地质构造等条件，结合矿产品位、可采资源量，确定井下开采或露天开采的工程方案。这类项目的工程方案将直接转化为生产方案。

3）铁路项目工程方案的主要研究内容包括线路、路基、轨道、桥涵、隧道、站场以及通信信号等方案。

4）水利水电项目工程方案的主要研究内容包括防洪、治涝、灌溉、供水、发电等工程方案。水利水电枢纽和水库工程主要研究坝址、坝型、坝体建筑结构、坝基处理以及各种建筑物、构筑物的工程方案。同时，还应研究提出库区移民安置的工程方案。

6. 环境保护措施

建设项目一般会引起项目所在地自然环境、社会环境和生态环境的变化，对环境状况、环境质量产生不同程度的影响。因此，需要在确定场址方案和技术方案时，对所在地的环境条件进行充分的调查研究，识别和分析拟建项目影响环境的因素，并提出治理和保护环境的措施，比选和优化环境保护方案。

（1）环境保护的基本要求：工程建设项目应注意保护场址及其周围地区的水土资源、海洋资源、矿产资源、森林植被、文物古迹、风景名胜等自然环境和社会环境。其环境保护措施应坚持以下原则：

1）符合国家环境保护相关法律、法规以及环境功能规划的整体要求。

2）工业建设项目应当采用能耗物耗小、污染物产生量少的清洁生产工艺，合理利用自然资源，防止环境污染和生态破坏。

3）坚持“三同时原则”，即建设项目需要配套建设的环境保护设施，必须与主体工程同时设计、同时施工、同时投产使用。

4）力求环境效益与经济效益相统一。工程建设与环境保护应全面规划，合理布局，统筹安排好工程建设和环境保护工作，力求环境保护治理方案技术可行和经济合理。

5）注重资源综合利用和再利用，对项目在环境治理过程中产生的废气、废水、固体废弃物等，应提出回水处理和再利用方案。

（2）环境治理措施方案：对于在项目建设过程中涉及的污染源和排放的污染物等，应根据其性质的不同，采用有针对性的治理措施。

1）废气污染治理，可采用冷凝、活性炭吸附法、催化燃烧法、催化氧化法、酸碱中和法、等离子法等方法。

2）废水污染治理，可采用物理法（如重力分离、离心分离、过滤、蒸发结晶、高磁分离等）、化学法（如中和、化学凝聚、氧化还原等）、物理化学法（如离子交换、电渗析、反渗透、气泡悬上分离、汽提吹脱、吸附萃取等）、生物法（如自然氧池、生物滤化、活性污泥、厌氧发酵）等方法。

3）固体废弃物污染治理，有毒废弃物可采用防渗漏池堆存；放射性废弃物可采用封闭固化；无毒废弃物可采用露天堆存；生活垃圾可采用卫生填埋、堆肥、生物降解或者焚烧方式处理；利用无毒害固体废弃物加工制作建筑材料或者作为建材添加物，进行综合利用。

4）粉尘污染治理，可采用过滤除尘、湿式除尘、电除尘等方法。

5）噪声污染治理，可采用吸声、隔音、减振、隔振等措施。

6）建设和生产运营引起环境破坏的治理。对岩体滑坡、植被破坏、地面塌陷、土壤劣化等，也应提出相应治理方案。

（3）环境治理方案比选：对环境治理的各局部方案和总体方案进行技术经济比较，做出综合评价，并提出推荐方案。环境治理方案比选的主要内容包括：

1）技术水平对比，分析对比不同环境保护治理方案所采用的技术和设备的先进性、适用性、可靠性和可得性。

2）治理效果对比，分析对比不同环境保护治理方案在治理前及治理后环境指标的变化情况，以及能否满足环境保护法律法规的要求。

3）管理及监测方式对比，分析对比各治理方案所采用的管理和监测方式的优缺点。

4）环境效益对比，将环境治理保护所需投资和环保措施运行费用与所获得的收益相比较，并将分析结果作为方案比选的重要依据。效益费用比值较大的方案为优。

二、投资估算的概念及其编制内容

（一）投资估算的含义及作用

1. 投资估算的含义

投资估算是在投资决策阶段，以方案设计或可行性研究文件为依据，按照规定的程序、方法和依据，对拟建项目所需总投资及其构成进行的预测和估计，是在研究确定项目的建设规模、产品方案、技术方案、工艺技术、设备方案、厂址方案、工程建设方案以及项目进度计划等的基础上，依据特定的方法，估算项目从筹建、施工直至建成投产所需全部建设资金总额并测算建设期各年资金使用计划的过程。

2. 投资估算的作用

投资估算作为论证拟建项目的重要经济文件，既是建设项目技术经济评价和投资决策的重要依据，又是该项目实施阶段投资控制的目标值。投资估算在建设工程的投资决策、造价控制、筹集资金等方面都有重要作用。

（1）项目建议书阶段的投资估算是项目主管部门审批项目建议书的依据之一，也是编制项目规划、确定建设规模的参考依据。

（2）项目可行性研究阶段的投资估算是项目投资决策的重要依据，也是研究、分析、计算项目投资经济效果的重要条件。政府投资项目的可行性研究报告被批准后，其投资估算额将作为设计任务书中下达的投资限额，即建设项目投资的最高限额，不能随意突破。

（3）项目投资估算是设计阶段造价控制的依据，投资估算一经确定，即成为限额设计的依据，用以对各设计专业实行投资切块分配，作为控制和指导设计的尺度。

（4）项目投资估算是估算资金筹措及制订建设贷款计划的依据，建设单位可根据批准的项目投资估算额进行资金筹措和向银行申请贷款。

（5）项目投资估算是核算建设项目固定资产投资需要额和编制固定资产投资计划的重要依据。

（6）投资估算是建设工程设计招标、优选设计单位和设计方案的重要依据。在工程设计招标阶段，投标单位报送的投标书中包括项目设计方案、项目的投资估算和经济性分析，招标单位根据投资估算对各项设计方案的经济合理性进行分析、衡量、比较，在此基础上，择优确定设计单位和设计方案。

（二）投资估算的阶段划分与精度要求

1. 国外项目投资估算的阶段划分与精度要求

在英、美等国家，对一个建设项目从开发设想直至施工图设计期间各阶段项目投资的预计额均称为估算，只是因各阶段设计深度、技术条件的不同，对投资估算的准确度要求有所不同。英、美等国家把建设项目的投资估算分为以下五个阶段：

（1）投资设想阶段的投资估算。

（2）投资机会研究阶段的投资估算。

（3）初步可行性研究阶段的投资估算。

（4）详细可行性研究阶段的投资估算。

（5）工程设计阶段的投资估算。

2. 我国项目投资估算的阶段划分与精度要求

投资估算是进行建设项目技术经济评价和投资决策的基础。在建设项目规划、项目建议书（投资机会研究）、预可行性研究、可行性研究阶段应编制投资估算。投资估算的准确性不仅影响可行性研究工作的质量和经济评价结果，还直接关系到下一阶段设计概算和施工图预算的编制。因此，准确编制投资估算尤为重要，项目决策的各个阶段编制投资估算的精度要求如下：

（1）建设项目规划和项目建议书阶段的投资估算；

（2）预可行性研究阶段的投资估算；

（3）可行性研究阶段的投资估算。

（三）投资估算的内容

投资估算按照编制估算的工程对象划分，包括建设项目投资估算、单项工程投资估算和单位工程投资估算等。投资估算文件一般由封面、签署页、编制说明、投资估算分析、总投资估算表、单项工程估算表、主要技术经济指标等内容组成。

1. 投资估算编制说明

投资估算编制说明一般包括以下内容：

（1）工程概况。

（2）编制范围。说明建设项目总投资估算中所包括的和不包括的工程项目和费用，如由几个单位共同编制时，说明分工编制的情况。

（3）编制方法。

（4）编制依据。

（5）主要技术经济指标，包括投资、用地和主要材料用量指标。当设计规模有远、近期不同的考虑时，或者土建与安装的规模不同时，应分别计算后再综合。

（6）有关参数、率值选定的说明，如征地拆迁、供电供水、考察咨询等费用的费率标准选用情况。

（7）特殊问题的说明（包括采用新技术、新材料、新设备、新工艺），必须说明的价格的确定，进口材料、设备、技术费用的构成与技术参数，采用特殊结构的费用估算方法，安全、节能、环保、消防等专项投资占总投资的比重，建设项目总投资中未计算项目或费用的必要说明等。

（8）采用限额设计的工程还应对投资限额和投资分解做进一步说明。

（9）采用方案比选的工程还应对方案比选的估算和经济指标做进一步说明。

（10）资金筹措方式。

2. 投资估算分析

投资估算估算分析应包含以下内容：

（1）工程投资比例分析。一般民用项目要分析土建及装修、给排水、消防、采暖、通风空调、电气等主体工程和道路、广场、围墙、大门、室外管线、绿化等室外附属/总体工程占建设项目总投资的比例，一般工业项目要分析主要生产系统（需列出各生产装置）、辅助生产系统、公用工程（给排水、供电和通信、供气、总图运输等）、服务性工程、生活福利设施、厂外工程等占建设项目总投资的比例。

（2）各类费用构成占比分析。分析设备及工器具购置费、建筑工程费、安装工程费、工程建设其他费用、预备费占建设项目总投资的比例，分析引进设备费用占全部设备费用的比例等。

（3）分析影响投资的主要因素。

（4）与类似工程项目的比较，对投资总额进行分析。

3. 总投资估算

总投资估算包括单项工程估算、工程建设其他费用、基本预备费、价差预备费、计算建设期利息等。

4. 单项工程投资估算

单项工程投资估算中，应按建设项目划分的各个单项工程分别计算组成工程费用的建筑工程费、设备及工器具购置费和安装工程费。

5. 工程建设其他费用估算

工程建设其他费用估算应按预期将要发生的工程建设其他费用种类，逐项详细估算其费用金额。

6. 主要技术经济指标

工程造价人员应根据项目特点，计算并分析整个建设项目、各单项工程和主要单位工程的主要技术经济指标。

三、投资估算的编制

（一）投资估算的编制依据、要求及步骤

1. 投资估算的编制依据

建设项目投资估算编制依据是指在编制投资估算时所遵循的计量规则、市场价格、费用标准及工程计价有关参数、率值等基础资料，主要有以下几个方面：

（1）国家、行业和地方政府的有关法律、法规或规定，政府有关部门、金融机构等发布的价格指数、利率、汇率、税率等有关参数。

（2）行业部门、项目所在地工程造价管理机构或行业协会等编制的投资估算指标、概算指标（定额）、工程建设其他费用定额（规定）、综合单价、各类工程造价指标、指数和有关造价文件等。

（3）类似工程的各种技术经济指标和参数。

（4）工程所在地同期的人工、材料、机具市场价格，建筑、工艺及附属设备的市场价格和有关费用。

（5）与建设项目有关的工程地质资料、设计文件、图纸或有关设计专业提供的主要工程量和主要设备清单等。

（6）委托单位提供的其他技术经济资料。

2. 投资估算的编制要求

建设项目投资估算编制时，应满足以下要求：

（1）应根据主体专业设计的阶段和深度，各行业的特点，所采用生产工艺流程的成熟性，以及国家及地区、行业或部门、市场相关投资估算基础资料和数据的合理、可靠、完整程度，采用合适的方法对建设项目投资估算进行编制，并对主要技术经济指标进行分析。

（2）应做到工程内容和费用构成齐全，不重不漏，不提高或降低估算标准，计算合理。

（3）应充分考虑拟建项目设计的技术参数和投资估算所采用的估算系数、估算指标，在质和量方面所综合的内容，应遵循口径一致原则。

（4）参考工程造价管理部门发布的投资估算指标或各类工程造价指标和指数等，依据工程所在地市场价格水平，结合项目实体情况及科学合理的建造工艺，全面反映建设项目建设前期和建设期的全部投资。对于建设项目的边界条件，如建设用地费和外部交通、水、电、通信条件，或市政基础设施配套条件等差异所产生的与主要生产内容投资无必然关联的费用，应结合建设项目的实际情况进行修正。

（5）应对影响造价变动的因素进行敏感性分析，分析市场的变动因素，充分估计物价上涨因素和市场供求情况对项目造价的影响，确保投资估算的编制质量。

（6）投资估算精度应能满足控制初步设计概算要求，并尽量减少投资估算的误差。

3. 投资估算的编制步骤

根据投资估算的不同阶段，主要包括项目建议书阶段及可行性研究阶段的投资估算。可行性研究阶段的投资估算的编制一般包含静态投资部分、动态投资部分与流动资金估算三部分，主要包括以下步骤：

（1）分别估算各单项工程所需建筑工程费、设备及工器具购置费、安装工程费，在汇总各单项工程费用的基础上，估算工程建设其他费用和基本预备费，完成工程项目静态投资部分的估算。

（2）在静态投资部分的基础上，估算价差预备费和建设期利息，完成工程项目动态投资部分的估算。

（3）估算流动资金。

（4）估算建设项目总投资。

投资估算编制的具体流程图如图 3.1.1 所示。

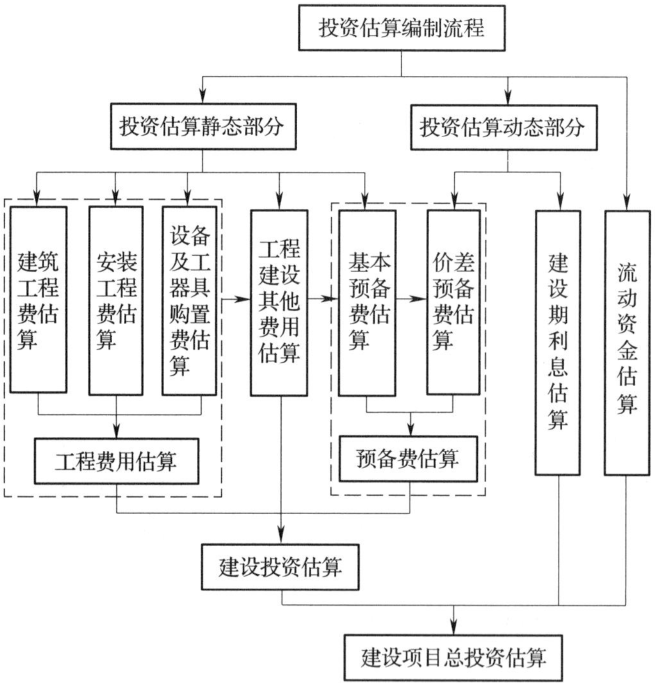

图 3.1.1 建设项目投资估算编制流程

（二）静态投资部分的估算方法

在项目建议书阶段，投资估算的精度较低，可采取简单的匡算法，如生产能力指数法、系数估算法、比例估算法或混合法等。在条件允许时，也可采用指标估算法；在可行性研究阶段，投资估算精度要求高，需采用相对详细的投资估算方法，如指标估算法等。

1. 项目建议书阶段投资估算方法

（1）生产能力指数法。

生产能力指数法又称指数估算法，它是根据已建成的类似项目生产能力和投资额来粗略估算同类但生产能力不同的拟建项目静态投资额的方法，是对单位生产能力估算法的改进。其计算公式为：

$$C_2 = C_1\left(\frac{Q_2}{Q_1}\right)^x \cdot f$$

式中：C_1——已建类似项目的静态投资额；

C_2——拟建项目静态投资额；

Q_1——已建类似项目的生产能力；

Q_2——拟建项目的生产能力；

f——不同时期、不同地点的定额、单价、费用变更等的综合调整系数；

x——生产能力指数。

正常情况下，$0 \leqslant x \leqslant 1$。若已建类似项目规模和拟建项目规模的比值为 0.5～2 时，x 的取值近似为 1；若已建类似项目规模与拟建项目规模的比值为 2～50，且拟建项目生产规模的扩大仅靠增大设备规模来达到时，则 x 的取值为 0.6～0.7；若是靠增加相同规格设备的数量达到时，x 的取值为 0.8～0.9。

（2）系数估算法。

系数估算法也称为因子估算法，是以拟建项目的主体工程费或主要设备购置费为基础，以其他工程费与主体工程费或设备购置费的百分比为系数，依此估算拟建项目静态投资的方法。

1）设备系数法。设备系数法是指以拟建项目的设备购置费为基数，根据已建成的同类项目的建筑安装费和其他工程费等与设备价值的百分比，求出拟建项目建筑安装工程费和其他工程费，进而求出项目的静态投资。计算公式为：

$$C=E\left(1+f_1P_1+f_2P_2+f_3P_3+\cdots\right)+I$$

式中：C——拟建项目的静态投资；

E——拟建项目根据当时当地价格计算的设备购置费；

P_1，P_2，P_3，…——已建项目中建筑安装工程费及其他工程费等与设备购置费的比例；

f_1，f_2，f_3，…——由于时间地点因素引起的定额、价格、费用标准等变化的综合调整系数；

I——拟建项目的其他费用。

2）主体专业系数法。

3）朗格系数法。

（3）比例估算法。

（4）混合法。

2. 可行性研究阶段投资估算方法

可行性研究阶段投资估算均应满足项目的可行性研究与评估需要，并最终满足国家和地方相关部门批复或备案的要求。预可行性研究阶段、方案设计阶段项目建设投资估算视设计深度，宜参照可行性研究阶段的编制办法进行。当采用指标估算法时，可行性研究阶段投资估算的具体编制方法是：

（1）建筑工程费用估算。

（2）设备及工器具购置费估算。设备购置费根据项目主要设备表及价格、费用资料编制，工器具购置费按设备费的一定比例计取。

（3）安装工程费估算。按以下方法进行估算。

1）工艺设备安装费估算。以单项工程为单元，根据单项工程的专业特点和各种具体的投资估算指标，采用按设备费百分比估算指标进行估算；或根据单项工程设备总重，采用以“t”为单位的综合单价指标进行估算，即：

安装工程费 = 设备原价 × 设备安装费费率

安装工程费 = 设备吨重 × 单位重量（t）安装费指标

2）工艺非标准件、金属结构、管道安装费估算。以单项工程为单元，根据设计选用的材质、规格，以“t”为单位。

3）工业炉窑砌筑和保温工程安装费估算，以单项工程为单元，以“t”“m^3”或“m^2”为单位，套用技术标准、材质和规格、施工方法相适应的投资估算指标或类似工程造价资料进行估算，即：

安装工程费 = 重量（体积、面积）总量 × 单位重量（“m^3”或“m^2”）安装费指标

4）电气设备、自控仪表安装工程估算。以单项工程为单元。

（4）工程建设其他费用估算。工程建设其他费用的估算应结合拟建项目的具体情况，有合同或协议明确的费用按合同或协议列入；无合同或协议明确的费用，根据国家和各行业部门、工程所在地地方政府的有关工程建设其他费用定额（规定）和计算办法估算。

（5）基本预备费估算。

基本预备费 =（工程费用 + 工程建设其他费用）× 基本预备费费率（%）

（6）指标估算法注意事项。

1）影响投资估算精度的因素主要包括价格变化、现场施工条件、项目特征的变化等。因而在应用指标估算法时，应根据不同地区、建设年代、条件等进行调整。因为地区、年代不同，人工、材料与设备的价格均有差异，调整方法可以以人工、主要材料消耗量或“工程量”为计算依据，也可以按不同的工程项目的“万元工料消耗定额”确定不同的系数。在有关部门颁布定额或人工、材料价差系数（物价指数）以及其他各类工程造价指数时，可以据其调整。

2）使用估算指标法进行投资估算绝不能生搬硬套，必须对工艺流程、定额、价格及费用标准进行分析，经过实事求是的调整与换算后才能提高其精确度。

（7）投资估算方法的发展趋势。

随着工程造价信息化进程的加速，工程造价信息资源建设日渐成熟和丰富，估价人员也可以借助多元主体发布的各类市场价格信息、造价指标、指数、工程案例信息等进行投资估算的编制。例如，通过工程造价指标中的建设投资指标，结合拟建项目的建设规模，按照指标给定的单位建设规模单价，就能计算出建设项目的各项工程费用、工程建设其他费、基本预备费，进而形成静态投资总额及各项费用占比。又如，可以在工程造价数据库中按照拟建项目的主要特征检索选取类似工程案例信息，通过适当的分解与换算，再综合考虑当前项目建设期的人材机等市场价格，用类比的方法得出较为可靠的

工程投资估算额。随着 BIM 的深度应用和造价管理的数字化发展，可以利用模型化指标数据库协助投资估算。例如，根据项目用途等标准化的项目特征描述，依据标准分类的项目清单库、构件库和指标库，快速建立符合建设意图的模拟项目 BIM 模型，数字化平台可根据模型及造价指标自动生成项目投资估算和各项控制性指标。总之，数字化、智能化将是未来发展的必然趋势。

（三）动态投资部分的估算方法

动态投资部分包括价差预备费和建设期利息两部分。动态部分的估算应以基准年静态投资的资金使用计划为基础来计算，而不是以编制年的静态投资为基础计算。

（四）流动资金的估算

1. 流动资金估算方法

流动资金估算一般采用分项详细估算法，个别情况或者小型项目可采用扩大指标法。

（1）分项详细估算法。分项详细估算法是根据项目的流动资产和流动负债，估算项目所占用流动资金的方法。其中，流动资产的构成要素一般包括存货、库存现金、应收账款和预付账款；流动负债的构成要素一般包括应付账款和预收账款。流动资金等于流动资产和流动负债的差额，计算公式为：

$$\text{流动资金} = \text{流动资产} - \text{流动负债}$$

$$\text{流动资产} = \text{应收账款} + \text{预付账款} + \text{存货} + \text{库存现金}$$

$$\text{流动负债} = \text{应收账款} + \text{预收账款}$$

$$\text{流动资金本年增加额} = \text{本年流动资金} - \text{上年流动资金}$$

进行流动资金估算时，首先计算各类流动资产和流动负债的年周转次数，然后再分项估算占用资金额。

1）周转次数。

$$\text{周转次数} = \frac{360}{\text{流动资金最低周转天数}}$$

2）应收账款。

$$\text{应收账款} = \frac{\text{年经营成本}}{\text{应收账款周转次数}}$$

3）预付账款。

$$\text{预付账款} = \frac{\text{外购商品或服务年费用金额}}{\text{预付账款周转次数}}$$

4）存货。

$$\text{存货} = \text{外购原材料、燃料} + \text{其他材料} + \text{在产品} + \text{产成品}$$

$$\text{外购原材料、燃料} = \frac{\text{年外购原材料、燃料费用}}{\text{分项周转次数}}$$

$$\text{其他材料} = \frac{\text{年其他材料费用}}{\text{其他材料周转次数}}$$

$$在产品 = \frac{年外购原材料、燃料费用 + 年工资及福利费 + 年修理费 + 年其他制造费用}{在产品周转次数}$$

$$产成品 = \frac{年经营成本 - 年其他营业费用}{产成品周转次数}$$

5）现金。

$$现金 = \frac{年工资及福利费 + 年其他费用}{现金周转次数}$$

年其他费用 = 制造费用 + 管理费用 + 营业费用 –（以上三项费用中所含的工资及福利费、折旧费、摊销费、修理费）

6）流动负债估算。

$$应付账款 = \frac{外购原材料、燃料动力费及其他材料年费用}{应付账款周转次数}$$

$$预收账款 = \frac{预收的营业收入年金额}{预收账款周转次数}$$

（2）扩大指标估算法，是根据现有同类企业的实际资料，求得各种流动资金率指标，也可依据行业或部门给定的参考值或经验确定比率。

年流动资金额 = 年费用基数 × 各类流动资金率

扩大指标估算法简便易行但准确度不高，适用于项目建议书阶段的估算。

2. 流动资金估算应注意的问题

（1）在采用分项详细估算法时，应根据项目实际情况分别确定现金、应收账款、预付账款、存货、应付账款和预收账款的最低周转天数，并考虑一定的保险系数。因为最低周转天数减少，将增加周转次数，从而减少流动资金需用量，因此必须切合实际地选用最低周转天数。对于存货中的外购原材料和燃料，要分品种和来源，考虑运输方式和运输距离，以及占用流动资金的比重大小等因素确定。

（2）流动资金属于长期性（永久性）流动资金，流动资金的筹措可通过长期负债和资本金（一般要求占 30%）的方式解决。流动资金一般要求在投产前一年开始筹措，为简化计算，可规定在投产的第一年开始按生产负荷安排流动资金需用量。其借款部分按全年计算利息，流动资金利息应计入生产期间财务费用，项目计算期末收回全部流动资金（不含利息）。

（3）用扩大指标估算法计算流动资金，需以经营成本及其中的某些科目为基数，因此实际上流动资金估算应能够在经营成本估算之后进行。

（4）在不同生产负荷下的流动资金，应按不同生产负荷所需的各项费用金额，根据上述公式分别估算，而不能直接按照 100% 生产负荷下的流动资金乘以生产负荷百分比求得。

（五）投资估算文件的编制

1. 建设投资估算表的编制

按照费用归集形式，建设投资可按概算法或按形成资产法分类。

2. 建设期利息估算表的编制

建设期利息估算表主要包括建设期发生的各项借款及其债券等项目，期初借款余额等于上年借款本金和应计利息之和，即上年期末借款余额；其他融资费用主要指融资中发生的手续费、承诺费、管理费、信贷保险费等融资费用。

3. 流动资金估算表的编制

可行性研究阶段，根据详细估算法估算的各项流动资金估算的结果，编制流动资金估算表。

4. 单项工程投资估算汇总表的编制

单项工程投资估算应按建设项目划分的各个单项工程分别计算组成工程费用的建筑工程费、设备及工器具购置费、安装工程费。

5. 项目总投资估算汇总表的编制

将上述投资估算内容和估算方法所估算的各类投资进行汇总，编制项目总投资估算汇总表。项目建议书阶段的投资估算一般只要求编制总投资估算表。总投资估算表中工程费用的内容应分解到主要单项工程；工程建设其他费用可在总投资估算表中项计算。

6. 项目分年投资计划表的编制

估算出项目总投资后，应根据项目计划进度的安排，编制项目分年投资计划表。

第二节　设计概算的编制

真题解析

一、2023 年考题

1. 采用类似工程预算法编制设计概算时，关于调整公式 $D=A\cdot K$ 的应用，下列说法正确的是（　　）。

A. 如 A 为工料单价，则 K 取工料机费的综合调整系数

B. 如 A 为全费用单价，则 K 取工料机费和企业管理费的综合调整系数

C. 各费用项目的调整系数 = 类似工程成本中该费用项目单价（或费率）/ 拟建地区该费用项目单价（或费率）

D. 费用项目的调整权重 = 类似工程成本中该费用项目金额 / 类似工程总预算

【答案】A

【解析】根据类似工程预算提供的资料，也可按照同样的计算思路计算出人材机费综合调整系数，通过系数调整类似工程的工料单价，再按照相应取费基数和费率计算间接费、利润和税金，也可得出所需的综合单价。

【考点】设计概算的编制——单位工程概算的编制。

2. 在满足住宅功能和质量前提下，下列设计思路中，可降低单位和面积造价的是（　　）。

A. 缩小住宅宽度　　B. 降低结构面积系数

C. 增加楼层数　　D. 扩大流通空间面积

【答案】B

【解析】衡量单元组成、户型设计的指标是结构面积系数（住宅结构面积与建筑面积之比），系数越小设计方案越经济。因为，结构面积小，有效面积就增加。结构面积系数除与房屋结构有关外，还与房屋外形及其长度和宽度有关，同时也与房间平均面积大小和户型组成有关。房屋平均面积越大，内墙、隔墙在建筑面积所占比重就越小。

【考点】设计阶段影响工程造价的主要因素——影响民用建设项目工程造价的主要因素。

3. 关于建筑工程设计概算的编制工作，下列说法正确的有（　　）。

A. 设计概算的编制内容包括静态投资、动态投资和铺底流动资金三个层次

B. 根据设计深度的不同，合理选择概算编制方法

C. 通过项目特征合理匹配工程造价指标，并结合项目情况进行调整后编制

D. 针对基础性建材和劳务用工，充分利用市场化询价信息编制

E. 充分利用数智化技术进行编制

【答案】BCDE

【解析】设计概算的编制内容包括静态投资和动态投资两个层次。概算编制的市场化改革应包括三个方面的内容：①根据设计深度的不同合理选择概算编制方法。②充分利用市场化的造价数据。市场化的造价数据包括两个方面，一是利用本书第二章第六节中提及的不同分类、不同层级的工程造价指标，根据项目达到的设计深度建立建设项目分解清单，根据项目分解情况通过项目特征匹配寻找可参考使用的工程造价指标，根据项目清况进行调整后完成概算编制；二是充分进行市场化的询价，重点针对基础性建材价格信息和劳务用工市场价格信息建立完成询价规则和机制，避免泛泛而问、撒网问价的“假询价”现象，通过保证基本建设资源价格的准确性和市场性来提高概算的精度。③充分利用数智化技术。

【考点】设计概算的编制——单位工程概算的编制。

4. 某学校拟新建宿舍楼工程，按概算指标和地区材料预算价格等算出每平方米建筑面积含税工程造价为 2 100 元，但拟建宿舍楼设计资料与概算指标相比较，外墙涂料装饰变更为墙砖装饰、增加了热水系统。已知每平方米建筑面积外墙装饰的工程量为 $0.5m^2$，涂料装饰和墙砖装饰税前综合单价分别为 90 元 /m^2、150 元 /m^2，每平方米建筑面积热水系统税前造价为 20 元，增值税税率为 9%。该新建宿舍楼工程每平方米建筑面积的含税工程造价为（　　）元。

A. 2 144　　B. 2 146　　C. 2 150　　D. 2 155

【答案】D

【解析】2 100+（20+150 × 0.5−90 × 0.5）×（1+9%）=2 155（元 /m^2）。

【考点】设计概算的编制——单位工程概算的编制。

二、2022 年考题

1. 关于建筑设计因素与工程造价的关系，下列说法正确的是（　　）。

A. 建筑周长系数越高，设计越经济

B. 圆形的建筑周长系数最低，最经济

C. 单跨厂房在柱间距不变时，跨度越大单方造价越低

D. 建筑物流通空间越大，设计越经济

【答案】C

【解析】建筑周长系数越低，设计越经济，圆形建筑物施工复杂，造价更高。在满足建筑物使用要求的前提下，应将流通空间减少到最小。

【考点】设计阶段影响工程造价的主要因素——影响工业建设项目工程造价的主要因素。

2. 关于使用概算定额法编制建筑工程概算，在采用全费用综合单价的情况下，下列说法正确的是（　　）。

A. 工程量计算按清单工程量计算规则进行

B. 建筑工程概算表应以单位工程为对象编制

C. 单位工程概算造价应为分部分项工程费和措施项目费之和

D. 综合计取的措施项目费与分部分项工程费计算方法相同

【答案】C

【解析】如采用全费用综合单价，则单位工程概算造价 = 分部分项工程费 + 措施项目费。

【考点】设计概算的编制——单位工程概算的编制。

3. 某地拟建一项景观工程，已知其类似已完工程造价指标为 400 元 /m^2，其中人材机费分别为 15%、55%、10%，拟建工程与类似工程地区的人材差异系数分别为 1.15、1.05、0.95，假定拟建工程综合取费以人材机费之和为基数，费率为 25%，则该拟建工程的造价指标为（　　）元 /m^2。

A. 338　　B. 522.5　　C. 418　　D. 422.5

【答案】D

【解析】类似工程工料单价 =400 ×（15%+55%+10%）=320（元 /m^2）；

拟建工程工料单价 =320 ×（1.15 × 15%/80%+1.05 × 55%/80%+0.95 × 10%/80%）=338（元 /m^2）。

拟建工程造价指标 =338 ×（1+25%）=422.5（元 /m^2）。

【考点】设计概算的编制——单位工程概算的编制。

4. 当初步设计深度不够，但能提供的设备清单有规格和设备重量时，编制设备安装工程概算应选用的方法是（　　）。

A. 预算单价法　　B. 扩大单价法

C. 设备价值百分比法　　D. 综合吨位指标法

【答案】D

【解析】当初步设计提供的设备清单有规格和设备重量时，可采用综合吨位指标编制概算，其综合吨位指标由相关主管部门或由设计单位根据已完成类似工程的资料确定。

【考点】设计概算的编制——单位工程概算的编制。

5. 关于建设项目设计概算，下列说法正确的有（　　）。

A. 建设项目资金筹措方案是概算的编制依据之一

B. 应合理预测建设期价格水平并考虑动态因素的影响

C. 初步设计较深且有详细设备清单时，可采用预算单价法编制设备安装工程概算

D. 生产性建设项目总概算由各单项工程综合概算、工程建设其他费用、建设期利息、预备费组成

E. 设计总概算文件中不包含工程建设其他费用概算表

【答案】ABC

【解析】设计概算的编制依据：①国家、行业和地方有关规定。②概算定额（或指标），费用定额，工程造价指标。③工程勘察与设计文件。④拟定或常规的施工组织设计和施工方案。⑤建设项目资金筹措方案。⑥工程所在地编制同期的人工、材料、机具台班市场价格信息，以及设备供应方式及供应价格信息。⑦建设项目的技术复杂程度，新技术、新材料、新工艺以及专利使用情况等。⑧建设项目批准的相关文件、合同、协议等。⑨政府有关部门、金融机构等发布的价格指数、利率、汇率、税率及工程建设其他费用，以及各类工程造价指数等。⑩委托单位提供的其他技术经济资料。

设计概算应按项目合理建设期限预测建设期价格水平，以及资产租赁和贷款的时间价值等动态因素对投资的影响。

【考点】设计概算的编制——设计概算的编制依据。

三、2021 年考题

1. 下列工程概算，属于单位设备及安装工程概算的是（　　）。

A. 照明线路敷设工程概算　　B. 风机盘管安装工程概算

C. 电气设备及安装工程概算　　D. 特殊构筑物工程概算

【答案】C

【解析】单位设备及安装工程概算包括：机械设备及安装工程概算，电气设备及安装工程概算，单位设备及安装工程概算，热力设备及安装工程概算，工具、器具及生产家具购置费用。

【考点】设计概算的编制——单位工程概算的编制。

2. 关于应用概算定额法编制单位建筑工程概算，下列说法正确的是（　　）。

A. 确定各分部分项工程费和措施项目费后，才能生成综合单价分析表

B. 采用全费用综合单价时，单位工程概算造价只包括分部分项工程费、措施项目费和其他项目费

C. 综合单价分析表中应包括管理费的计算

D. 人材机和单价分析数据应采用定额数据

【答案】C

【解析】建模完成工程量计算后，通过套用定额完成各子目的综合单价套用，形成合价。各子目的综合单价包括人工费、材料费、施工机具使用费、管理费、利润、规费和税金。之后，便可生成综合单价表和单位工程概算表，故选项 C 正确。

【考点】设计概算的编制——单位工程概算的编制。

3. 某拟建工程概算编制中，已知类似工程土建工程造价指标为 1 600 元 /m^2，其中人、材、机费分别占土建工程造价的 15%、60%、10%，拟建工程与类似工程由于时间地点差异产生的人材机费差异系数分别为 1.1、1.25、0.95，假定以人材机费用之和为基数取费的综合取费率为 25%，则该拟建工程的造价指标为（　　）元 /m^2。

A. 1 856　　B. 1 932　　C. 2 020　　D. 2 320

【答案】C

【解析】1 600×（0.15×1.1+0.6×1.25+0.1×0.95）×（1+25%）=2 020（元/m^2）。

【考点】设计概算的编制——单位工程概算的编制。

4. 当初步设计深度不够，设备清单不完备，只有主体设备或仅有成套设备重量时，编制设备安装工程概算应选用的方法是（　　）。

A. 预算单价法　　B. 扩大单价法

C. 设备价值百分比法　　D. 综合吨位指标法

【答案】B

【解析】概算定额法又称扩大单价法或扩大结构定额法，是套用概算定额编制建筑工程概算的方法。运用概算定额法，要求初步设计必须达到一定深度，建筑结构尺寸比较明确，能按照初步设计的平面图、立面图、剖面图纸计算出楼地面、墙身、门窗和屋面等扩大分项工程（或扩大结构构件）项目的工程量时方可采用。

【考点】设计概算的编制——单位工程概算的编制。

5. 关于建筑设计对工业建设项目单位造价的影响，下列说法正确的是（　　）。

A. 建筑周长系数越低，造价越低

B. 圆形建筑较正方形建筑造价更低

C. 建筑层数越多，造价越低

D. 多跨厂房跨度不变时，中跨数目越多造价越低

E. 多层或大跨度建筑，钢筋混凝土结构较钢结构造价更低

【答案】AD

【解析】选项A正确，建筑周长系数越高，建筑工程造价越高；圆形、正方形从、矩形、T形、L形建筑的周长系数一次增大，故选项B错误；建筑层数对造价的影响，因建筑类型、结构和形式的不用而不同，故选项C错误；多跨厂房跨度不变时，中跨数目越多造价越低，故选项D正确；多层或大跨度建筑，钢筋混凝土结构较钢结构造价更高，故选项E错误。

【考点】设计阶段影响工程造价的主要因素——影响工业建设项目工程造价的主要因素。

四、2020年考题

1. 对于单层大跨度工业厂房设计，较经济合理的结构类型是（　　）。

A. 木结构　　B. 砌体结构　　C. 钢结构　　D. 钢筋混凝土结构

【答案】C

【解析】建筑结构的选择既要满足力学要求，又要考虑其经济性。对于五层以下的建筑物一般选用砌体结构；对于大中型工业厂房一般选用钢筋混凝土结构；对于多层房屋或大跨度建筑，选用钢结构明显优于钢筋混凝土结构；对于高层或者超高层建筑，框架结构和剪力墙结构比较经济。由于各种建筑体系的结构各有利弊，在选用结构类型时应结合实际，因地制宜，就地取材，采用经济合理的结构形式。

【考点】设计阶段影响工程造价的主要因素——影响工业建设项目工程造价的主要因素。

2. 某地新建一座单身宿舍，当地同期类似工程概算指标为900元/m^2，该工程基础为

混凝土结构，而概算指标对应的基础为毛石混凝土结构，已知该工程与概算指标每 100m^2 建筑面积中分摊的基础工程量均为 15m^2，同期毛石混凝土基础综合单价为 580 元 /m^3，混凝土基础综合单价为 640 元 /m^3，则经结构差异修正后的概算指标为（　　）元 /m^2。

A. 891　　B. 909　　C. 906　　D. 993

【答案】B

【解析】经结构差异修正后的概算指标 =900−580 ÷ 100 × 15+640 ÷ 100 × 15=909（元 /m^2）。

【考点】设计概算的编制——单位工程概算的编制。

3. 在满足建筑物使用要求的前提下，关于设计阶段影响工程造价的因素，下列说法正确的有（　　）。

A. 流通空间越大，工业建筑物越经济

B. 建筑层高越高，工程造价越高

C. 对于单跨厂房，当柱间距不变时，跨度越大单位面积造价越低

D. 对于多跨厂房，当跨度不变时，中跨数目越多单位面积造价越低

E. 住宅层数越多，单位面积造价越低

【答案】CD

【解析】在满足建筑物使用要求的前提下，应将流通空间减少到最小，这是建筑物经济平面布置的主要目标之一。在建筑面积不变的情况下，建筑层高的增加会引起各项费用的增加。对于单跨厂房，当柱间距不变时，跨度越大单位面积造价越低。因为除屋架外，其他结构分摊在单位面积上的平均造价随跨度的增大而减小。对于多跨厂房，当跨度不变时，中跨数目越多越经济，这是因为柱子和基础分摊在单位面积上的造价减少。如果增加一个楼层不影响建筑物的结构形式，单位建筑面积的造价可能会降低。但是当建筑物超过一定层数时，结构形式就要改变，单位造价通常会增加。建筑物越高，电梯及楼梯的造价将有提高的趋势，建筑物的维修费用也将增加，但是采暖费用有可能下降。

【考点】设计阶段影响工程造价的主要因素。

五、2019 年考题

1. 在满足住宅功能和质量的前提下，下列设计手法中，可降低单位建筑面积造价的是（　　）。

A. 增加住宅层高　　B. 分散布置公共设施

C. 增大墙体面积系数　　D. 减少结构面积系数

【答案】D

【解析】在满足住宅功能和质量前提下，适当加大住宅宽度。这是由于宽度加大，墙体面积系数相应减少，有利于降低造价。衡量单元组成、户型设计的指标是结构面积系数（住宅结构面积与建筑面积之比），系数越小设计方案越经济。因为结构面积小，有效面积就增加。结构面积系数除与房屋结构有关外，还与房屋外形及其长度和宽度有关，同时也与房间平均面积大小和户型组成有关。房屋平均面积越大，内墙、隔墙在建筑面积所占比重就越小。

【考点】设计阶段影响工程造价的主要因素——影响民用建设项目工程造价的主要因素。

2. 关于设计概算的说法，正确的是（　　）。

A. 设计概算是工程造价在设计阶段的表现形式，具备价格属性

B. 三级概算编制形式适用于单一的单项工程建设项目

C. 概算中工程费用应按预测的建设期价格水平编制

D. 概算应考虑贷款的时间价值对投资的影响

【答案】D

【解析】选项 A 错误，设计概算是工程造价在设计阶段的表现形式，但其并不具备价格属性。选项 B 错误，按照《建设项目设计概算编审规程》CECA/GC 2—2015 的相关规定，设计概算文件的编制应采用单位工程概算、单项工程综合概算、建设项目总概算三级概算编制形式。当建设项目为一个单项工程时，可采用单位工程概算、总概算两级概算编制形式。选项 C 错误，选项 D 正确。设计概算的编制要求：一是设计概算应按编制时项目所在地的价格水平编制，总投资应完整地反映编制时建设项目实际投资；二是设计概算应考虑建设项目施工条件等因素对投资的影响；三是设计概算应按项目合理建设期限预测建设期价格水平，以及资产租赁和贷款的时间价值等动态因素对投资的影响。

【考点】设计概算的编制。

3. 某地市政道路工程，已知与其类似已完工作造价指标为 600 元 /m^2，人材机分别占工程造价的 10%、50%、20%，拟建工程与类似工程人材机差异系数为 1.1、1.05、1.05，假定以人材机为基数取费，综合费费率为 25%，则该工程综合单价为（　　）元 /m^2。

A. 507　　B. 608.4　　C. 633.75　　D. 657

【答案】C

【解析】该工程综合单价 =600 ×（10% × 1.1+50% × 1.05+20% × 1.05）×（1+25%）= 633.75（元 /m^2）。

【考点】设计概算的编制——单位工程概算的编制。

4. 编制工程建设其他费用概算表时，下列其他费用中，一般按“工程费用 × 费率”计算的是（　　）。

A. 征地补偿费　　B. 拆迁补偿费　　C. 研究试验费　　D. 工程监理费

【答案】D

【解析】建设管理费包括建设单位（业主）管理费、工程监理费等，按“工程费用 × 费率”或有关定额列式计算。

【考点】设计概算的编制——建设项目总概算的编制。

5. 某单位建筑工程的初步设计采用的技术比较成熟，但由于设计深度不够，不能准确计算出工程量，若急需该单位建筑工程概算时，可采用的概算编制方法有（　　）。

A. 预算单价法　　B. 概算定额法

C. 概算指标法　　D. 类似工程预算法

E. 扩大单价法

【答案】CD

【解析】在方案设计中，由于设计无详图而只有概念性设计时，或初步设计深度不够，不能准确地计算出工程量，但工程设计采用的技术比较成熟时可以选定与该工程相

似类型的概算指标编制概算。

【考点】设计概算的编制——单位工程概算的编制。

考点统计

通过对 2019—2023 年的考题统计，本节涉及的考点主要是设计阶段影响工程造价的主要因素、设计概算的概念及其编制内容、设计概算的编制三项内容。近 5 年涉及本节的真题共有 22 题，具体考点的考核频次如表 3.2.1 所示。

表 3.2.1 第三章第二节考点考核频次表

序号	知识点	具体考点	考核频次
1	设计阶段影响工程造价的主要因素	影响工业建设项目工程造价的主要因素	3
		影响民用建设项目工程造价的主要因素	2
		“设计阶段影响工程造价的主要因素”综合性考点	1
2	设计概算的编制	“设计概算的编制”综合性考点	1
		单位工程概算的编制	13
		建设项目总概算的编制	1
		设计概算的编制依据	1

知识点凝练

一、设计阶段影响工程造价的主要因素

（一）影响工业建设项目工程造价的主要因素

1. 总平面设计

总平面设计主要指总图运输设计和总平面配置，主要内容包括：厂址方案、占地面积、土地利用情况；总图运输、主要建筑物和构筑物及公用设施的配置；外部运输、水、电、气及其他外部协作条件等。总平面设计中影响工程造价的主要因素包括：

（1）现场条件；

（2）占地面积；

（3）功能分区；

（4）运输方式。

2. 工艺设计

工艺设计阶段影响工程造价的主要因素包括：建设规模、标准和产品方案，工艺流程和主要设备的选型，主要原材料、燃料供应情况，生产组织及生产过程中的劳动定员情况，“三废”治理及环保措施等。

按照建设程序，建设项目的工艺流程在可行性研究阶段已经确定。设计阶段的任务就是严格按照批准的可行性研究报告的内容进行工艺技术方案的设计，确定具体的工艺流程和生产技术。在具体项目工艺设计方案的选择时，应以提高投资的经济效益为前提，深入分析、比较，综合考虑各方面的因素。

3. 建筑设计

建筑设计阶段影响工程造价的主要因素包括：

（1）平面形状。

（2）流通空间。

（3）空间组合。包括：层高，层数，室内外高差，建筑物的体积与面积，建筑结构，柱网布置。

4. 材料选用

建筑材料的选择是否合理不仅直接影响到工程质量、使用寿命、耐火抗震性能，而且对施工费用、工程造价有很大的影响。建筑材料一般占直接费的 70%，降低材料费用不仅可以降低直接费，而且可以降低间接费。因此，设计阶段合理选择建筑材料，控制材料单价或工程量是控制工程造价的有效途径。

5. 设备选用

设备选用的重点因设计形式的不同而不同，应选择能满足生产工艺和生产能力要求的最适用的设备和机械。此外，根据工程造价资料的分析，设备安装工程造价约占工程总投资的 20% ~ 50%，由此可见设备方案设计对工程造价的影响。设备的选用应充分考虑自然环境对能源节约的有利条件，如果能从建筑产品的整个寿命周期分析，能源节约是一笔不可忽略的费用。

（二）影响民用建设项目工程造价的主要因素

1. 住宅小区建设规划中影响工程造价的主要因素

包括占地面积和建筑群体的布置形式。

2. 民用住宅建筑设计中影响工程造价的主要因素

包括：建筑物平面形状和周长系数，住宅的层高和净高，住宅的层数，住宅单元组成、户型和住宅面积，住宅建筑结构的选择。

（三）影响工程造价的其他因素

影响工程造价的其他因素：设计单位和设计人员的知识水平，项目利益相关者的利益诉求，风险因素。

二、设计概算的概念及其编制内容

（一）设计概算的含义及作用

1. 设计概算的概念

设计概算是以初步设计文件为依据，按照规定的程序、方法和依据，对建设项目总投资及其构成进行的概略计算。具体而言，设计概算是在投资估算的控制下根据初步设计（扩大初步设计）的图纸及说明，利用国家或地区颁发的概算指标、概算定额、综合指标、预算定额、各项费用定额或取费标准（指标），以及各类工程造价指标指数或其他价格信息和建设地区自然、技术经济条件和设备、材料预算价格等资料，按照设计要求，对建设项目从筹建至竣工交付使用所需全部费用进行的预计。设计概算的成果文件称作设计概算书，也简称设计概算。

设计概算的编制内容包括静态投资和动态投资两个层次。静态投资作为评价和选择设计方案的依据，动态投资作为项目筹措、供应和控制资金使用的限额。设计概算经批准后，一般不得调整。允许调整概算的原因包括以下几点：①超出原设计范围的重大变更；②超出基本预备费规定范围不可抗拒的重大自然灾害引起的工程变动和费用增加；③超出工程造价价差预备费的国家重大政策性的调整。

2. 设计概算的作用

设计概算是工程造价在初步设计阶段的表现形式，用于衡量建设投资是否超过估算并控制下一阶段费用支出。具体表现为：

（1）设计概算是编制固定资产投资计划、确定和控制建设项目投资的依据。设计概算一经批准，将作为控制建设项目投资的最高限额。

（2）设计概算是控制施工图设计和施工图预算的依据。

（3）设计概算是衡量设计方案技术经济合理性和选择最佳设计方案的依据。

（4）设计概算是编制最高投标限价（标底）及评标定标的依据。

（5）设计概算是签订建设工程合同和贷款合同的依据。

（6）设计概算是考核建设项目投资效果的依据。

（二）设计概算的编制内容

设计概算文件的编制应采用单位工程概算、单项工程综合概算、建设项目总概算三级概算编制形式。

（1）单位工程概算。是编制单项工程综合概算（或项目总概算）的依据，是单项工程综合概算的组成部分。单位工程概算按其工程性质可分为建筑工程概算和设备及安装工程概算两大类。

（2）单项工程综合概算。单项工程综合概算是以初步设计文件为依据，在单位工程概算的基础上汇总单项工程工程费用的成果文件，由单项工程中的各单位工程概算汇总编制而成，是建设项目总概算的组成部分。

（3）建设项目总概算。建设项目总概算是以初步设计文件为依据，在单项工程综合概算的基础上计算建设项目概算总投资的成果文件，它是由各单项工程综合概算、工程建设其他费用概算、预备费、建设期利息和铺底流动资金概算汇总编制而成的。

三、设计概算的编制

（一）设计概算的编制依据及要求

1. 设计概算的编制依据及要求

（1）国家、行业和地方有关规定。

（2）概算定额（或指标），费用定额，工程造价指标。

（3）工程勘察与设计文件。

（4）拟定或常规的施工组织设计和施工方案。

（5）建设项目资金筹措方案。

（6）工程所在地编制同期的人工、材料、机具台班市场价格信息，以及设备供应方式及供应价格信息。

（7）建设项目的技术复杂程度，新技术、新材料、新工艺以及专利使用情况等。

（8）建设项目批准的相关文件、合同、协议等。

（9）政府有关部门、金融机构等发布的价格指数、利率、汇率、税率以及工程建设其他费用，以及各类工程造价指数等。

（10）委托单位提供的其他技术经济资料。

2. 设计概算的编制要求

（1）设计概算应按编制时项目所在地的价格水平编制，总投资应完整地反映编制时建设项目实际投资。

（2）设计概算应考虑建设项目施工条件等因素对投资的影响。

（3）设计概算应按项目合理建设期限预测建设期价格水平，以及资产租赁和贷款的时间价值等动态因素对投资的影响。

（二）单位工程概算的编制

单位工程概算包括单位建筑工程概算和单位设备及安装工程概算两类。其中，建筑工程概算的编制方法有概算定额法、概算指标法、类似工程预算法等；设备及安装工程概算的编制方法有预算单价法、扩大单价法、设备价值百分比法和综合吨位指标法等。

我国不同行业工程概算的编制均有具体的规定，但基本原理和方法较为接近，本书以房屋建筑工程为例，介绍设计概算的编制方法。

1. 概算定额法

概算定额法又称扩大单价法或扩大结构定额法，是套用概算定额编制建筑工程概算的方法。运用概算定额法，要求初步设计必须达到一定深度，建筑结构尺寸比较明确，能按照初步设计的平面图、立面图、剖面图纸计算出楼地面、墙身、门窗和屋面等扩大分项工程（或扩大结构构件）项目的工程量时方可采用。

概算定额法编制设计概算的步骤如下：

（1）搜集基础资料、熟悉设计图纸和了解有关施工条件和施工方法。

（2）按照概算定额子目，列出单位工程中分部分项工程项目名称并计算工程量。一般借助工程计价软件，经过建模的方式由软件系统自动计算工程量，点选适合的定额子目，以确保软件系统对工程的计量是按概算定额中规定的工程量计算规则进行，估价人员应注意输入系统的原始数据必须以初步设计图纸所标识的尺寸或初步设计图纸能读出的尺寸为准。

（3）确定各分部分项工程费。建模完成工程量计算后，通过套用定额完成各子目的综合单价套用，形成合价。各子目的综合单价包括人工费、材料费、施工机具使用费、管理费、利润、规费和税金。之后，便可生成综合单价表和单位工程概算表。如遇设计图中的分项工程项目名称、内容与采用的概算定额手册中相应的项目有某些不相符时，则按规定对定额进行换算后方可套用。

（4）计算措施项目费。措施项目费的计算分两部分进行：

1）可以计量的措施项目费与分部分项工程费的计算方法相同，其费用按照第（3）步的规定计算。

2）综合计取的措施项目费应以该单位工程的分部分项工程费和可以计量的措施项

目费之和为基数乘以相应费率计算。费率标准可在计价软件中设定，上述计算过程由系统自动完成。

（5）计算汇总单位工程概算造价。如采用全费用综合单价，则：

单位工程概算造价 = 分部分项工程费 + 措施项目费

（6）编写概算编制说明。单位建筑工程概算按照规定的表格形式进行编制。

2. 概算指标法

概算指标法是用拟建的厂房、住宅的建筑面积或体积乘以技术条件相同或基本相同的概算指标得出人材机费，然后按规定计算出企业管理费、利润、规费和税金等，得出单位工程概算的方法。

（1）概算指标法适用的情况包括：

1）在方案设计中，由于设计无详图而只有概念性设计时，或初步设计深度不够，不能准确地计算出工程量，但工程设计采用的技术比较成熟时可以选定与该工程相似类型的概算指标编制概算；

2）设计方案急需造价估算而又有类似工程概算指标可以利用的情况；

3）图样设计间隔很久后再来实施，概算造价不适用于当前情况而又急需确定造价的情形下，可按当前概算指标来修正原有概算造价；

4）通用设计图设计可组织编制通用图设计概算指标来确定造价。

（2）拟建工程结构特征与概算指标相同时的计算。在使用概算指标法时，如果拟建工程在建设地点、结构特征、地质及自然条件、建筑面积等方面与概算指标相同或相近，就可直接套用概算指标编制概算。在直接套用概算指标时，拟建工程应符合以下条件：

1）拟建工程的建设地点与概算指标中的工程建设地点相同；

2）拟建工程的工程特征和结构特征与概算指标中的工程特征、结构特征基本相同；

3）拟建工程的建筑面积与概算指标中工程的建筑面积相差不大。

（3）拟建工程结构特征与概算指标有局部差异时的调整。调整方法如下：

1）调整概算指标中的每平方米（每立方米）综合单价。

$$\text{结构变化修正概算指标（元}/\text{m}^2\text{）}=J+Q_1P_1-Q_2P_2$$

式中：J——原概算指标综合单价；

Q_1——概算指标中换入结构的工程量；

Q_2——概算指标中换出结构的工程量；

P_1——换入结构的综合单价；

P_2——换出结构的综合单价。

2）调整概算指标中的人材机数量。这种方法是将原概算指标中每 100m^2（$1\ 000\text{m}^3$）建筑面积（体积）中的人材机数量进行调整，扣除原概算指标中与拟建工程结构不同部分的人材机消耗量，增加拟建工程与概算指标结构不同部分的人材机消耗量。计算公式如下：

结构变化修正概算指标的人材机数量 = 原概算指标的人材机数量 + 换入结构件工程量 × 相应定额人材机消耗量 − 换出结构件工程量 × 相应定额人材机消耗量

3. 类似工程预算法

类似工程预算法是利用技术条件与设计对象相类似的已完工程或在建工程的工程造

价资料来编制拟建工程设计概算的方法。采用此方法时必须对建筑结构差异和价差进行调整。

（1）类似工程预算法的编制步骤如下：

1）根据设计对象的各种特征参数，选择最合适的类似工程预算；

2）根据本地区现行的各种价格和费用标准计算类似工程预算的人工费、材料费、施工机具使用费、企业管理费修正系数；

3）根据类似工程预算修正系数和以上四项费用占预算成本的比重，计算预算成本总修正系数，并计算出修正后的类似工程平方米预算成本；

4）根据类似工程修正后的平方米预算成本和编制概算地区的利税率计算修正后的类似工程平方米造价；

5）根据拟建工程的建筑面积和修正后的类似工程平方米造价，计算拟建工程概算造价；

6）编制概算编写说明。

（2）差异调整。

1）建筑结构差异的调整。结构差异调整方法与概算指标法的调整方法相同。

2）价差调整。当类似工程造价资料有具体的人工、材料、机械台班的用量时，可按类似工程预算造价资料中的主要材料、工日、机械台班数量乘以拟建工程所在地的主要材料预算价格、人工单价、机械台班单价，计算出人材机费，再计算措施费、间接费、利润和税金，即可得出所需的造价指标。

类似工程造价资料只有人工、材料、施工机具使用费和企业管理费等费用或费率时，可按下面公式调整：

$$D=A\cdot K$$

$$K=a\%K_1+b\%K_2+c\%K_3+d\%K_4$$

式中：D——拟建工程成本单价；

A——类似工程成本单价；

K——成本单价综合调整系数；

$a\%$，$b\%$，$c\%$，$d\%$——类似工程预算的人工费、材料费、施工机具使用费、企业管理费占预算成本的比重，如 $a\%$= 类似工程人工费 / 类似工程预算成本 ×100%，$b\%$，$c\%$，$d\%$ 类同；

K_1，K_2，K_3，K_4——拟建工程地区与类似工程预算造价在人工费、材料费、施工机具使用费、企业管理费之间的差异系数，如 K_1= 拟建工程概算的人工费（或工资标准）/ 类似工程预算人工费（或地区工资标准），K_2，K_3，K_4 类同。

以上综合调价系数是以类似工程中各成本构成项目占总成本的百分比为权重，按照加权的方式计算的成本单价的调价系数。根据类似工程预算提供的资料，也可按照同样的计算思路计算出人材机费综合调整系数，通过系数调整类似工程的工料单价，再按照相应取费基数和费率计算间接费、利润和税金，也可得出所需的综合单价。

4. 单位设备及安装工程概算编制方法

单位设备及安装工程概算包括单位设备及工器具购置费概算和单位设备安装工程费

概算两大部分。

（1）设备及工器具购置费概算。

（2）设备安装工程费概算的编制方法。

1）预算单价法。当初步设计较深，有详细的设备清单时，可直接按安装工程预算定额单价编制安装工程概算，概算编制程序与安装工程施工图预算程序基本相同。该法的优点是计算比较具体，精确性较高。

2）扩大单价法。当初步设计深度不够，设备清单不完备，只有主体设备或仅有成套设备重量时，可采用主体设备、成套设备的综合扩大安装单价来编制概算。上述两种方法的具体编制步骤与建筑工程概算相类似。

3）设备价值百分比法，又称安装设备百分比法。当初步设计深度不够，只有设备出厂价而无详细规格、重量时，安装费可按占设备费的百分比计算。其百分比值（即安装费率）由相关管理部门制定或由设计单位根据已完类似工程确定。该法常用于价格波动不大的定型产品和通用设备产品，其计算公式为：

$$设备安装费 = 设备原价 \times 安装费费率（\%）$$

4）综合吨位指标法。当初步设计提供的设备清单有规格和设备重量时，可采用综合吨位指标编制概算，其综合吨位指标由相关主管部门或由设计单位根据已完类似工程的资料确定。该法常用于设备价格波动较大的非标准设备和引进设备的安装工程概算，其计算公式为：

$$设备安装费 = 设备吨重 \times 每吨设备安装费指标（元/吨）$$

5. 概算编制方法的发展趋势

需要指出的是，随着各类工程造价指标指数的编制和造价数据库的建设，概算的编制将逐渐向应用大数据、人工智能等手段和方法过渡。

对以政府投资项目为主的工程项目，如电力、铁路、公路等工程，目前仍主要以政府发布的行业或地方定额作为前期投资控制的依据或主要参考，但概算定额（指标）的内容、表现形式等也随着造价改革的不断深化而得以优化，会更具时效性和符合信息化发展潮流。随着信息技术在工程造价领域的深度应用，住房和城乡建设部、各行业造价主管部门积极投入国有资金投资项目的工程造价数据库建设，并已初具成效，大量的工程项目造价信息和各类造价指标、指数等能为工程概算的编制提供丰富的数据资源，而不仅依赖于政府发布的概算定额（指标）。

对于非政府投资项目，概算的编制可不依赖于政府发布的概算定额（指标），来自企业、市场的各类造价数据、造价指标指数、专业数据库等，均可作为概算编制的依据，相应地，可采用更多灵活的编制方法进行编制。

基于 BIM 的概算编制也是未来发展趋势，将 BIM 模型分解为不同细度的 BIM 模型组件，如单项工程模型、单位工程模型、分部工程模型、分项工程模型、单构件模型，积累形成种类齐全、不同精度的模型化指标数据库。通过构建初步设计的 BIM 模型，直接完成工程计量，调用相应的指标数据库价格信息，即可形成初步设计深度的概算文件。数字化、智能化仍将是工程概算编制的发展方向。

（三）单项工程综合概算的编制

单项工程综合概算采用综合概算表进行编制。对单一的、具有独立性的单项工程建设项目，按照两级概算编制形式，直接编制总概算。

综合概算一般应包括建筑工程费、安装工程费、设备及工器具购置费。

（四）建设项目总概算的编制

建设项目总概算是设计文件的重要组成部分，是预计整个建设项目从筹建到竣工交付使用所花费的全部费用的文件。它是由各单项工程综合概算、工程建设其他费用、建设期利息、预备费和经营性项目的铺底流动资金概算所组成，按照主管部门规定的统一表格进行编制而成的。

设计总概算文件应包括编制说明、总概算表、各单项工程综合概算书、工程建设其他费用概算表、主要建筑安装材料汇总表。独立装订成册的总概算文件宜加封面、签署页（扉页）和目录。

（1）封面、签署页及目录。

（2）编制说明。

1）工程概况。简述建设项目性质、特点、生产规模、建设周期、建设地点、主要工程量、工艺设备等情况。引进项目要说明引进内容以及与国内配套工程等主要情况。

2）编制依据。包括国家和有关部门的规定、设计文件、现行概算定额或概算指标、设备材料的预算价格和费用指标等。

3）编制方法。说明设计概算是采用概算定额法，还是采用概算指标法或其他方法。

4）主要设备、材料的数量。

5）主要技术经济指标。主要包括项目概算总投资（有引进的给出所需外汇额度）及主要分项投资、主要技术经济指标（主要单位投资指标）等。

6）工程费用计算表。主要包括建筑工程费用计算表、工艺安装工程费用计算表、配套工程费用计算表、其他涉及工程的工程费用计算表。

7）引进设备材料有关费率取定及依据。主要是关于国际运输费、国际运输保险费、关税、增值税、国内运杂费、其他有关税费等。

8）引进设备材料从属费用计算表。

9）其他必要的说明。

（3）总概算表。

（4）工程建设其他费用概算表。

工程建设其他费用概算按国家或地区或部委所规定的项目和标准确定，并按统一格式编制。应按具体发生的工程建设其他费用项目填写工程建设其他费用概算表，需要说明和具体计算的费用项目依次相应在说明及计算式栏内填写或具体计算。填写时注意以下事项：

1）土地征用及拆迁补偿费应填写土地补偿单价、数量和安置补助费标准、数量等，列式计算所需费用，填入金额栏。

2）建设管理费包括建设单位（业主）管理费、工程监理费等，按“工程费用 × 费率”或有关定额列式计算。

3）研究试验费应根据设计需要进行研究实验的项目分别填写项目名称及金额或列式计算或进行说明。

（5）单项工程综合概算表和建筑安装单位工程概算表。

（6）主要建筑安装材料汇总表。针对每一个单项工程列出钢筋、型钢、水泥、木材等主要建筑安装材料的消耗量。

第三节　施工图预算的编制

真题解析

一、2023 年考题

1. 关于施工图预算的作用，下列说法正确的是（　　）。

A. 是招投标阶段控制投标报价不突破最高投标限价的依据

B. 是施工企业确定合同价款的直接依据

C. 是施工企业收取工程款的直接依据

D. 是投资方控制造价的依据

【答案】D

【解析】施工图预算是投资方控制造价及资金合理使用的依据。

【考点】施工图预算的概念及其编制内容——施工预算的含义及作用。

2. 施工图预算编制时可能发生的主要工作有：①列项计量；②预算定额计算人、材、机消耗量；③套预算定额单价；④计算并汇总直接费；⑤编制工料分析表；⑥计算主材费并调整直接费；⑦计算其他费用，并汇总造价。采用工料单价法编制施工图预算时，发生的主要工作及其顺序是（　　）。

A. ①②④⑦　　B. ①③④⑤⑥⑦

C. ①②⑤④⑥⑦　　D. ①③④⑦

【答案】B

【解析】题干中②属于实物量法的步骤。工料单价法的工作步骤：①准备工作。②列项并计算工程量。③套用定额单价，计算直接费。④编制工料分析表。⑤计算主材费并调整直接费。⑥按计价程序计取其他费用，并汇总造价。⑦复核，填写封面、编制说明。

【考点】施工图预算的编制——单位工程施工图预算的编制。

二、2022 年考题

1. 关于施工图预算对投资方的作用，下列说法正确的是（　　）。

A. 施工图预算是控制施工图设计的依据

B. 控制施工图设计不突破设计概算的重要措施

C. 施工图预算是投标报价的基础

D. 施工图预算是组织材料供应的依据

【答案】B

【解析】施工图预算对投资方的作用：①施工图预算是设计阶段控制工程造价的重要环节，是控制施工图设计不突破设计概算的重要措施。②施工图预算是控制造价及资金合理使用的依据。施工图预算确定的预算造价是工程的计划成本，投资方按施工图预算造价筹集建设资金，合理安排建设资金计划，确保建设资金的有效使用，保证项目建设顺利进行。③施工图预算是确定工程最高投标限价的依据。在设置最高投标限价的情况下，最高投标限价通常是在施工图预算的基础上考虑工程的特殊施工措施、工程质量要求、目标工期、招标工程范围以及自然条件等因素进行编制的。④施工图预算可以作为确定合同价款、拨付工程进度款及办理工程结算的基础。

【考点】施工图预算的概念及其编制内容——施工图预算的含义及作用。

2. 下列施工图预算编制的工作中，属于工料单价法但不属于实物量法的工作步骤是（　　）。

A. 列项并计算工程量

B. 套用预算定额（或企业定额），计算人工、材料、机具台班消耗量

C. 计算主材费并调整价差

D. 按计价程序计取其他费用，并汇总造价

【答案】C

【解析】列项并计算工程量，按计价程序计取其他费用，并汇总造价是工料单价法和实物量法共有的步骤。套用预算定额（或企业定额），计算人工、材料、机具台班消耗属于实物量法的步骤。

【考点】施工图预算的编制——单位工程施工图预算的编制。

三、2021 年考题

1. 关于施工图预算文件的编制形式，下列说法正确的是（　　）。

A. 二级预算编制形式下的单项工程综合预算是指建筑工程和安装工程预算

B. 当建设项目有多个单项工程时，应采用二级预算编制形式

C. 二级预算编制形式由单项工程综合预算和单位工程预算组成

D. 采用三级预算编制形式的工程预算文件应包括综合预算表

【答案】D

【解析】采用三级预算编制形式的工程预算文件包括：封面、签署页及目录、编制说明、总预算表、综合预算表、单位工程预算表、附件七项内容，故选项 D 正确。

【考点】施工图预算的概念及其编制内容——施工图预算的编制内容。

2. 下列施工图预算编制工作中，属于实物量法但不属于工料单价法的工作步骤是（　　）。

A. 列项并计算工程量

B. 套用定额，计算人材机消耗量

C. 调用当时当地人材机单价，汇总直接费

D. 计算其他各项费用

【答案】B

【解析】实物量法：准备资料、熟悉施工图纸；列项并计算工程量；套用预算定额

（或企业定额），计算人工、材料、机具台班消耗量；计算并汇总直接费；计算其他各项费用，汇总造价；复核、填写封面、编制说明。

工料单价法：准备工作；列项并计算工程量；套用定额单价，计算直接费；编制工料分析表；计算主材费并调整直接费；按计价程序计取其他费用，并汇总造价；复核，填写封面、编制说明。

【考点】施工图预算的编制——单位工程施工图预算的编制。

四、2020 年考题

1. 施工图预算的三级预算编制形式由（　　）组成。

A. 单位工程预算、单项工程综合预算、建设项目总预算

B. 静态投资、动态投资、流动资金

C. 建筑安装工程费、设备购置费、工程建设其他费

D. 单项工程综合预算、建设期利息、建设项目总预算

【答案】A

【解析】施工图预算根据建设项目实际情况可采用三级预算编制或二级预算编制形式。当建设项目有多个单项工程时，应采用三级预算编制形式，三级预算编制形式由建设项目总预算、单项工程综合预算、单位工程预算组成。当建设项目只有一个单项工程时，应采用二级预算编制形式，二级预算编制形式由建设项目总预算和单位工程预算组成。

【考点】施工图预算的概念及其编制内容——施工图预算的编制内容。

2. 关于施工图预算编制时工程建设其他费的计费原则，下列说法正确的是（　　）。

A. 若工程建设其他费已发生，则发生部分按合理发生金额计列

B. 若工程建设其他费已发生，则发生部分按本阶段的计费标准计列

C. 无论工程建设其他费是否发生，均按原批复概算的计费标准计列

D. 无论工程建设其他费是否发生，均按原批复概算的计费标准计列

【答案】A

【解析】工程建设其他费、预备费、建设期利息及铺底流动资金具体编制方法可参照第一章相关内容。以建设项目施工图预算编制时为界线，若上述费用已经发生，按合理发生金额列计，如果还未发生，按照原概算内容和本阶段的计费原则计算列入。

【考点】施工图预算的编制——建设项目总预算的编制。

3. 关于施工图预算的编制，下列说法正确的有（　　）。

A. 施工图总预算应控制在已批准的设计总概算范围内

B. 施工图预算采用的价格水平应与设计概算编制时期的保持一致

C. 只有一个单项工程的建设项目应采用三级预算编制形式

D. 单项工程综合预算由组成该单项工程的各个单位工程预算汇总而成

E. 施工图预算编制时已发生的工程建设其他费按合理发生金额列计

【答案】ADE

【解析】施工图总预算应控制在已批准的设计总概算投资范围以内。坚持结合拟建

工程的实际，反映工程所在地当时价格水平的原则。单项工程综合预算造价由组成该单项工程的各个单位工程预算造价汇总而成。以建设项目施工图预算编制时为界线，若上述费用已经发生，按合理发生金额列计，如果还未发生，按照原概算内容和本阶段的计费原则计算列入。

【考点】施工图预算的编制。

五、2019 年考题

1. 施工图预算的二级预算编制形式由（　　）组成。

A. 总预算和单位工程预算

B. 单位工程综合预算和单位工程预算

C. 总预算和单位工程综合预算

D. 建筑工程预算和设备安装工程预算

【答案】A

【解析】施工图预算根据建设项目实际情况可采用三级预算编制或二级预算编制形式。当建设项目有多个单项工程时，应采用三级预算编制形式，三级预算编制形式由建设项目总预算、单项工程综合预算、单位工程预算组成。当建设项目只有一个单项工程时，应采用二级预算编制形式，二级预算编制形式由建设项目总预算和单位工程预算组成。

【考点】施工图预算的概念及其编制内容——施工图预算的编制内容。

2. 采用实物量法与工料单价法编制施工图预算，其工作步骤差异体现在（　　）。

A. 工程量的计算　　B. 直接费的计算

C. 企业管理费的计算　　D. 税金的计算

【答案】B

【解析】实物量法与工料单价法首尾部分的步骤基本相同，所不同的主要是中间两个步骤：

（1）采用实物量法。计算工程量后，套用相应人工、材料、施工机具台班预算定额消耗量，求出各分项工程人工、材料、施工机具台班消耗数量并汇总成单位工程所需各类人工工日、材料和施工机具台班的消耗量。

（2）采用实物量法。采用的是当时当地的各类人工工日、材料、施工机械台班、施工仪器仪表台班的实际单价分别乘以相应的人工工日、材料和施工机具台班总的消耗量，汇总后得出单位工程的直接费。

【考点】施工图预算的编制——单位工程施工图预算的编制。

考点统计

通过对 2019—2023 年的考题统计，本节涉及的考点主要包括施工图预算的概念及其编制内容、施工图预算的编制两项内容。近 5 年涉及本节的真题共有 11 题，具体考点的考核频次如表 3.3.1 所示。

表 3.3.1 第三章第三节考点考核频次表

序号	知识点	具体考点	考核频次
1	施工图预算的概念及其编制内容	施工图预算的含义及作用	2
		施工图预算的编制内容	3
2	施工图预算的编制	单位工程施工图预算的编制	4
		“施工图预算的编制”综合性考点	1
		建设项目总预算的编制	1

知识点凝练

一、施工图预算的概念及其编制内容

（一）施工图预算的含义及作用

1. 施工图预算的含义

施工图预算是以施工图设计文件为依据，在工程施工前对工程项目的投资进行的预测与计算。施工图预算的成果文件称为施工图预算书，简称施工图预算。

施工图预算既可以是工程招投标前或招投标时，基于施工图纸，按照预算定额、取费标准、各类工程计价信息等计算得到的计划或预期价格，也可以是工程中标后施工企业根据自身的企业定额、资源市场价格以及市场供求及竞争状况计算得到的实际预算价格。

2. 施工图预算的作用

施工图预算作为建设工程建设程序中一个重要的技术经济文件，在工程建设实施过程中具有重要作用，可以归纳为以下几个方面：

（1）施工图预算对投资方的作用。

1）施工图预算是设计阶段控制工程造价的重要环节，是控制施工图设计不突破设计概算的重要措施。

2）施工图预算是控制造价及资金合理使用的依据。施工图预算确定的预算造价是工程的计划成本，投资方按施工图预算造价筹集建设资金，合理安排建设资金计划，确保建设资金的有效使用，保证项目建设顺利进行。

3）施工图预算是确定工程最高投标限价的依据。在设置最高投标限价的情况下，最高投标限价通常是在施工图预算的基础上考虑特殊施工措施、工程质量要求、目标工期、招标工程范围以及自然条件等因素进行编制的。

4）施工图预算可以作为确定合同价款、拨付工程进度款及办理工程结算的基础。

（2）施工图预算对施工企业的作用。

1）施工图预算是建筑施工企业投标报价的基础。在激烈的建筑市场竞争中，建筑施工企业在施工图预算的基础上，结合企业定额和采取的投标策略确定投标报价。

2）施工图预算是建筑工程预算包干的依据和签订施工合同的主要内容。在采用总价合同的情况下，施工单位通过与建设单位协商，可在施工图预算的基础上，考虑设计或施工变更后可能发生的费用与其他风险因素，增加一定系数作为工程造价一次性包干价。同样，施工单位与建设单位签订施工合同时，其中工程价款的相关条款也以施工图预算为依据。

3）施工图预算是施工企业安排调配施工力量、组织材料供应的依据。施工企业在施工前，可以根据施工图预算的人材机分析，编制资源计划，组织材料、机具、设备和劳动力供应，并编制进度计划，统计完成的工作量，进行经济核算并考核经营成果。

4）施工图预算是施工企业控制工程成本的依据。根据施工图预算确定的中标价格是施工企业收取工程款的依据，企业只有合理利用各项资源，采取先进技术和管理方法，将成本控制在施工图预算价格以内，才能获得良好的经济效益。

（3）施工图预算对其他方面的作用。

1）对于工程咨询单位而言，客观、准确地为委托方做出施工图预算，不仅体现出其水平、素质和信誉，而且强化了投资方对工程造价的控制，有利于节省投资，提高建设项目的投资效益。

2）对于工程造价管理部门而言，施工图预算是编制工程造价指标指数、构建建设工程造价数据库的数据资源，也是合理确定工程造价、审定工程最高投标限价的依据。

3）如在履行合同的过程中发生经济纠纷，施工图预算还是有关仲裁、管理、司法机关按照法律程序处理、解决问题的依据。

（二）施工图预算的编制内容

1. 施工图预算文件的组成

施工图预算由建设项目总预算、单项工程综合预算和单位工程预算组成。建设项目总预算由单项工程综合预算汇总而成，单项工程综合预算由组成本单项工程的各单位工程预算汇总而成，单位工程预算包括建筑工程预算和设备及安装工程预算。

2. 施工图预算的内容

按照预算文件的不同，施工图预算的内容有所不同。建设项目总预算是反映施工图设计阶段建设项目投资总额的造价文件，是施工图预算文件的主要组成部分。由组成该建设项目的各个单项工程综合预算和相关费用组成。具体包括：建筑安装工程费、设备及工器具购置费、工程建设其他费用、预备费、建设期利息及铺底流动资金。

二、施工图预算的编制

（一）施工图预算的编制依据和原则

1. 施工图预算的编制依据

施工图预算的编制一般采用以下编制依据：

（1）国家、行业和地方有关规定；

（2）预算定额或企业定额、单位估价表等；

（3）施工图设计文件及相关标准图集和规范；

（4）项目相关文件、合同、协议等；

（5）工程所在地的人工、材料、设备、施工机具单价，工程造价指标指数等；

（6）施工组织设计和施工方案；

（7）项目的管理模式、发包模式及施工条件；

（8）其他应提供的资料。

2. 施工图预算的编制原则

（1）施工图预算的编制应保证编制依据的适用性和时效性。

（2）完整、准确地反映设计内容的原则。编制施工图预算时，要认真了解设计意图，根据设计文件、图纸准确计算工程量，避免重复和漏算。

（3）坚持结合拟建工程的实际，反映工程所在地当时价格水平的原则。编制施工图预算时，要求实事求是地对工程所在地的建设条件、可能影响造价的各种因素进行认真的调查研究。按照现行工程造价的构成，考虑建设期的价格变化因素，使施工图预算尽可能地反映设计内容、实际施工条件和实际价格。

（二）单位工程施工图预算的编制

1. 建筑安装工程费计算

以房屋建筑工程为例，单位工程施工图预算包括建筑工程费、安装工程费和设备及工器具购置费。建筑安装工程费常用计算方法有实物量法和单价法，其中单价法分为工料单价法和全费用综合单价法。

实物量法是依据施工图纸和预算定额的项目划分及工程量计算规则，先计算出分项工程量，然后套用预算定额（或企业定额）来编制施工图预算的方法。工料单价法是用事先编制好的分项工程的单位估价表来编制施工图预算的方法。全费用综合单价法是指根据招标人按照国家统一的工程量计算规则提供的工程数量，采用全费用综合单价的形式计算工程造价的方法。在单价法中，使用较多的还是工料单价法。

2. 设备及工器具购置费计算

设备购置费由设备原价和设备运杂费构成；未到达固定资产标准的工器具购置费一般以设备购置费为计算基数，按照规定的费率计算。

3. 单位工程施工图预算书编制

单位工程施工图预算由建筑安装工程费和设备及工器具购置费组成，将计算好的建筑安装工程费和设备及工器具购置费相加，即得到单位工程施工图预算，即：

$$单位工程施工图预算 = 建筑安装工程预算 + 设备及工器具购置费$$

单位工程施工图预算由单位建筑工程预算书和单位设备及安装工程预算书组成。单位建筑工程预算书则主要由建筑工程预算表和建筑工程取费表构成，单位设备及安装工程预算书则主要由设备及安装工程预算表和设备及安装工程取费表构成。

（三）单项工程综合预算的编制

单项工程综合预算造价由组成该单项工程的各个单位工程预算造价汇总而成。单项工程综合预算书主要由综合预算表构成。

（四）建设项目总预算的编制

建设项目总预算由组成该建设项目的各个单项工程综合预算，以及经计算的工程建设其他费、预备费和建设期利息和铺底流动资金汇总而成。三级预算编制中总预算由综合预算和工程建设其他费、预备费、建设期利息及铺底流动资金汇总而成。

工程建设其他费、预备费、建设期利息及铺底流动资金具体编制方法可参照第一章相关内容。以建设项目施工图预算编制时为界线，若上述费用已经发生，按合理发生金额列计，如果还未发生，按照原概算内容和本阶段的计费原则计算列入。

采用三级预算编制形式的工程预算文件包括：封面、签署页及目录、编制说明、总预算表、综合预算表、单位工程预算表、附件七项内容。

本章考分统计

本章考分统计表

节	年份				
	2023	2022	2021	2020	2019
第一节	5	8	6	3	6
第二节	5	6	6	4	6
第三节	2	2	2	6	2

本章考点点评

第一节：本节的主要考点有项目决策阶段影响工程造价的主要因素、投资估算的概念及其编制内容、投资估算的编制三项内容。本节考核内容相对较少，但有时会出现一些细节性内容，考生还需对一些常考的知识点加以注意。

项目决策阶段影响工程造价的主要因素具体考点有项目决策的概念、项目决策与工程造价的关系、影响工程造价的主要因素——建设规模、建设地区及建设地点（厂址）、技术方案、设备方案、工程方案、环境保护措施；投资估算的概念及其编制内容具体考点有投资估算的含义及作用——含义、作用，投资估算的阶段划分与精度要求，投资估算的内容——编制说明、投资估算分析、总投资估算、单项工程投资估算、工程建设其他费用估算、主要技术经济指标；投资估算的编制具体考点有投资估算的编制依据、要求及步骤、静态投资部分的估算方法，动态投资部分的估算方法——价差预备费、建设期利息，流动资金的估算，投资估算文件的编制。

第二节：本节的主要考点有设计阶段影响工程造价的主要因素、设计概算的概念及其编制内容、设计概算的编制三项内容。考点一、考点二的内容不多，但有时会出现一些细节性内容。考生应对考点三每种概算方法的应用、算例和适用范围等方面都需深入掌握，出现计算题的可能性较大。

设计阶段影响工程造价的主要因素的具体考点有：影响工业建设项目工程造价的主

要因素、影响民用建设项目工程造价的主要因素、影响工程造价的其他因素；设计概算的概念及其编制内容具体考点有设计概算的概念及作用，设计概算的编制内容；设计概算的编制具体考点有设计概算的编制依据及要求，单位工程概算的编制——概算定额法、概算指标法、类似工程预算法、单位设备及安装工程概算编制方法、概算编制方法的发展趋势，单项工程综合概算的编制，建设项目总概算的编制。

第三节：本节的主要考点有施工图预算的概念及其编制内容、施工图预算的编制两项内容。本节考点考生应注意掌握工料单价法和实物量法两种预算编制方法的异同。

施工图预算的概念及其编制内容具体考点有施工图预算的含义及作用，施工图预算的编制内容；施工图预算的编制具体考点有施工图预算的编制依据和原则，单位工程施工图预算的编制——建筑安装工程费计算、设备及工器具购置费计算、单位工程施工图预算书编制，单项工程综合预算的编制，建设项目总预算的编制。

第四章

建设项目发承包阶段合同价款的约定

第一节　招标工程量清单与最高投标限价的编制

真题解析

一、2023 年考题

1. 关于最高投标报价公布时间，下列说法正确的是（　　）。

A. 与招标文件一起发布　　B. 开标时公布

C. 评标时公布　　D. 与公示中标通知人时一并公布

【答案】A

【解析】招标人应当在招标文件中公布最高投标限价的总价，以及各单位工程的分部分项工程费、措施项目费、其他项目费、规费和税金。

【考点】最高投标限价的编制——编制最高投标限价的规定。

2. 关于分部分项工程项目清单的编制，下列说法正确的是（　　）。

A. 同一标段工程的项目编码不得有重码

B. 常规工程的项目特征无须描述

C. 项目特征描述不得直接采用“详见 × × 图号”的方式

D. 工程量应在实体工程量基础上增加施工损耗量

【答案】A

【解析】分部分项工程项目清单的项目编码，应根据拟建工程的工程项目清单项目名称设置，同一招标工程的项目编码不得有重码。

【考点】招标工程量清单的编制——分部分项工程项目清单编制。

3. 根据《建设工程工程量清单计价规范》GB 50500—2013，招标人在编制最高投标限价时，下列风险因素，应考虑纳入综合单价的是（　　）。

A. 人工单价波动风险　　B. 技术复杂项目的管理风险

C. 法律法规变化风险　　D. 税率变化风险

【答案】B

【解析】为使最高投标限价与投标报价所包含的内容一致，综合单价中应包括招标文件中要求投标人所承担的风险内容及其范围（幅度）产生的风险费用。对于技术难度较大和管理复杂的项目，可考虑一定的风险费用，并纳入综合单价中。税金、规费等法律、法规、规章和政策变化的风险和人工单价等风险费用不应纳入综合单价。

【考点】最高投标限价的编制——分部分项工程费的编制（综合单价中的风险因素）。

4. 关于招标人编制招标工程量清单的准备工作，下列说法正确的有（ ）。

A. 应认真研究设计文件，发现问题及时提出

B. 应进行现场踏勘

C. 应拟定施工总方案

D. 应拟定常规的施工组织设计

E. 应调查了解当地政府对施工现场管理的要求

【答案】BCDE

【解析】招标工程量清单编制的相关工作在收集资料包括编制依据的基础上，需进行如下工作：（1）初步研究。对各种资料进行认真研究，为工程量清单的编制做准备。主要包括：①熟悉建设工程工程量清单计价规范、专业工程量计算规范、当地计价规定及相关文件；②熟悉设计文件，掌握工程全貌，便于清单项目列项的完整、工程量的准确计算及清单项目的准确描述，对设计文件中出现的问题应及时提出。（2）现场踏勘。①自然地理条件；②施工条件：当地政府有关部门对施工现场管理的一般要求、特殊要求及规定等。（3）拟订常规施工组织设计。估算整体工程量，拟定施工总方案等。

【考点】招标工程量清单的编制——招标工程量清单的编制依据及准备工作。

二、2022 年考题

1. 招标工程量清单编制的准备工作包括：①拟定常规施工组织设计；②现场踏勘；③计算工程量；④审查复核；⑤列项。正确的排列顺序是（ ）。

A. ②①③⑤④　　B. ②③①⑤④

C. ①②③④⑤　　D. ②③⑤①④

【答案】A

【解析】初步研究现场踏勘→拟定常规施工组织设计→编制分部分项工程项目清单（计算工程量）→编制措施项目清单、其他项目清单、规费税金项目清单，编制工程量清单总说明→汇总招标工程量清单（审查复核）。

【考点】招标工程量清单的编制——招标工程量清单编制依据及准备工作。

2. 关于招标工程量清单中的暂列金额，下列说法正确的是（ ）。

A. 是由招标人暂定但不包含在合同中的一笔款项

B. 包含暂时不能确定价格的材料、工程设备的价格

C. 一般可按分部分项工程项目清单的 15%～20% 确定

D. 不同专业预留的暂列金额应分别列项

【答案】D

【解析】暂列金额是指招标人暂定并包括在合同中的一笔款项。用于工程合同签订时尚未确定或者不可预见的所需材料、工程设备、服务的采购，施工中可能发生的工程变更、合同约定调整因素出现时的合同价款调整以及发生的索赔、现场签证确认等的费用。此项费用由招标人填写其项目名称、计量单位、暂定金额等，若不能详列，也可只列暂定金额总额。由于暂列金额由招标人支配，实际发生后才得以支付，因此，在确定暂列金额时应根据施工图纸的深度、暂估价设定的水平、合同价款约定调整的因素以及

工程实际情况合理确定。一般可按分部分项工程项目清单的 10% ~ 15% 确定，不同专业预留的暂列金额应分别列项。

【考点】招标工程量清单的编制——其他项目清单的编制。

3. 在编制最高投标限价时，对于招标人自行采购材料的，其总承包服务费按招标人提供材料价值的（　　）计算。

A. 1%　　B. 1.5%　　C. 3%　　D. 5%

【答案】A

【解析】招标人自行供应材料的，按招标人供应材料价值的 1% 计算。

【考点】最高投标限价的编制——其他项目费的编制。

4. 关于编制最高投标限价时应注意的问题，下列说法正确的是（　　）。

A. 材料价格必须采用工程造价信息平台发布的价格

B. 总价措施项目费应按造价主管部门规定的取费标准取费

C. 施工机械应选择同类机械租赁市场价格最高的机械

D. 竞争性措施项目应在常规的施工组织设计或施工方案基础上编制

【答案】D

【解析】选项 A 错误，采用的材料价格应是通过工程造价信息平台发布的材料价格，工程造价信息平台未发布材料单价的，其材料价格应通过市场调查确定。选项 B 错误，措施项目费中的安全文明施工费应当按照国家或省级、行业建设主管部门的规定标准计价，该部分不得作为竞争性费用。选项 C 错误，施工机械设备的选型直接关系到综合单价水平，应根据工程项目特点和施工条件，本着经济实用、先进高效的原则确定。选项 D 正确，对于竞争性措施费用的确定，招标人应首先编制常规的施工组织设计或施工方案，然后经科学论证后再进行合理确定措施项目与费用。

【考点】最高投标限价的编制——编制最高投标限价时应注意的问题。

5. 关于招标工程量清单的编制，下列说法正确的有（　　）。

A. 应在预算定额和工程量清单计算规范中选择工程量计算规范

B. 措施项目清单应根据拟建工程实际列项

C. 专业工程暂估价应计入其他项目费

D. 计日工应列出计量单位、暂定数量、暂定金额

E. 总承包服务费的项目名称和服务内容应由招标人填写

【答案】BCE

【解析】招标工程量清单的编制依据的是《建设工程工程量清单计价规范》GB 50500—2013 和各专业工程量计算规范等，选项 A 错误，预算定额不属于工程量计算规范，属于编制的计价依据。选项 D 错误，编制计日工表格时，一定要给出暂定数量，招标工程量清单计日工名称、暂定数量由招标人填写。

【考点】招标工程量清单的编制。

6. 在招标工程量清单总说明的编制内容中，应做出合理说明的内容有（　　）。

A. 基础及结构类型　　B. 施工场地的地表情况

C. 施工组织设计　　D. 工程分包范围

E. 工程质量要求

【答案】ABDE

【解析】工程量清单总说明包括以下内容：①工程概况。工程概况中要对建设规模（基础及结构类型）、工程特征、计划工期、施工现场实际情况（施工场地的地表情况）、自然地理条件、环境保护要求等做出描述。②工程招标及分包范围。③工程量清单编制依据。④工程质量、材料、施工等的特殊要求。⑤其他需要说明的事项。

【考点】招标工程量清单的编制——工程量清单总说明的编制。

三、2021 年考题

1. 关于招标的澄清和修改，下列说法正确的是（　　）。

A. 招标文件的澄清仅应发给提出疑问的投标人

B. 招标文件的澄清中应指明澄清问题的来源

C. 招标文件的澄清影响到投标截止时间不足的，应相应推后

D. 发出的招标文件只可澄清不可修改

【答案】C

【解析】选项 A、B 错误，招标文件的澄清与修改将在规定的投标截止时间 15 天前以书面形式发给所有购买招标文件的投标人，但不指明澄清问题的来源；选项 C 正确，如果澄清发出的时间距投标截止时间不足 15 天，相应推迟投标截止时间；选项 D 错误，招标人若对已发出的招标文件进行必要的修改，应当在投标截止时间 15 天前，招标人可以书面形式修改招标文件，并通知所有已获取招标文件的投标人。如果修改招标文件的时间距投标截止时间不足 15 天，相应推后投标截止时间。投标人收到修改内容后，应在规定的时间内以书面形式通知招标人，确认已收到该修改文件。

【考点】招标文件的组成内容及其编制要求——招标文件的澄清与修改。

2. 关于最高投标限价的公布，下列说法正确的是（　　）。

A. 应在发布招标文件时一并发布　　B. 应在开标时公布

C. 应在评标时公布　　D. 不应公布

【答案】A

【解析】《中华人民共和国招标投标法实施条例》规定，招标人设有最高投标限价的，应当在招标文件中明确最高投标限价（或者最高投标限价的计算方法），其最高投标限价应在发布招标文件时一并公布，招标人不得规定最低投标限价，选项 A 正确。

【考点】最高投标限价的编制。

3. 编制招标工程量清单时，下列措施项目应列入“总价措施项目清单与计价表”的是（　　）。

A. 脚手架　　B. 混凝土模板及支架

C. 施工场地硬化　　D. 施工排水降水

【答案】C

【解析】选项 A、B、D 属于单价措施项目；选项 C 正确，施工场地硬化属于总价措施项目中的安全文明施工费。

【考点】招标工程量清单的编制。

4. 关于最高投标限价的编制，下列说法正确的是（　　）。

A. 不得依据各级建设行政管理部门发布的定额编制

B. 暂估单价的材料费应计入其他项目工程费

C. 采用费率计算的措施项目费应包含规费和税金

D. 综合单价中应考虑一定的材料价格波动风险

【答案】D

【解析】选项 A 错误，最高投标限价是指根据国家或省级建设行政主管部门颁发的有关计价依据和办法，依据拟订的招标文件和招标工程量清单，结合工程具体情况发布的招标工程的最高投标限价；选项 B 错误，暂估单价中的材料费应该按照工程造价管理机构发布的工程造价信息中的材料单价计算，工程造价信息未发布的材料单价，其单价参考市场价格估算；选项 C 错误，采用费率法时需要确定某项费用的计费基数及其费率，结果中应包括除规费、税金以外的全部费用；选项 D 正确，综合单价中的风险因素，对于工程设备、材料价格的市场风险，应依据招标文件的规定、工程所在地或行业工程造价管理机构的规定，以及市场价格趋势考虑一定率值的风险费用，纳入综合单价中。

【考点】最高投标限价的编制。

5. 根据《标准施工招标文件》(2007 年版)，对于未进行资格预审的招标项目，其施工招标文件的组成内容包括（　　）等。

A. 招标公告

B. 招标邀请书

C. 投标人须知前附表

D. 评标办法

E. 拟分包项目情况表

【答案】ACD

【解析】选项 A、C、D 正确，施工招标文件的编制内容包括：

①招标公告（或招标邀请书）。当未进行资格审查时，招标文件中应包括招标公告。当进行资格审查时，招标文件中应包括投标邀请书，该邀请书可替代资格预审通过通知书，其他内容还包括招标文件的获取和招标文件的递交等。②投标人须知。③评标方法。④合同条款及格式。⑤工程量清单（最高投标限价）。⑥图纸。⑦技术标准和要求。⑧投标文件格式。⑨投标人须知前附表规定的其他材料。

【考点】招标文件的组成内容及其编制要求——施工招标文件的编制内容。

四、2020 年考题

1. 关于建设工程招标工程量清单的编制，下列说法正确的是（　　）。

A. 总承包服务费应计列在暂列金额项下

B. 分部分项工程项目清单中所列工程应按专业工程量计算规范规定的工程计算规则计算

C. 措施项目清单的编制不用考虑施工技术方案

D. 在专业工程量计算规范中没有列项的分部分项工程，不得编制补充项目

【答案】B

【解析】选项 A 错误，总承包服务费计列在其他项目清单下；选项 C 错误，措施项目清单的设置要考虑拟建工程的施工组织设计、施工技术方案、相关的施工规范与施

工验收规范，招标文件中提出的某些必须通过一定的技术措施才能实现的要求，设计文件中一些不足以写进技术方案的但是要通过一定的技术措施才能实现的内容；选项D错误，当在拟建工程的施工图纸中有体现，但在专业工程量计算规范附录中没有相对应的项目，并且在附录项目的"项目特征"或"工程内容"中也没有提示时，则必须编制针对这些分项工程的补充项目，在清单中单独列项并在清单的编制说明中注明。

【考点】招标工程量清单的编制。

2. 关于建设工程施工招标文件，下列说法正确的是（　　）。

A. 工程量清单不是招标文件的组成部分

B. 由招标人编制的招标文件只对投标人具有约束力

C. 招标项目的技术要求可以不在招标文件中描述

D. 招标人可以对已发出的招标文件进行必要的修改

【答案】D

【解析】招标文件是指导整个招标投标工作全过程的纲领性文件。按照《中华人民共和国招标投标法》和《中华人民共和国招标投标法实施条例》等法律法规的规定，招标文件应当包括招标项目的技术要求，对投标人资格审查的标准、投标报价要求和评标标准等所有实质性要求和条件以及拟签合同的主要条款。建设项目招标文件由招标人（或其委托的咨询机构）编制，由招标人发布，它既是投标单位编制投标文件的依据，也是招标人与中标人签订工程承包合同的基础。招标文件中提出的各项要求，对整个招标工作乃至发承包双方都具有约束力，因此招标文件的编制及其内容必须符合有关法律法规的规定。

【考点】招标文件的组成内容及其编制要求。

3. 关于建设工程工程量清单的编制，下列说法正确的是（　　）。

A. 招标文件必须由专业咨询机构编制，由招标人发布

B. 材料的品牌档次应在设计文件中体现，在工程量清单编制说明中不再说明

C. 专业工程暂估价中包括企业管理费和利润

D. 税金、规费是政府规定的，在清单编制中可不列项

【答案】C

【解析】招标阶段由招标人或其委托的工程造价咨询人根据工程项目设计文件，编制出招标工程项目的工程量清单，并将其作为招标文件的组成部分。以"项"为计量单位给出的专业工程暂估价一般应是综合暂估价，即应当包括除规费、税金以外的管理费、利润等。

【考点】招标工程量清单的编制。

4. 关于最高投标限价的编制，下列说法正确的是（　　）。

A. 国有企业的建设工程招标可以不编制最高投标限价

B. 招标文件中可以不公开最高投标限价

C. 最高投标限价与标底的本质是相同的

D. 政府投资的建设工程招标时，应设最高投标限价

【答案】D

【解析】选项 A 错误，国有资金投资的建筑工程招标的，应当设有最高投标限价；选项 B 错误，非国有资金投资的建筑工程招标的，可以设有最高投标限价或者招标标底；选项 C 错误，标底和最高投标限价本质是不同的，应公布最高投标限价。

【考点】最高投标限价的编制。

5. 下列费用中，属于招标工程量清单中其他项目清单编制内容的是（　　）。

A. 暂列金额　　B. 暂估价

C. 计日工　　D. 总承包服务费

E. 措施费

【答案】ABCD

【解析】建设工程招标工程量清单中其他项目清单编制内容有暂列金额、暂估价、计日工、总承包服务费。

【考点】招标工程量清单的编制——其他项目清单的编制。

五、2019 年考题

1. 关于招标工程量清单中分部分项工程量清单的编制，下列说法正确的是（　　）。

A. 所列项目应该是施工过程中以其本身构成工程实体的分项工程或可以精确计量的措施分项项目

B. 拟建施工图纸有体现，但专业工程量计算规范附录中没有相对应项目的，则必须编制这些分项工程的补充项目

C. 补充项目的工程量计算规则，应符合计算规则要具有可“计算性”且“计算结果要具有唯一性”的原则

D. 采用标准图集的分项工程，其特征描述应直接采用“详见 × × 图集”的方式

【答案】C

【解析】选项 A 错误，在分部分项工程项目清单中所列出的项目，应是在单位工程的施工过程中以其本身构成该单位工程实体的分项工程。选项 B 错误，当在拟建工程的施工图纸中有体现，并且在专业工程量计算规范附录中也有相对应的项目时，则根据附录中的规定直接列项，计算工程量，确定其项目编码。当在拟建工程的施工图纸中有体现，但在专业工程量计算规范附录中没有相对应的项目，并且在附录项目的“项目特征”或“工程内容”中也没有提示时，则必须编制针对这些分项工程的补充项目，在清单中单独列项并在清单的编制说明中注明。对补充项的工程量计算规则必须符合下述原则：一是其计算规则要具有可计算性；二是计算结果要具有唯一性。选项 D 错误，若采用标准图集或施工图纸能够全部或部分满足项目特征描述的要求，项目特征描述可直接采用详见“× × 图集”或“× × 图号”的方式。对不能满足项目特征描述要求的部分，仍应用文字描述。

【考点】招标工程量清单的编制——分部分项工程项目清单的编制。

2. 编制招标工程量清单时，应根据施工图纸的深度、暂估价设定的水平、合同价款约定调整因素以及工程实际情况合理确定的清单项目是（　　）。

A. 措施项目清单　　B. 暂列金额

C. 专业工程暂估价　　D. 计日工

【答案】B

【解析】在确定暂列金额时应根据施工图纸的深度、暂估价设定的水平、合同价款约定调整的因素以及工程实际情况合理确定。一般可按分部分项工程项目清单的10%～15%确定，不同专业预留的暂列金额应分别列项。

【考点】招标工程量清单的编制——其他项目清单的编制。

3. 依据工程所在地区颁发的计价定额等编制最高投标限价、进行分部分项工程综合单价组价时，首先应确定的是（　　）。

A. 风险范围与幅度　　B. 工程造价信息确定的人工单价等

C. 定额项目名称及工程量　　D. 管理费率和利润率

【答案】C

【解析】首先，依据提供的工程量清单和施工图纸，按照工程所在地区颁发的计价定额的规定，确定所组价的定额项目名称，并计算出相应的工程量；其次，依据工程造价政策规定或工程造价信息确定其人工、材料、施工机具台班单价；同时，在考虑风险因素确定管理费率和利润率的基础上，按规定程序计算出所组价定额项目的合价；最后，将若干项所组价的定额项目合价相加除以工程量清单项目工程量，便得到工程量清单项目综合单价，对于未计价材料费（包括暂估单价的材料费）应计入综合单价。

【考点】最高投标限价的编制。

4. 关于编制最高投标限价时总承包服务费的可参考标准，下列说法正确的是（　　）。

A. 招标人仅要求对分包专业工程进行总承包管理和协调时，按分包专业工程估算造价的0.5%计算

B. 招标人仅要求对分包专业工程进行总承包管理和协调时，按分包专业工程估算造价的1%计算

C. 招标人要求对分包专业工程进行总承包管理和协调，且要求提供配合服务时，按分包专业工程估算造价的1%～3%计算

D. 招标人要求对分包专业工程进行总承包管理和协调，且要求提供配合服务时，按分包专业工程估算造价的3%～5%计算

【答案】D

【解析】总承包服务费应按照省级或行业建设主管部门的规定计算，在计算时可参考以下标准：

（1）招标人仅要求对分包的专业工程进行总承包管理和协调时，按分包的专业工程估算造价的1.5%计算；

（2）招标人要求对分包的专业工程进行总承包管理和协调，并同时要求提供配合服务时，根据招标文件中列出的配合服务内容和提出的要求，按分包的专业工程估算造价的3%～5%计算；

（3）招标人自行供应材料的，按招标人供应材料价值的1%计算。

【考点】最高投标限价的编制——其他项目费的编制。

5. 为满足施工招标工程量清单编制的需要，招标人需拟定施工总方案，其主要内容包括（　　）。

A. 施工方法　　B. 施工步骤

C. 施工机械设备的选择　　D. 施工顺序

E. 现场平面布置

【答案】ACE

【解析】施工总方案只需对重大问题和关键工艺做原则性的规定，不需考虑施工步骤，主要包括：施工方法、施工机械设备的选择、科学的施工组织、合理的施工进度、现场的平面布置及各种技术措施。

【考点】招标工程量清单的编制——招标工程量清单编制依据及准备工作。

考点统计

通过对2019—2023年的考题统计，本节涉及的考点主要包括招标文件的组成内容及其编制要求、招标工程量清单的编制、最高投标限价的编制三项内容。近5年涉及本节的真题共有25题，具体考点的考核频次如表4.1.1所示。

表4.1.1　第四章第一节考点考核频次表

序号	知识点	具体考点	考核频次
1	招标文件的组成内容及其编制要求	“招标文件的组成内容及其编制要求”综合性考点	1
		招标文件的澄清与修改	1
		施工招标文件的编制内容	1
2	招标工程量清单的编制	“招标工程量清单的编制”综合性考点	1
		招标工程量清单编制依据及准备工作	3
		“招标工程量清单的编制内容”综合性考点	3
		分部分项工程项目清单的编制	2
		其他项目清单的编制	3
		工程量清单总说明的编制	1
3	最高投标限价的编制	“最高投标限价的编制”综合性考点	4
		编制最高投标限价的规定	1
		分部分项工程费的编制	1
		其他项目费的编制	2
		编制最高投标限价时应注意的问题	1

知识点凝练

本节的知识点主要包括招标文件的组成内容及其编制要求、招标工程量清单的编制和最高投标限价的编制三部分内容。由于招标文件的组成内容及其编制要求这一部分在考试大纲中没有专门的要求，相对重要程度较低。招标工程量清单这部分内容应主要掌握招标工程量清单中各项内容的编制要求，具体考点有招标工程量清单的编制依据、招标工程量清单编制的准备工作、招标工程量清单的编制内容、分部分项工程项目清单编制、措施项目清单编制、其他项目清单编制、规费税金项目清单的编制、工程量清单总说明的编制、招标工程量清单汇总。最高投标限价编制这一部分的主要考点包括最高投标限价与标底的关系、无标底招标的比较、编制最高投标限价的规定、最高投标限价的编制依据、最高投标限价的编制内容、分部分项工程费的编制、措施项目费的编制、其他项目费的编制、规费和税金的编制、编制最高投标限价时应注意的问题。

一、招标文件的组成内容及其编制要求

（一）施工招标文件的编制内容

1. 招标公告（或投标邀请书）

当未进行资格审查时，招标文件中应包括招标公告。当进行资格审查时，招标文件中应包括投标邀请书，该邀请书可替代资格预审通过通知书，其他内容还包括招标文件的获取和投标文件的递交等。

2. 投标人须知

投标人须知包括：总则，招标文件，投标文件，投标，开标，评标，合同授予，重新招标和不再招标，纪律和监督，其他内容。

3. 评标办法

评标办法可选择经评审的最低投标价法和综合评估法。

4. 合同条款及格式

包括本工程拟采用的通用合同条款，专用合同条款以及各种合同附件的格式。

5. 工程量清单（最高投标限价）

工程量清单是招标人编制最高投标限价和投标人编制投标报价的重要依据。

6. 图纸

是指由招标人提供的用于计算最高投标限价和投标人计算投标报价所必需的各种详细程度的图纸。

7. 技术标准和要求

招标文件中规定的各项技术标准不得含有倾向或者排斥潜在投标人的其他内容。

8. 投标文件格式

提供各种投标文件编制所依据的参考格式。

9. 规定的其他材料

如需要其他材料，应在“投标人须知前附表”中予以规定。

（二）招标文件的澄清和修改

招标文件的澄清与修改应在规定的投标截止时间 15 天前以书面形式发给所有购买招标文件的投标人，但不指明澄清问题的来源。如果澄清或修改发出的时间距投标截止时间不足 15 天，相应推后投标截止时间。

二、招标工程量清单的编制

（一）招标工程量清单编制依据和准备工作

1. 招标工程量清单的编制依据

（1）《建设工程工程量清单计价规范》GB 50500—2013、《房屋建筑与装饰工程工程量计算规范》GB 50854—2013 以及各专业工程计量规范等；

（2）国家或省级、行业建设主管部门颁发的计价依据、标准和办法；

（3）建设工程设计文件及相关资料；

（4）与建设工程有关的标准、规范、技术资料；

（5）拟定的招标文件；

（6）施工现场情况、地勘水文资料、工程特点及常规施工方案；

（7）其他相关资料。

2. 招标工程量清单编制的准备工作

（1）初步研究。对各种资料进行认真研究，为工程量清单的编制做准备。主要包括：

1）熟悉《建设工程工程量清单计价规范》GB 50500—2013 以及各专业工程计量规范等和当地计价规定及相关文件；熟悉设计文件，便于清单项目列项的完整、工程量的准确计算及清单项目的准确描述，对设计文件出现的问题及时提出。

2）熟悉招标文件、招标图纸，确定工程量清单编审的范围及需要设定的暂估价；收集相关市场价格信息，为暂估价的确定提供依据。

3）对《建设工程工程量清单计价规范》GB 50500—2013 缺项的新材料、新技术、新工艺，收集足够的基础资料，为补充项目的制订提供依据。

（2）现场踏勘。为了选用合理的施工组织设计和施工技术方案需进行现场踏勘，主要对以下两个方面进行调查：

1）自然地理条件；

2）施工条件。

（3）拟定常规施工组织设计。根据项目的具体情况编制施工组织设计，拟定工程的施工方案、施工顺序、施工方法等。

在拟定常规的施工组织设计时需注意以下问题：

1）估算整体工程量。根据概算指标或类似工程进行估算，且仅对主要项目加以估算即可，如土石方、混凝土等。

2）拟定施工总方案。施工总方案只需对重大问题和关键工艺做原则性的规定，不需考虑施工步骤，主要包括施工方法，施工机械设备的选择，科学的施工组织，合理的施工进度，现场平面布置及各种技术措施。

3）编制施工进度计划。施工进度计划要满足合同对工期的要求，在不增加资源的前提下尽量提前。

4）计算人材机资源需要量。

5）施工平面的布置。

（二）招标工程量清单的编制内容

1. 分部分项工程量清单的编制

（1）项目编码。同一招标工程的项目编码不得有重码。

（2）项目名称。应按专业工程计量规范附录的项目名称结合拟建项目的实际确定。

（3）项目特征描述。应按以下原则进行：

1）项目特征描述的内容应按附录中的规定，结合拟建工程的实际，满足确定综合单价的需要。

2）若采用标准图集或施工图纸能够全部或部分满足项目特征描述的要求，项目特征描述可直接采用“详见 ×× 图集”或“详见 ×× 图号”的方式。对不能满足项目特征描述要求的部分，仍应用文字描述。

（4）计量单位。附录中有两个或两个以上计量单位的，应结合拟建工程项目的实际选择其中一个确定。

（5）工程量的计算。工程量的计算必须依据一定的计算原则和方法：

1）计算口径一致；

2）按工程量计算规则计算；

3）按图纸计算；

4）按一定顺序计算。

2. 措施项目清单的编制

措施项目清单应根据拟建工程的实际情况列项，若出现《建设工程工程量清单计价规范》GB 50500—2013 中未列的项目，可根据工程实际情况补充；应区分可计算工程量和不可计算工程量的措施项目，分别用不同的方式编制招标工程量清单。

3. 其他项目清单的编制

（1）暂列金额。在确定暂列金额时应根据施工图纸的深度、暂估价设定的水平、合同价款约定调整的因素以及工程实际情况合理确定，一般为分部分项工程量清单的10%～15%。

（2）暂估价。暂估价是招标人在招标文件中提供的用于支付必然要发生但暂时不能确定价格的材料、工程设备的单价以及专业工程的金额。

（3）计日工。在编制计日工表格时，一定要给出暂定数量，并且需要根据经验，尽可能估算一个比较贴近实际的数量，且尽可能把项目列全，以消除因此而产生的争议。

（4）总承包服务费。总承包服务费是为了解决招标人在法律法规允许的条件下，进行专业工程发包以及自行采购供应材料、设备时，要求总承包人对发包的专业工程提供协调和配合服务，对供应的材料、设备提供收发和保管服务以及对施工现场进行统一管理，对竣工资料进行统一汇总整理等发生并向承包人支付的费用。招标人应当按照投标人的投标报价支付该项费用。

4. 规费税金项目清单的编制

税金项目清单除规定的内容外，如国家税法发生变化或增加税种，应对税金项目清单进行补充。规费、税金的计算基础和费率均应按国家或地方相关部门的规定执行。

5. 工程量清单总说明的编制

工程量清单总说明应包括以下内容：

（1）工程概况。工程概况中要对建设规模、工程特征、计划工期、施工现场实际情况、自然地理条件、环境保护要求等做出描述。

（2）工程招标及分包范围。

（3）工程量清单编制依据。

（4）工程质量、材料、施工等的特殊要求。

（5）其他需要说明的事项。

6. 招标工程量清单汇总

（三）招标工程量清单编制示例

详见教材表 4.1.1。

三、最高投标限价的编制

《招标投标法实施条例》规定，招标人可以自行决定是否编制标底，一个招标项目只能有一个标底，标底必须保密。同时规定，招标人设有最高投标限价的，应当在招标文件中明确最高投标限价（或者最高投标限价的计算方法），招标人不得规定最低投标限价。

（一）最高投标限价的编制规定与依据

最高投标限价是指根据国家或省级建设行政主管部门颁发的有关计价依据和办法，依据拟订的招标文件和招标工程量清单，结合工程具体情况发布的招标工程的最高投标限价。根据住房和城乡建设部颁布的《建筑工程施工发包与承包计价管理办法》（住建部令　第 16 号）的规定，国有资金投资的建筑工程招标的，应当设有最高投标限价；非国有资金投资的建筑工程招标的，可以设有最高投标限价或者招标标底。

1. 最高投标限价与标底的关系

最高投标限价是推行工程量清单计价过程中对传统标底概念的性质进行界定后所设置的专业术语，它使招标时评标定价的管理方式发生了很大的变化。设标底招标、无标底招标以及最高投标限价招标各有利弊，要根据实际情况进行选择。

2. 编制最高投标限价的规定

（1）国有资金投资的工程建设项目应实行工程量清单招标，招标人应编制最高投标限价，并应当拒绝高于最高投标限价的投标报价，即投标人的投标报价若超过公布的最高投标限价，则其投标应被否决。

（2）最高投标限价应由具有编制能力的招标人或受其委托的工程造价咨询人编制。工程造价咨询人不得同时接受招标人和投标人对同一工程的最高投标限价和投标报价的编制。

（3）最高投标限价应当依据工程量清单、工程计价有关规定和市场价格信息等编制，并不得进行上浮或下调。招标人应当在招标文件中公布最高投标限价的总价，以及各单位工程的分部分项工程费、措施项目费、其他项目费、规费和税金。

（4）最高投标限价超过批准的概算时，招标人应将其报原概算审批部门审核。这是由于我国对国有资金投资项目的投资控制实行的是设计概算审批制度，国有资金投资的工程原则上不能超过批准的设计概算。同时，招标人应将最高投标限价报工程所在地的工程造价管理机构备查。

（5）投标人经复核认为招标人公布的最高投标限价未按照《建设工程工程量清单计价规范》GB 50500—2013 的规定进行编制的，应在最高投标限价公布后 5 天内向招标投标监督机构和工程造价管理机构投诉。工程造价管理机构应当在受理投诉的 10 天内完成复查，特殊情况下可适当延长，并做出书面结论通知投诉人、被投诉人及负责该工程招标投标监督的招标投标管理机构。当最高投标限价复查结论与原公布的最高投标限价误差大于 ±3% 时，应责成招标人改正。当重新公布最高投标限价时，重新公布之日起至原投标截止期不足 15 天的应延长投标截止期。

（6）招标人应将最高投标限价及有关资料报送工程所在地或有该工程管辖权的行业管理部门工程造价管理机构备查。

3. 最高投标限价的编制依据

最高投标限价的编制依据是指在编制最高投标限价时需要进行工程量计量、价格确认、工程计价的有关参数、率值的确定等工作时所需的基础性资料。最高投标限价的编制依据主要包括：

（1）现行国家标准《建设工程工程量清单计价规范》GB 50500—2013 与专业工程量计算规范；

（2）国家或省级、行业建设主管部门颁发的计价依据、标准和办法；

（3）建设工程设计文件及相关资料；

（4）拟定的招标文件及招标工程量清单；

（5）与建设项目相关的标准、规范、技术资料；

（6）施工现场情况、工程特点及常规施工方案；

（7）工程造价管理机构发布的工程造价信息，工程造价信息没有发布的，参照市场价；

（8）其他的相关资料。

（二）最高投标限价的编制内容

1. 最高投标限价的编制内容

建设工程的最高投标限价反映的是单位工程费用，各单位工程费用是由分部分项工程费、措施项目费、其他项目费、规费和税金组成。各个部分有不同的计价要求。最高投标限价的编制内容见表 4.1.2。

2. 最高投标限价的市场化编制发展趋势

统一定额已经不是编制最高投标限价的法定依据，最高投标限价也逐渐走向由市场决定的发展方向。为实现最高投标限价能真正反映市场实际价格水平的目的，可以在编制方法和编制依据两个方面进行改革。

表 4.1.2　最高投标限价的编制内容

项目	编制内容	注意事项
分部分项工程费	$\text{工程量清单综合单价}=\dfrac{\sum\text{清单组价子项合价}+\text{未计价材料}}{\text{工程量清单项目工程量}}$	为使招标控制价与投标报价所包含的内容一致，综合单价中应包括招标文件中要求投标人所承担的风险内容及其范围（幅度）产生的风险费用
措施项目费	区分可计算工程量和不宜计算工程量的措施项目费用两种不同方式的计算	安全文明施工费应当按照国家或省级、行业建设主管部门的规定标准计价，该部分不得作为竞争性费用
其他项目费	暂列金额	根据工程的复杂程度、设计深度、工程环境条件（包括地质、水文、气候条件等）进行估算，一般可以分部分项工程费的 10% ~ 15% 为参考
	暂估价	材料单价应按照工程造价管理机构发布的工程造价信息中的材料单价计算，工程造价信息未发布的材料单价，其单价参考市场价格估算。暂估价中的专业工程暂估价应区分不同专业，按有关计价规定估算
	计日工	人工单价和施工机械台班单价应按省级、行业建设主管部门或其授权的工程造价管理机构公布的单价计算；材料应按工程造价管理机构发布的工程造价信息中的材料单价计算，工程造价信息未发布材料单价的材料，其价格应按市场调查确定的单价计算
	总承包服务费	（1）招标人仅要求对分包的专业工程进行总承包管理和协调时，按分包的专业工程估算造价的 1.5% 计算。 （2）招标人要求对分包的专业工程进行总承包管理和协调，并同时要求提供配合服务时，根据招标文件中列出的配合服务内容和提出的要求，按分包的专业工程估算造价的 3% ~ 5% 计算。 （3）招标人自行供应材料的，按招标人供应材料价值的 1% 计算
规费、税金	税金 =（人工费 + 材料费 + 施工机具使用费 + 企业管理费 + 利润 + 规费）× 增值税税率	

（1）编制方法的改革。优化招标工程量清单的编制方法。为便于市场化计价，招标工程量清单在编制时，可参考市场常用的做法，在现行国家标准工程量清单的基础上，调整清单项目划分，优化清单工作内容和特征描述，合理确定清单综合单价组成内容，简化清单综合单价分析表，不再通过与定额的关联对综合单价的人材机含量进行分析。

（2）编制依据的改革。倡导多元化组价形式，明确统一定额的参考地位，针对不同类型项目的特点，分别可按照参考定额、参照历史数据、市场询价、工程造价指标定价等多种清单组价方式。价格组成应与招标工程量清单要求相匹配。具体内容包括：

1）采用通用施工工艺的常规工程量清单项目，根据企业自身的消耗量和自身经验确定综合单价，对于人材机价格根据市场取定，地方发布的人工定额价、材料信息价和机械台班价仅作参考。

2）土石方、幕墙等专业化、市场化程度高的工程量清单项目，可参考类似项目的专业承包市场价格确定综合单价，或以专业分包总包价的形式进行组价，并综合考虑利润和管理费。

3）应用新材料、新结构、新技术、新工艺的工程量清单项目，既可以采用市场询价确定综合单价，也可以分包综合总价的形式进行组价，并综合考虑管理费和利润。

4）措施费在以往主要是以费率形式计取的基础上，可以采用总体报价的形式计取。

5）通过可靠、有效、完全的工程造价指标和指数体系的构建，作为最高投标限价的编制、复核和合同价款调整的参考。

6）采用参考类似工程、市场询价方式确定价格的，最终选定价格数据应保证数据来源达到一定数量标准（通常不应少于 3 个），施工危险性较大的部分采用数据来源中的最高价进行编制。

（三）编制最高投标限价时应注意的问题

（1）应该正确、全面地选用行业和地方的计价依据、标准、办法和市场化的工程造价信息。其中采用的材料价格应是通过工程造价信息平台发布的材料价格，工程造价信息未发布材料单价的材料，其材料价格应通过市场调查确定。另外，未采用发布的工程造价信息时，需在招标文件或答疑补充文件中对最高投标限价采用的与造价信息不一致的市场价格予以说明，采用的市场价格则应通过调查、分析确定，有可靠的信息来源。

（2）施工机械设备的选型直接关系到综合单价水平，应根据工程项目特点和施工条件，本着经济实用、先进高效的原则确定。

（3）不可竞争的措施项目和规费、税金等费用的计算均属于强制性条款，编制最高投标限价时应按国家有关规定计算。

（4）不同工程项目、不同投标人会有不同的施工组织方法，所发生的措施费也会有所不同，因此对于竞争性的措施费用的确定，招标人应首先编制常规的施工组织设计或施工方案，然后经科学论证后再合理确定措施项目与费用。

第二节　投标报价的编制

真题解析

一、2023 年考题

1. 某招标项目估算价为 2 000 万元，根据《中华人民共和国招标投标法》的规定，该项目最高投标保证金为（　　）万元。

A. 20　　B. 30　　C. 40　　D. 50

【答案】C

【解析】投标保证金的数额不得超过项目估算价的 2%，具体标准可遵照各行业规定。

2 000 × 2%=40（万元）。

【考点】编制投标文件——投标保证金与投标有效期。

2. 下列关于招标工程量清单中的事项，投标人在工程投标报价时应重点关注的是（　　）。

A. 暂列金额的合理性　　B. 材料暂估价与市场价的差异

C. 计日工暂估数量的合理性　　D. 总承包服务费的服务内容

【答案】D

【解析】暂列金额、材料暂估价、计日工暂估数量应按照招标人提供的其他项目中列出的填写，总承包服务费应根据招标人在招标文件中列出的分包专业工程内容和供应材料、设备情况，按照招标人提出的协调、配合与服务要求和施工现场管理需要自主确定。

【考点】投标报价编制的方法与内容——其他项目清单与计价表的编制。

3. 关于投标人在投标报价前对招标工程量清单中工程量的复核，下列说法正确的是（　　）。

A. 工程量的复核结果影响投标策略

B. 复核工程量的目的是修改工程量清单

C. 发现工程量有错误应立即向招标人提出修改意见

D. 应重点复核计日工数量

【答案】A

【解析】复核工程量的准确程度，将影响承包人的经营行为：一是根据复核后的工程量与招标文件提供的工程量之间的差距，从而考虑相应的投标策略，决定报价裕度；二是根据工程量的大小采取合适的施工方法，选择适用、经济的施工机具设备、投入使用相应的劳动力数量等。复核工程量的目的不是修改工程量清单，即使有误，投标人也不能修改招标工程量清单中的工程量。针对招标工程量清单中工程量的遗漏和错误，是否向招标人提出修改意见取决于投标策略。投标人应认真根据招标说明、图纸、地质资料等招标文件资料，计算主要清单工程量，复核工程量清单。

【考点】询价与工程量复核——复核工程量。

4. 关于投标有效期的确定，下列说法正确的有（　　）。

A. 从招标文件开始发出之日起算
B. 应考虑资格预审的时间
C. 应考虑评标需要的时间
D. 应考虑确定中标人需要的时间
E. 应考虑签订合同需要的时间

【答案】CDE

【解析】投标有效期从投标截止时间起开始计算，主要用作组织评标委员会评标、招标人定标、发出中标通知书以及签订合同等工作，考虑以下因素：

（1）组织评标委员会完成评标需要的时间；

（2）确定中标人需要的时间；

（3）签订合同需要的时间。

【考点】编制投标文件——投标保证金与投标有效期。

二、2022 年考题

1. 关于投标报价与最高投标限价编制的相同之处，下列说法正确的是（　　）。

A. 投标报价的编制依据不包含企业定额
B. 利润额应当根据招标人要求填写
C. 考虑相同的风险因素
D. 最高投标限价采用拟定的施工组织设计和方案

【答案】C

【解析】选项 A 错误，投标报价的编制依据有企业定额。选项 B 错误，利润由投标人自主报价。选项 D 错误，最高投标限价采用常规的施工组织设计和方案，投标报价采用拟定的施工组织设计和方案。

【考点】投标报价的编制原则与依据——投标报价的编制原则。

2. 某项目拟采用工程量清单招标签订单价合同，关于该工程投标综合单价的编制，下列说法正确的是（　　）。

A. 应以招标工程量清单的项目特征描述为准，即使与图纸不符
B. 合同约定范围内的承包人需承担的风险不应计入综合单价中
C. 承包人承担 10% 以内的材料设备和施工机具使用费的风险
D. 承包人承担 15% 以内的材料设备和施工机具使用费的风险

【答案】A

【解析】在招标投标过程中，当出现招标工程量清单特征描述与设计图纸不符时，投标人应以招标工程量清单的项目特征描述为准，确定投标报价的综合单价。当施工中施工图纸或设计变更与招标工程量清单项目特征描述不一致时，发承包双方应按实际施工的项目特征，依据合同约定重新确定综合单价。根据工程特点和工期要求，一般采取的方式是承包人承担 5% 以内的材料、工程设备价格风险，10% 以内的施工机具使用费风险。

【考点】投标报价的编制方法与内容——分部分项工程和单价措施项目清单与计价表的编制。

3. 根据现行工程量清单计价规范，投标人应按招标文件提供金额编制报价的项目是（ ）。

A. 安全文明施工费　　B. 暂列金额

C. 计日工　　D. 规费

【答案】B

【解析】暂列金额应按照招标人提供的其他项目清单中列出的金额填写，不得变动。

【考点】投标报价的编制方法与内容——其他项目清单与计价表的编制。

4. 下列投标人的行为，属于投标人相互串通投标的有（ ）。

A. 不同投标人之间约定中标人

B. 不同投标人的投标文件由同一个人编制

C. 投标人之间约定部分投标人放弃投标

D. 不同投标人的投标文件互相混装

E. 不同投标人的投标报价呈规律性差异

【答案】AC

【解析】有下列情形之一的，属于投标人相互串通投标：①投标人之间协商投标报价等投标文件的实质性内容；②投标人之间约定中标人；③投标人之间约定部分投标人放弃投标或者中标；④属于同一集团、协会、商会等组织成员的投标人按照该组织要求协同投标；⑤投标人之间为谋取中标或者排斥特定投标人而采取的其他联合行动。

【考点】编制投标文件——对投标行为的限制性规定。

三、2021 年考题

1. 投标人编制投标报价前需仔细研究招标文件，因下列而可能直接影响报价的完整性的是（ ）。

A. 忽视对监理方式的了解

B. 忽视对工程变更合同条款的分析

C. 忽视合同条款中有无工期奖罚的规定

D. 忽视技术标准的要求

【答案】D

【解析】选项 D 正确，任何忽视技术标准的报价都是不完整、不可靠的，有时可能导致工程承保重大失误和亏损。

【考点】投标报价前期工作——研究招标文件。

2. 下列清单项目中，投标人不得自主报价的是（ ）。

A. 总价措施项目　　B. 总承包服务费

C. 专业工程暂估价　　D. 计日工

【答案】C

【解析】选项 A 错误，总价措施项目费由投标人自主确定，但其中安全文明施工费必须按照国家或省级、行业建设主管部门的规定计价，不得作为竞争性费用；选项 B 错误，总承包服务费应根据招标人在招标文件中列出的分包专业工程内容和供应材料、设备情况，按照招标人提出的协调、配合与服务要求和施工现场管理需要自主确定；选项 C 正确，暂列金额应按照招标人提供的其他项目清单中列出的金额填写，不得变动和更改；选项 D 错误，计日工应按照招标人提供的其他项目清单列出的项目和估算的数量，自主确定各项综合单价并计算费用。

【考点】投标报价的编制方法与内容——其他项目清单与计价表的编制。

3. 某分项工程招标工程量清单数量为 1 000m^3，该分项工程的主要材料是 X 材料，X 材料在招标人提供的其他项目清单中的暂估价为 100 元 /m^3。已知投标人的企业定额中，每 100m^3 分项工程的 X 材料消耗量为 102m^2。投标人调查的 X 材料市场价为 110 元 /m^2，则投标人用企业定额编制的该分项工程的工程量清单综合单价分析表中，计列的 X 材料暂估合价为（　　）。

A. 100 元　　B. 102 元　　C. 10.2 万元　　D. 11.22 万元

【答案】C

【解析】计算工程内容的工程数量与清单单位的含量。每一项工程内容都应根据企业定额的工程量计算规则计算其工程数量，当企业定额的工程量计算规则与清单的工程量计算规则相一致时，可直接以工程量清单中的工程量作为工程内容的工程数量。1 000/100 × 102 × 100=10.2（万元）。

【考点】投标报价的编制方法与内容——分部分项工程和单价措施项目清单与计价表的编制。

4. 投标人对招标工程量清单中工程量复核的目的在于（　　）。

A. 据此选择投标策略　　B. 据此修改招标工程量清单

C. 据此采取合适的施工方法　　D. 据此确定采购物资的数量

E. 据此确定基础标价

【答案】ACD

【解析】选项 A、C、D 正确，工程量清单作为招标文件的组成部分，是由招标人提供的。工程量的大小是投标报价最直接的依据。复核工程量的准确程度，将影响承包商的经营行为：一是根据复核后的工程量与招标文件提供的工程量之间的差距，从而考虑相应的投标策略，决定报价裕度；二是根据工程量的大小采取合适的施工方法，选择适用、经济的施工机具设备、投入使用相应的劳动力数量等。

【考点】询价与工程量复核——复核工程量。

四、2020 年考题

1. 关于建设工程投标报价的编制，下列说法正确的是（　　）。

A. 可不考虑拟订合同中的工程变更条款

B. 应仔细研究招标文件中给定的工程技术标准

C. 可不考虑施工现场用地情况

D. 不必关注工程所在地气象资料

【答案】B

【解析】《建设工程工程量清单计价规范》GB 50500—2013 规定，投标报价应根据下列依据编制：

（1）《建设工程工程量清单计价规范》GB 50500—2013 与专业工程量计算规范；

（2）企业定额；

（3）国家或省级、行业建设主管部门颁发的计价依据、标准和办法；

（4）招标文件、工程量清单及其补充通知、答疑纪要；

（5）建设工程设计文件及相关资料；

（6）施工现场情况、工程特点及投标时拟订的施工组织设计或施工方案；

（7）与建设项目相关的标准、规范等技术资料；

（8）市场价格信息或工程造价管理机构发布的工程造价信息；

（9）其他的相关资料。

【考点】投标报价的编制原则与依据——投标报价的编制依据。

2. 投标人在进行建设工程投标报价时，下列事项应重点关注的是（　　）。

A. 施工现场市政设施条件　　B. 商业经理的业务能力

C. 投标人的组织架构　　D. 暂列金额的准确性

【答案】A

【解析】施工条件调查的内容主要包括：工程现场的用地范围、地形、地貌、地物、高程，地上或地下障碍物，现场的三通一平情况；工程现场周围的道路、进出场条件、有无特殊交通限制；工程现场施工临时设施、大型施工机具、材料堆放场地安排的可能性，是否需要二次搬运；工程现场邻近建筑物与招标工程的间距、结构形式、基础埋深、新旧程度、高度；市政给水及污水、雨水排放管线位置、高程、管径、压力，废水、污水处理方式；市政、消防供水管道管径、压力、位置等；当地供电方式、方位、距离、电压等；当地煤气供应能力，管线位置、高程等；工程现场通信线路的连接和铺设；当地政府有关部门对施工现场管理的一般要求、特殊要求及规定，是否允许节假日和夜间施工等。

【考点】投标报价前期工作——调查工程现场。

3. 投标人在确定综合单价时需要注意的事项有（　　）。

A. 清单项目特征描述　　B. 清单项目的编码顺序

C. 材料暂估价的处理　　D. 材料、设备市场价格的变化风险

E. 税金、规费的变化风险

【答案】ACD

【解析】投标人在确定综合单价时需要注意的事项有：

（1）项目特征是确定综合单价的重要依据之一，投标人投标报价时应依据招标文件中清单项目的特征描述确定综合单价；

（2）材料、工程设备暂估价的处理；

（3）考虑合理的风险，发承包双方风险分摊原则：①对于主要由市场价格波动导致的价格风险，根据招标文件和合同约定进行合理分摊，承包人承担 5% 以内的材料、工程设备价格风险，10% 以内的施工机具使用费风险；②对于法律、法规、规章和政策出台导致的税金、规费、人工费发生变化，承包人不承担此类风险；③对于承包人根据自身技术水平，管理、经营状况能够自主控制的风险，由承包人全部承担。

【考点】投标报价的编制方法与内容——分部分项工程和单价措施项目清单与计价表的编制。

五、2019 年考题

1. 投标人复核招标工程量清单时发现了遗漏，是否向招标人提出修改意见取决于（　　）。

A. 招标文件规定是否允许提出增补

B. 遗漏工程量的大小

C. 投标人的投标策略

D. 遗漏项目是否在工程量计算规范附录中有列项

【答案】C

【解析】针对招标工程量清单中工程量的遗漏或错误，是否向招标人提出修改意见取决于投标策略。

【考点】询价与工程量复核——复核工程量。

2. 在投标报价确定分部分项工程综合单价时，应根据所选的计算基础计算工程内容的工程量，该数量应为（　　）。

A. 实物工程量　　B. 施工工程量

C. 定额工程量　　D. 复核的清单工程量

【答案】C

【解析】在投标报价确定分部分项工程综合单价时，计算基础主要包括消耗量指标和生产要素单价。应根据本企业的实际消耗量水平，并结合拟订的施工方案确定完成清单项目需要消耗的各种人工、材料、施工机具台班的数量。因此，计算的工程量为定额工程量。

【考点】投标报价的编制方法与内容——分部分项工程和单价措施项目清单与计价表的编制。

3. 投标报价时，投标人需严格按照招标人所列项目明细进行自主报价的是（　　）。

A. 总价措施项目　　B. 专业工程暂估价

C. 计日工　　D. 规费

【答案】C

【解析】计日工应按照招标人提供的其他项目清单列出的项目和估算的数量，自主确定各项综合单价并计算费用。

【考点】投标报价的编制方法与内容——其他项目清单与计价表的编制。

4. 投标报价的分包询价，投标人应注意的问题有（　　）。

A. 分包标函是否完成　　B. 分包单价所包含的内容

C. 分包人是否自备专用施工机具　　D. 分包人可信赖程度

E. 分包人的质量保证措施

【答案】ABDE

【解析】对分包人询价应注意以下几点：分包标函是否完整，分包工程单价所包含的内容，分包人的工程质量、信誉及可信赖程度，质量保证措施，分包报价。

【考点】询价与工程量复核——分包询价。

考点统计

通过对 2019—2023 年的考题统计，本节涉及的考点主要包括投标报价前期工作、询价与工程量复核、投标报价的编制原则与依据、投标报价的编制方法和内容、编制投标文件五项内容。近 5 年涉及本节的真题共有 19 题，具体考点的考核频次如表 4.2.1 所示。

表 4.2.1　第四章第二节考点考核频次表

序号	知识点	具体考点	考核频次
1	投标报价前期工作	研究招标文件	1
		调查工程现场	1
2	询价与工程量复核	分包询价	1
		复核工程量	3
3	投标报价的编制原则与依据	投标报价的编制原则	1
		投标报价的编制依据	1
4	投标报价的编制方法与内容	分部分项工程和单价措施项目清单与计价表的编制	4
		其他项目清单与计价表的编制	4
5	编制投标文件	投标保证金与投标有效期	2
		对投标行为的限制性规定	1

知识点凝练

本节的知识点主要有投标报价前期工作、询价与工程量复核、投标报价的编制原则与依据、投标报价的编制方法和内容、编制投标文件五部分内容。对于本节内容考生应重点掌握各种流程、报价原则、风险分担方案及各个环节的编制要求。投标报价前期工作这一部分涉及的具体考点主要有：合同形式分析、合同条款分析；询价与工程量复核涉及的具体考点主要有：询价的渠道、复核工程量应注意的几个方面；投标报价的编制原则与依据涉及的具体考点主要有：投标报价的编制原则、投标报价的编制依据；投标报价的编制方法和内容这一部分涉及的考点主要有：分部分项工程和单价措施项目综合单价确定的步骤与方法、总价措施项目清单与计价表的编制应遵循的原则、其他项目清单与计价表的编制、投标人对其他项目费投标报价时应遵循的原则；编制投标文件这一部分涉及的考点主要有：投标文件编制时应遵循的规定、投标保证金与投标有效期、联合投标体应遵循的规定、串通投标。

投标报价是投标人响应招标文件要求所报出的，在已标价工程量清单中标明的总价，它是依据招标工程量清单所提供的工程数量，计算综合单价与合价后所形成的。为使得投标报价更加合理并具有竞争性，通常投标报价的编制应遵循一定的程序，如图 4.2.1 所示。

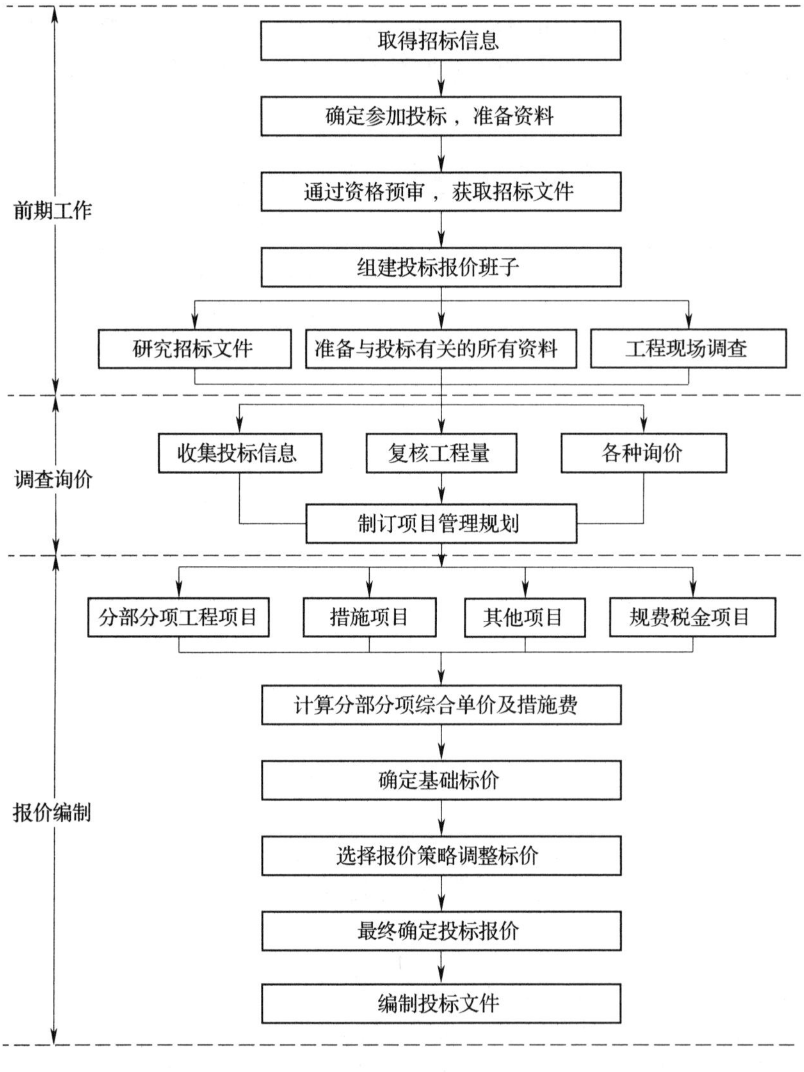

图 4.2.1　投标报价编制流程图

一、投标报价前期工作

（一）研究招标文件

投标人取得招标文件后，为保证工程量清单报价的合理性，应对投标人须知、合同条件、技术规范、图纸和工程量清单等重点内容进行分析。

1. 投标人须知

反映了招标人对投标的要求，特别要注意项目的资金来源、投标书的编制和递交、投标保证金、是否允许递交备选方案、评标方法等，重点在于防止投标被否决。

2. 合同分析

（1）合同背景分析。

（2）合同形式分析。包括承包方式（分项承包、施工承包、设计与施工总承包和管理承包）和计价方式（固定合同价格、可调合同价格和成本加酬金合同价格）。

（3）合同条款分析。包括承包人的任务、工作范围和责任，工程变更及相关合同价款调整，付款方式、时间，施工工期，业主责任。

3. 技术标准和要求分析

任何忽视技术标准的报价都是不完整的、不可靠的，有时可能导致工程承包重大失误和亏损。

4. 图纸分析

图纸的详细程度取决于招标人提供的施工图设计所达到的深度和所采用的合同形式。

（二）调查工程现场

招标人在招标文件中一般会明确是否组织工程现场勘查以及组织进行工程现场勘察的时间和地点。投标人对一般区域调查重点注意以下几个方面：

1. 自然条件调查

自然条件调查主要包括对气象资料，水文资料，地震、洪水及其他自然灾害情况，地质情况等的调查。

2. 施工条件调查

施工条件调查的内容主要包括：工程现场的用地范围、地形、地貌、地物、高程，地上或地下障碍物，现场的三通一平情况；工程现场周围的道路、进出场条件、有无特殊交通限制；工程现场施工临时设施、大型施工机具、材料堆放场地安排的可能性，是否需要二次搬运；工程现场邻近建筑物与招标工程的间距、结构形式、基础埋深、新旧程度、高度；市政给水及污水、雨水排放管线位置、高程、管径、压力、废水、污水处理方式；市政、消防供水管道管径、压力、位置等；当地供电方式、方位、距离、电压等；当地煤气供应能力，管线位置、高程等；工程现场通信线路的连接和铺设；当地政府有关部门对施工现场管理的一般要求、特殊要求及规定，是否允许节假日和夜间施工等。

3. 其他条件调查

其他条件调查主要包括各种构件、半成品及商品混凝土的供应能力和价格，以及现场附近的生活设施、治安环境等情况的调查。

二、询价与工程量复核

（一）询价

（1）询价的渠道。

（2）生产要素询价。

（3）分包询价。

（二）复核工程量

复核工程量应注意以下几个方面：

（1）投标人根据招标文件复核工程量特别注意：按一定次序进行，避免漏算和重算；正确划分分部分项工程，与《建设工程工程量清单计价规范》GB 50500—2013 保持一致。

（2）复核工程量的目的不是修改工程量清单，即使有误，投标人也不能修改工程量清单中的工程量，因为修改了清单就等于擅自修改了合同。对工程量清单存在的错误，可以向招标人提出，由招标人统一修改并把修改情况通知所有投标人。

（3）针对工程量清单中工程量的遗漏或错误，是否向招标人提出修改意见取决于投标策略。

（4）通过工程量计算复核确定订货及采购物资的数量。

三、投标报价的编制原则与依据

（一）投标报价的编制原则

投标报价的编制原则如下：

（1）自主报价原则；

（2）不低于成本原则；

（3）风险分担原则；

（4）发挥自身优势原则；

（5）科学严谨原则。

（二）投标报价的编制依据

《建设工程工程量清单计价规范》GB 50500—2013 规定，投标报价应根据下列依据编制：

（1）《建设工程工程量清单计价规范》GB 50500—2013 与专业工程量计算规范；

（2）企业定额；

（3）国家或省级、行业建设主管部门颁发的计价依据、标准和办法；

（4）招标文件、工程量清单及其补充通知、答疑纪要；

（5）建设工程设计文件及相关资料；

（6）施工现场情况、工程特点及投标时拟订的施工组织设计或施工方案；

（7）与建设项目相关的标准、规范等技术资料；

（8）市场价格信息或工程造价管理机构发布的工程造价信息；

（9）其他的相关资料。

四、投标报价的编制方法和内容

投标报价的编制过程，应首先根据招标人提供的工程量清单编制分部分项工程和措施项目清单与计价表，其他项目清单与计价表，规费、税金项目计价表，编制完成后，汇总得到单位工程投标报价汇总表，再逐级汇总，分别得出单项工程投标报价汇总表和建设项目投标报价汇总表，投标总价的组成如图 4.2.2 所示。

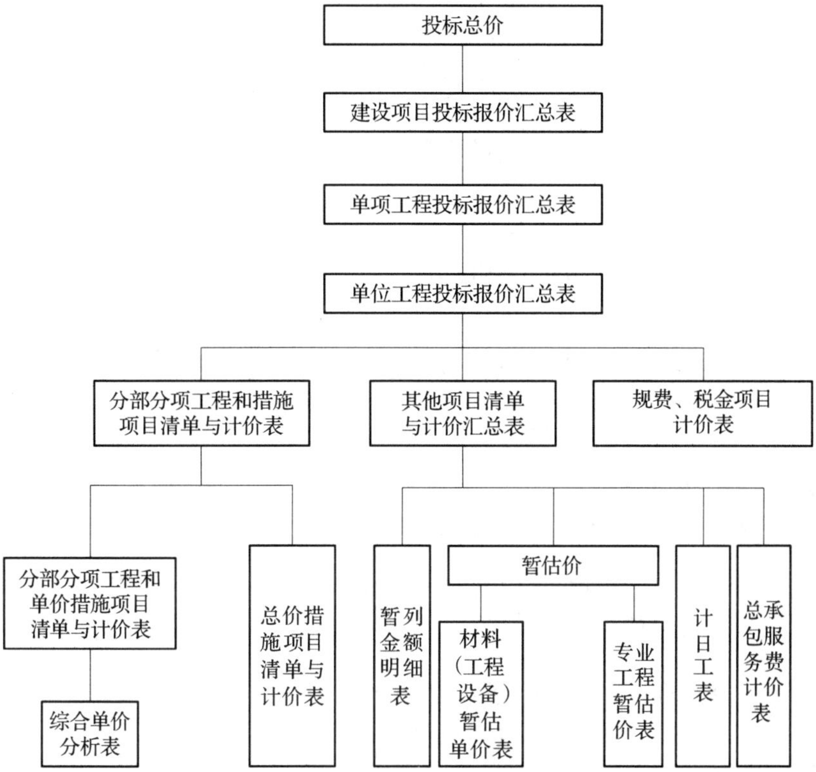

图 4.2.2　建设项目施工投标总价组成

（一）分部分项工程量清单与计价表的编制

1. 分部分项工程和单价措施项目清单与计价表的编制

确定综合单价是分部分项工程和单价措施项目清单与计价表编制过程中最主要的内容。

（1）确定分部分项工程综合单价时的注意事项。

1）以项目特征描述为依据。在招标投标过程中，当出现招标工程量清单特征描述与设计图纸不符时，投标人应以招标工程量清单的项目特征描述为准，确定投标报价的综合单价。当施工中施工图纸或设计变更与招标工程量清单项目特征描述不一致时，发承包双方应按实际施工的项目特征，依据合同约定重新确定综合单价。

2）材料、工程设备暂估价的处理。招标文件中在其他项目清单中提供了暂估单价的材料和工程设备，其中的材料应按其暂估的单价计入清单项目的综合单价中。

3）考虑合理的风险。招标文件中要求投标人承担的风险费用，投标人应考虑进入综合单价。在施工过程中，当出现的风险内容及其范围（幅度）在招标文件规定的范围（幅度）内时，综合单价不得变动，合同价款不做调整。根据国际惯例并结合我国工程建设的特点，发承包双方风险分摊原则：

①对于主要由市场价格波动导致的价格风险，根据招标文件和合同约定进行合理分摊，承包人承担 5% 以内的材料、工程设备价格风险，10% 以内的施工机具使用费风险。

②对于法律、法规、规章和政策出台导致的税金、规费、人工费发生的变化，承包人不承担此类风险。

③对于承包人根据自身技术水平、管理、经营状况能够自主控制的风险，如承包人的管理费、利润的风险，由承包人全部承担。

（2）分部分项工程综合单价确定的步骤和方法。

1）确定计算基础。

2）分析每一清单项目的工程内容。

3）计算工程内容的工程数量与清单单位的含量。

当采用清单单位含量计算人工费、材料费、施工机具使用费时，还需要计算每一计量单位的清单项目所分摊的工程内容的工程数量，即清单单位含量。

$$\text{清单单位含量}=\frac{\text{某工程内容的企业定额工程量}}{\text{清单工程量}}$$

4）分部分项工程人工、材料、机械费用的计算。以完成每一计量单位的清单项目所需的人工、材料、施工机具用量为基础计算，即：

$$\begin{matrix}\text{每一计量单位清单项目}\\\text{某种资源的使用量}\end{matrix}=\begin{matrix}\text{该种资源的}\\\text{企业定额单位用量}\end{matrix}\times\begin{matrix}\text{相应企业定额条目的}\\\text{清单单位含量}\end{matrix}$$

再根据预先确定的各种生产要素的单位价格计算出每一计量单位清单项目的分部分项工程的人工费、材料费与施工机具使用费。

5）计算综合单价。

（3）工程量清单综合单价分析表的编制。为表明综合单价的合理性，投标人应对其进行单价分析，以作为评标时的判断依据。综合单价分析表的编制应反映上述综合单价的编制过程，并按照规定的格式进行（详见教材中表 4.2.2“工程量清单综合单价分析表”所示）。

2. 总价措施项目清单与计价表的编制

投标人对措施项目中的总价项目投标报价应遵循以下原则：

（1）措施项目的内容应依据招标人提供的措施项目清单和投标人投标时拟订的施工组织设计或施工方案确定；

（2）措施项目费由投标人自主确定，但其中安全文明施工费必须按照国家或省级、行业建设主管部门的规定计价，不得作为竞争性费用。

投标报价时总价措施项目清单与计价表的编制（详见教材中表 4.2.3“总价措施项目清单与计价表”所示）。

（二）其他项目清单与计价表的编制

其他项目费主要由暂列金额、暂估价、计日工以及总承包服务费组成。

（1）暂列金额应按照招标人提供的其他项目清单中列出的金额填写，不得变动。

（2）暂估价不得变动和更改。

（3）计日工应按照招标人提供的其他项目清单列出的项目和估算的数量，自主确定各项综合单价并计算费用。

（4）总承包服务费应根据招标人在招标文件中列出的分包专业工程内容和供应材

料、设备情况，按照招标人提出的协调、配合与服务要求和施工现场管理需要自主确定。

（三）规费、税金项目计价表的编制

规费和税金应按国家或省级、行业建设主管部门的规定计算，不得作为竞争性费用。

（四）投标报价的汇总

投标人的投标总价应当与组成工程量清单的分部分项工程费、措施项目费、其他项目费和规费、税金的合计金额相一致，即投标人在进行工程量清单招标的投标报价时，不能进行投标总价优惠（或降价、让利），投标人对投标报价的任何优惠（或降价、让利）均应反映在相应清单项目的综合单价中。

五、编制投标文件

（一）投标文件的内容

投标文件应包括：

（1）投标函及投标函附录；

（2）法定代表人身份证明或附有法定代表人身份证明的授权委托书；

（3）联合体协议书（如工程允许采用联合体投标）；

（4）投标保证金；

（5）已标价工程量清单；

（6）施工组织设计；

（7）项目管理机构；

（8）拟分包项目情况表；

（9）资格审查资料；

（10）规定的其他材料。

（二）编制投标文件时应遵循的规定

编制投标文件时应遵循下列规定：

（1）投标文件应按“投标文件格式”进行编写，如有必要，可以增加附页，作为投标文件的组成部分。其中，投标函附录在满足招标文件实质性要求的基础上，可以提出比招标文件要求更能吸引招标人的承诺。

（2）投标文件应当对招标文件有关工期、投标有效期、质量要求、技术标准和要求、招标范围等实质性内容做出响应。

（3）投标文件应由投标人的法定代表人或其委托代理人签字和盖单位章。

（4）投标文件正本一份，副本份数按照招标文件有关规定。

（5）除招标文件另有规定外，投标人不得递交备选投标方案。

（三）投标文件的递交

1. 投标保证金与投标有效期

（1）投标保证金。投标保证金除现金外，可以是银行出具的银行保函、保兑支票、银行汇票或现金支票。投标保证金的数额不得超过投标总价的2%。依法必须进行招标的项目的境内投标单位，以现金或者支票形式提交的投标保证金应当从其基本账户转出。出现下列情况的，投标保证金将不予返还：

1）投标人在规定的投标有效期内撤销或修改其投标文件；

2）中标人在收到中标通知书后，无正当理由拒签合同协议书或未按招标文件规定提交履约担保。

（2）投标有效期。投标有效期从投标截止时间起开始计算，主要用作组织评标委员会评标、招标人定标、发出中标通知书，以及签订合同等工作，一般项目投标有效期为60～90天。投标保证金的有效期应与投标有效期保持一致。

出现特殊情况需要延长投标有效期的，招标人以书面形式通知所有投标人延长投标有效期。投标人同意延长的，应相应延长其投标保证金的有效期，但不得要求或被允许修改其投标文件的实质性内容；投标人拒绝延长的，其投标失效，但投标人有权收回其投标保证金。

2. 投标文件的递交方式

（1）投标文件的密封和标识。

（2）投标文件的修改与撤回。

（3）费用承担与保密责任。

（四）对投标行为的限制性规定

1. 联合体投标

两个以上法人或者其他组织可以组成一个联合体，以一个投标人的身份共同投标。联合投标体应遵循以下规定：

（1）联合体各方应按招标文件提供的格式签订联合体协议书，明确联合体牵头人和各方权利义务；

（2）联合体各方签订共同投标协议后，不得再以自己的名义单独投标，也不得组成新的联合体或参加其他联合体在同一项目中投标；

（3）通过资格预审的联合体，其各方组成结构或职责，以及财务能力、信誉情况等资格条件不得改变；

（4）由同一专业的单位组成的联合体，按照资质等级较低的单位确定资质等级；

（5）联合体投标的，应当以联合体各方或者联合体中牵头人的名义提交投标保证金。以联合体中牵头人名义提交的投标保证金，对联合体各成员具有约束力。

2. 串通投标

（1）有下列情形之一的，属于投标人相互串通投标：

1）投标人之间协商投标报价等投标文件的实质性内容；

2）投标人之间约定中标人；

3）投标人之间约定部分投标人放弃投标或者中标；

4）属于同一集团、协会、商会等组织成员的投标人按照该组织要求协同投标；

5）投标人之间为谋取中标或者排斥特定投标人而采取的其他联合行动。

（2）有下列情形之一的，视为投标人相互串通投标：

1）不同投标人的投标文件由同一单位或者个人编制；

2）不同投标人委托同一单位或者个人办理投标事宜；

3）不同投标人的投标文件载明的项目管理成员为同一人；

4）不同投标人的投标文件异常一致或者投标报价呈规律性差异；
5）不同投标人的投标文件相互混装；
6）不同投标人的投标保证金从同一单位或者个人的账户转出。
（3）有下列情形之一的，属于招标人与投标人串通投标：
1）招标人在开标前开启投标文件并将有关信息泄露给其他投标人；
2）招标人直接或者间接向投标人泄露标底、评标委员会成员等信息；
3）招标人明示或者暗示投标人压低或者抬高投标报价；
4）招标人授意投标人撤换、修改投标文件；
5）招标人明示或者暗示投标人为特定投标人中标提供方便；
6）招标人与投标人为谋求特定投标人中标而采取的其他串通行为。

第三节 中标价及合同价款的约定

真题解析

一、2023 年考题

1. 某项目采用综合评估法评标，其中投标报价部分总分值为 35 分，评标基准价为投标人报价的算数平均值，偏差率 =（投标人报价 – 评标基准价）/ 评标基准价 × 100%。当投标报价 > 评标基准价时，投标报价得分 =35– 偏差率 ×100×2；当投标报价≤评标基准价时，投标报价得分 =35+ 偏差率 ×100×1。本项目有甲、乙、丙、丁四个通过初评的投标人，投标报价分别为 7 000 万元、7 300 万元、7 200 万元、6 900 万元。该项目投标报价得分最高的投标人是（　　）。

A. 甲　　B. 乙　　C. 丙　　D. 丁

【答案】A

【解析】基准价 =（7 000+7 300+7 200+6 900）/4=7 100（万元），
偏差率：甲为（7 000–7 100）/7 100=–1.41%，乙为（7 300–7 100）/7 100=2.82%，
丙为（7 200–7 100）/7 100=1.41%，丁为（6 900–7 100）/7 100=–2.82%，
评标价：甲为 35+（–1.41%）×100=33.59，乙为 35–1.82%×100×2=29.36，
乙为 35–1.41%×100×2=32.18，丁为 35+（–2.82%）×100=32.18，因此，得分最高的是甲。

【考点】评标程序及评审标准——综合评估法。

2. 下列关于评标委员会成员的说法，正确的是（　　）。

A. 成员的名单应在开标后、评标前确定
B. 成员的名单应随中标候选人一并公示
C. 成员对中标人有决定权
D. 成员中技术、经济等方面专家不得少于三分之二

【答案】D

【解析】评标委员会成员名单一般应于开标前确定，而且该名单在中标结果确定前应当保密。定标委员会从评标委员会推荐的中标候选人中择优确定中标人。

【考点】评标程序与评审标准——初步评审及标准。

3. 下列评标中遇到的情形，评标委员会可直接否决其投标的有（　　）。

A. 投标文件中的大、小写金额不一致

B. 投标文件未经投标单位盖章

C. 投标文件中存在不平衡报价

D. 投标报价高于最高投标限价

E. 投标人不接受评标委员会的算数修正价格

【答案】DE

【解析】报价有算术错误的修正投标报价有算术错误的，评标委员会按以下原则对投标报价进行修正，修正的价格经投标人书面确认后具有约束力投标人不接受修正价格的，其投标被否决：

（1）投标文件中的大写金额与小写金额不一致的，以大写金额为准；

（2）总价金额与依据单价计算出的结果不一致的，以单价金额为准修正总价，但单价金额小数点有明显错误的除外。

未能在实质上响应的投标，评标委员会应当否决其投标，具体情形包括：

（1）投标文件未经投标单位盖章和单位负责人签字；

（2）投标联合体没有提交共同投标协议；

（3）投标人不符合国家或者招标文件规定的资格条件；

（4）同一投标人提交两个以上不同的投标文件或者投标报价，但招标文件允许提交备选投标的除外；

（5）投标报价低于成本或者高于招标文件设定的最高投标限价，对报价是否低于工程成本的异议，评标委员会可以参照国务院有关主管部门和省、自治区、直辖市有关主管部门发布的有关规定进行评审；

（6）投标文件没有对招标文件的实质性要求和条件做出响应；

（7）投标人有串通投标、弄虚作假、行贿等违法行为。

【考点】评标程序及评审标准——初步评审及标准。

二、2022 年考题

1. 某建筑工程招标采用经评审的最低投标价法评标，招标文件规定对同时投多个标段的评标修正率为 3%，现甲、乙同时投Ⅰ、Ⅱ标段，其报价如下表所示，若甲中标Ⅰ标段，不考虑其他量化因素，则甲、乙Ⅱ标段的评标价应分别为（　　）万元。

投标人价格	Ⅰ标段	Ⅱ标段
甲报价 / 万元	7 000	6 500
乙报价 / 万元	7 200	6 000

A. 6 305，5 820　　　　B. 6 695，6 000

C. 6 305，6 000　　　　　　　　D. 6 695，6 180

【答案】C

【解析】甲在Ⅰ标段中标，给予3%的评标优惠，所以甲在Ⅱ标段的评标价为：

6 500×（1–3%）=6 305（万元）。乙未在Ⅰ标段中标，因此乙在Ⅱ标段的评标价为6 000万元。

【考点】评标程序及评审标准——经评审的最低投标价法。

2. 关于履约担保，下列说法正确的是（　　）。

A. 中标人提供履约担保的，招标人应同时向中标人提供工程款支付担保

B. 最高不得超过中标合同金额的5%

C. 有效期自合同签订之日起至合同约定的中标人主要义务履行完毕止

D. 发包人应在工程接收证书颁发前28天内将履约担保退还给承包人

【答案】A

【解析】招标人要求中标人提供履约担保的，招标人应当同时向中标人提供工程款支付担保。中标后的承包人应保证其履约担保在发包人颁发工程接收证书前一直有效。发包人应在工程接收证书颁发后28天内将履约保证金退还给承包人。履约保证金最高不得超过中标合同金额的10%。履约担保的有效期自合同生效之日起至合同约定的中标人主要义务履行完毕止。

【考点】中标人的确定——中标通知及签约准备。

3. 下列对投标文件进行评审的工作中，属于初步评审工作的有（　　）。

A. 错漏项分析　　　　　　　　B. 审查类似项目业绩

C. 分析报价构成的合理性　　　D. 修正有算数错误的报价

E. 拟定“价格比较一览表”

【答案】BCD

【解析】（1）初步评审标准，包括以下四个方面：①形式评审标准；②资格评审标准；③响应性评审标准；④施工组织设计和项目管理机构评审标准。

（2）投标文件的澄清和说明。

（3）报价有算术错误的修正。

（4）经初步评审后否决投标的情况。

选项B，审查类似项目业绩属于资格评审标准；选项C，分析报价构成的合理性属于响应性评审。

【考点】评标程序及评审标准——初步评审及标准。

三、2021年考题

1. 某市政工程招标采用经评审的最低投标价法评标，招标文件规定对同时投多个标段的评标修正率为4%，现甲、乙同时投Ⅰ、Ⅱ标段，甲的报价分别为8 000万元、7 000万元，乙的报价分别为8 500万元、6 800万元。已知投标人甲已经中标Ⅰ标段，在不考虑其他量化因素的情况下，投标人甲、乙Ⅱ标段的评标价分别为（　　）万元。

A. 6 720，6 528　　B. 6 720，6 800　　C. 7 280，6 800　　D. 7 280，7 072

【答案】B

【解析】对同时投多个标段的评标修正，一般的做法是，如果投标人的某一个标段已被确定为中标，则在其他标段的评标中按照招标文件规定的百分比（通常为4%）乘以报价额后，在评标价中扣减此值，所以：甲Ⅱ标段的评标价 =7 000×（1−4%）=6 720（万元），乙Ⅱ标段的评标价 =6 800（万元），选项 B 正确。

【考点】评标程序及评审标准——经评审的最低投标价法。

2. 招标发包的建设工程，其签约合同价为（　　）。

A. 中标价

B. 最高投标限价

C. 中标后商务谈判价

D. 经评审的合理价

【答案】A

【解析】选项 A 正确，签约合同价是指合同双方签订合同时在协议中列明的合同价格，对于以单价合同形式招标的项目，工程量清单中各种价格的总计即为合同价。合同价就是中标价，因为中标价是指评标时经过算术修正的，并在中标通知书中申明招标人接受的投标价格。

【考点】合同价款的约定——签约合同价与中标价的关系。

3. 依法必须招标的项目，对于中标候选人的公示内容有（　　）。

A. 全部投标人名单及排名

B. 中标候选人响应招标文件要求的资格能力条件

C. 中标候选人各评分要素得分

D. 中标候选人的投标报价

E. 中标候选人承诺的项目负责人姓名

【答案】BDE

【解析】选项 B、D、E 正确，中标候选人的公示内容包括：招标人需对中标候选人全部名单及排名进行公示，而不是只公示排名第一的中标候选人。同时，对有业绩信誉条件的项目，在投标报名或开标时提供的作为资格条件或业绩信誉情况，应一并进行公示，但不含投标人的各评分要素的得分情况。依法必须招标项目的中标候选人公示应当载明以下内容：中标候选人排序、名称、投标报价、质量、工期（交货期）以及评标情况；中标候选人按照招标文件要求承诺的项目负责人姓名及其相关证书名称和编号；中标候选人响应招标文件要求的资格能力条件；提出异议的渠道和方式；招标文件规定公示的其他内容。

【考点】中标人的确定——公示中标候选人。

四、2020 年考题

1. 建设工程评标过程中遇下列情形，评标委员会可直接否决投标文件的是（　　）。

A. 投标文件中的大小写金额不一致

B. 未按施工组织设计方案进行报价

C. 投标联合体没有提交共同投标协议

D. 投标报价中采用了不平衡报价

【答案】C

【解析】评标委员会应当审查每一投标文件是否对招标文件提出的所有实质性要求和条件做出响应。未能在实质上响应的投标，评标委员会应当否决其投标。具体情形包括：①投标文件未经投标单位盖章和单位负责人签字；②投标联合体没有提交共同投标协议；③投标人不符合国家或者招标文件规定的资格条件；④同一投标人提交两个以上不同的投标文件或者投标报价，但招标文件允许提交备选投标的除外；⑤投标报价低于成本或者高于招标文件设定的最高投标限价，对报价是否低于工程成本的异议，评标委员会可以参照国务院有关主管部门和省、自治区、直辖市有关主管部门发布的有关规定进行评审；⑥投标文件没有对招标文件的实质性要求和条件做出响应；⑦投标人有串通投标、弄虚作假、行贿等违法行为。

【考点】评标程序及评审标准——初步评审及标准。

2. 对于综合评估法中的评标基准价的确定，下列说法正确的是（　　）。

A. 按所有有效投标人中的最低投标价确定

B. 按所有有效投标人的平均投标价确定

C. 按所有有效投标人的平均投标价乘以事先约定的浮动系数确定

D. 按项目特点、行业管理规定自行确定

【答案】D

【解析】评标基准价的计算方法应在投标人须知前附表中予以明确。招标人可依据招标项目的特点、行业管理规定给出评标基准价的计算方法，确定时也可适当考虑投标人的投标报价。

【考点】评标程序及评审标准——综合评估法。

3. 关于招标人与中标人合同的签订，下列说法正确的有（　　）。

A. 双方按照招标文件和投标文件订立书面合同

B. 双方在投标有效期内并在自中标通知书发出之日起 30 日内签订施工合同

C. 招标人要求中标人按中标下浮 3% 后签订施工合同

D. 中标人无正当理由拒绝签订合同的，招标人可不退还其投标保证金

E. 招标人在于中标人签订合同后 5 日内，向所有投标人退还投标保证金

【答案】BD

【解析】招标人和中标人应当按照招标文件和中标人的投标文件订立书面合同；招标人和中标人应当在投标有效期内并在自中标通知书发出之日起 30 日内，按照招标文件和中标人的投标文件订立书面合同。发出中标通知书后，招标人无正当理由拒签合同的，招标人向中标人退还投标保证金，给中标人造成损失的，还应当赔偿损失。招标人最迟应当在与中标人签订合同后 5 日内，向中标人和未中标的投标人退还投标保证金及银行同期存款利息。

【考点】合同价款的约定——合同签订的时间及规定。

五、2019 年考题

1. 根据《建设工程造价咨询规范》GB/T 51095—2015，下列投标文件的评审内容，属于清标工作的是（　　）。

A. 营业执照的有效性

B. 营业执照、资质证书安全生产许可证的一致性

C. 投标函上签字与盖章的合法性

D. 投标文件是否实质性响应招标文件

【答案】D

【解析】清标工作主要包含下列内容：

（1）对招标文件的实质性响应；

（2）错漏项分析；

（3）分部分项工程项目清单项目综合单价的合理性分析；

（4）措施项目清单的完整性和合理性分析，以及其中不可竞争性费用的正确性分析；

（5）其他项目清单完整性和合理性分析；

（6）不平衡报价分析；

（7）暂列金额、暂估价正确性复核；

（8）总价与合价的算术性复核及修正建议；

（9）其他应分析和澄清的问题。

【考点】评标程序及评审标准——清标。

2. 某世界银行贷款项目采用经评审的最低投标价法评标，招标文件规定对同时投多个标段的评标修正率为 4%。现投标人甲同时投Ⅰ、Ⅱ标段，其报价分别为 7 000 万元、6 000 万元。在投标人甲已中标Ⅰ标段的情况下，其Ⅱ标段的评标价应为（　　）万元。

A. 5 720　　B. 6 240　　C. 5 760　　D. 6 280

【答案】C

【解析】对同时投多个标段的评标修正，一般的做法是，如果投标人的某一个标段已经被确定为中标，则在其他标段的评标中按照招标文件规定的百分比（通常为 4%）乘以报价额后，在评标中扣减此值。故该题其Ⅱ标段的评标价应为：6 000 ×（1–4%）= 5 760（万元）。

【考点】评标程序及评审标准——经评审的最低投标价法。

3. 下列条件下的建设工程，其施工承包合同适合采用成本加酬金方式确定合同价的有（　　）。

A. 工程建设规模小　　B. 施工技术特别复杂

C. 工期较短　　D. 紧急抢险项目

E. 施工图设计还有待进一步深化

【答案】BD

【解析】根据《建筑工程施工发包与承包计价管理办法》（住建部令　第 16 号），实行工程量清单计价的建筑工程，鼓励发承包双方采用单价方式确定合同价款；建设规模较小，技术难度较低，工期较短的建设工程，发承包双方可以采用总价方式确定合同价款；紧急抢险、救灾以及施工技术特别复杂的建设工程，发承包双方可以采用成本加酬金方式确定合同价款。

【考点】合同价款的约定——合同价款类型的选择。

考点统计

通过对 2019—2023 年的考题统计，本节涉及的考点主要包括评标程序及评审标准、中标人的确定、合同价款的约定三项内容。近 5 年涉及本节的真题共有 15 题，具体考点的考核频次如表 4.3.1 所示。

表 4.3.1　第四章第三节考点考核频次表

序号	知识点	具体考点	考核频次
1	评标程序及评审标准	初步评审及标准	4
		清标	1
		经评审的最低投标价法	3
		综合评估法	2
2	中标人的确定	公示中标候选人	1
		中标通知及签约准备	1
3	合同价款的约定	合同签订的时间及规定	1
		合同价款类型的选择	1
		签约合同价与中标价的关系	1

知识点凝练

本节的知识点主要有评标程序及评审标准、中标人的确定、合同价款的约定。本节考点中除“经评审的最低投标价法”可能出现计算题之外，其他内容以考核基本概念为主。评标程序及评审标准这一部分涉及的具体考点主要有：评标活动应遵循的原则、清标工作主要包括的内容、初步评审中报价有算术错误的修正、经初步评审后否决投标的情况、详细评审标准及规定、综合评估法中的评标基础价的计算方法和详细评审过程；中标人的确定这一部分涉及的具体考点主要有：中标候选人的公示、中标候选人的确定、中标候选人提交的履约担保；合同价款的约定这一部分涉及的具体考点主要有：合同签订的时间及规定、合同价款的类型的选择。

一、评标程序及评审标准

（一）清标与初步评审

1. 清标

清标工作主要包含下列内容：

（1）对招标文件的实质性响应；

（2）错漏项分析；
（3）分部分项工程量清单项目综合单价的合理性分析；
（4）措施项目清单的完整性和合理性分析，以及其中不可竞争性费用的正确分析；
（5）其他项目清单完整性和合理性分析；
（6）不平衡报价分析；
（7）暂列金额、暂估价正确性复核；
（8）总价与合价的算术性复核及修正建议；
（9）其他应分析和澄清的问题。

2. 初步评审及标准

（1）初步评审标准，包括以下四个方面：
1）形式评审标准；
2）资格评审标准；
3）响应性评审标准；
4）施工组织设计和项目管理机构评审标准。

（2）投标文件的澄清和说明。评标委员会可以书面方式要求投标人对投标文件中含意不明确的内容做必要的澄清、说明或补正，但是澄清、说明或补正不得超出投标文件的范围或者改变投标文件的实质性内容。但评标委员会不得向投标人提出带有暗示性或诱导性的问题，或向其明确投标文件中的遗漏和错误。同时，评标委员会不接受投标人主动提出的澄清、说明或补正。

（3）报价有算术错误的修正。投标报价有算术错误的，评标委员会按以下原则对投标报价进行修正，修正的价格经投标人书面确认后具有约束力。投标人不接受修正价格的，其投标作废标处理。

1）投标文件中的大写金额与小写金额不一致的，以大写金额为准；

2）总价金额与依据单价计算出的结果不一致的，以单价金额为准修正总价，但单价金额小数点有明显错误的除外；

3）对不同文字文本投标文件的解释发生异议的，以中文文本为准。

（4）经初步评审后否决投标的情况。未能在实质上响应的投标，评标委员会应当否决其投标。具体情形包括：

1）投标文件未经投标单位盖章和单位负责人签字；
2）投标联合体没有提交共同投标协议；
3）投标人不符合国家或者招标文件规定的资格条件；
4）同一投标人提交两个以上不同的投标文件或者投标报价，但招标文件要求提交备选投标的除外；
5）投标报价低于成本或者高于招标文件设定的最高投标限价；
6）投标文件没有对招标文件的实质性要求和条件做出响应；
7）投标人有串通投标、弄虚作假、行贿等违法行为。

（二）详细评审标准与方法

1. 经评审的最低投标价法

（1）经评审的最低投标价法一般适用于具有通用技术、性能标准或者招标人对其技术、性能没有特殊要求的招标项目。

（2）详细评审标准及规定。如世界银行贷款项目采用此种评标方法时，通常考虑的量化因素和标准包括：一定条件下的优惠（借款国国内投标人有 7.5 % 的评标优惠），工期提前的效益对报价的修正，同时投多个标段的评标修正等。所有修正因素都应当在招标文件中有明确的规定。对同时投多个标段的评标修正，一般的做法是，如果投标人的某一个标段已被确定为中标，则在其他标段的评标中按照招标文件规定的百分比（通常为 4%）乘以报价额后，在评标价中扣减此值。

根据经评审的最低投标价法完成详细评审后，评标委员会应当拟订一份“价格比较一览表”，连同书面评标报告提交招标人。“价格比较一览表”应当载明投标人的投标报价、对商务偏差的价格调整和说明以及已评审的最终投标价。

2. 综合评估法

不宜采用经评审的最低投标价法的招标项目，一般应当采取综合评估法进行评审。综合评估法是指评标委员会对满足招标文件实质性要求的投标文件，按照规定的评分标准进行打分，并按得分由高到低的顺序推荐中标候选人，或根据招标人授权直接确定中标人，但投标报价低于其成本的除外。综合评分相等时，以投标报价低的优先；投标报价也相等的，由招标人自行确定。

（1）详细评审中的分值构成与评分标准。综合评估法下评标分值构成分为四个方面，即施工组织设计、项目管理机构、投标报价、其他评分因素，总计分值为 100 分。

（2）投标报价偏差率的计算。评标基准价的计算方法应在投标人须知前附表中予以明确。

（3）详细评审过程。评分分值计算保留小数点后两位，小数点后第三位“四舍五入”。由评委对各投标人的标书进行评分后加以比较，最后以总得分最高的投标人为中标候选人。

二、中标人的确定

（一）评标报告的内容及提交

评标报告由评标委员会全体成员签字。对评标结论持有异议的评标委员会成员应当以书面方式阐述其不同意见和理由。评标委员会成员拒绝在评标报告上签字且不陈述其不同意见和理由的，视为同意评标结论。评标委员会应当对此做出书面说明并记录在案。评标报告应当如实记载以下内容：

（1）基本情况和数据表；

（2）评标委员会成员名单；

（3）开标记录；

（4）符合要求的投标一览表；

（5）否决投标情况说明；

（6）评标标准、评标方法或者评标因素一览表；

（7）经评审的价格或者评分比较一览表；

（8）经评审的投标人排序；

（9）推荐的中标候选人名单与签订合同前要处理的事宜；

（10）澄清、说明、补正事项纪要。

（二）公示中标候选人

对中标候选人的公示需明确以下几个方面：

（1）公示范围。公示的项目范围是依法必须进行招标的项目，其他招标项目是否公示中标候选人由招标人自主决定。

（2）公示媒体。招标人在确定中标人之前，应当将中标候选人在交易场所和指定媒体上公示。

（3）公示时间（公示期）。招标人应当自收到评标报告之日起 3 日内公示中标候选人，公示期不得少于 3 日。

（4）公示内容。招标人需对中标候选人全部名单及排名进行公示，而不是只公示排名第一的中标候选人。同时，对有业绩信誉条件的项目，在投标报名或开标时提供的作为资格条件或业绩信誉情况，应一并进行公示，但不含投标人的各评分要素的得分情况。依法必须招标项目的中标候选人公示应当载明以下内容：中标候选人排序、名称、投标报价、质量、工期（交货期）以及评标情况，中标候选人按照招标文件要求承诺的项目负责人姓名及其相关证书名称和编号，中标候选人响应招标文件要求的资格能力条件，提出异议的渠道和方式，招标文件规定公示的其他内容。

（5）异议处置。投标人或其他利害关系人对依法必须进行招标的项目的评标结果有异议的，应当在中标候选人公示期间提出。招标人应当自收到异议之日起 3 日内做出答复；做出答复前，应当暂停招标投标活动。经核查后发现在招标投标过程中确有违反相关法律法规且影响评标结果公正性的，招标人应当重新组织评标或招标。招标人拒绝自行纠正或无法自行纠正的，则根据《招标投标法实施条例》第六十条的规定向行政监督部门提出投诉。对故意虚构事实，扰乱招标投标市场秩序的，则按照有关规定进行处理。

（三）确定中标人

1. 中标人的条件及确定原则

除招标文件中特别规定了授权评标委员会直接确定中标人外，招标人应依据评标委员会推荐的中标候选人确定中标人，评标委员会提交中标候选人的人数应符合招标文件的要求，应当不超过 3 人，并标明排列顺序。中标人的投标应当符合下列条件之一：

（1）能够最大限度满足招标文件中规定的各项综合评价标准。

（2）能够满足招标文件的实质性要求，并且经评审的投标价格最低，但是投标价格低于成本的除外。

对使用国有资金投资或者国家融资的项目，招标人应当确定排名第一的中标候选人为中标人。招标人可以授权评标委员会直接确定中标人。

2.“评定分离”方法的推行

“评定分离”方法，即将招投标程序中的“评标委员会评标”与“招标人定标”作为相对独立的两个环节进行分离。根据《住房和城乡建设部关于进一步加强房屋建筑和市政基础设施工程招标投标监管的指导意见》（建市规〔2019〕11 号）的规定，评标委员会对投标文件的技术、质量、安全、工期的控制能力等因素提供技术咨询建议，向招标人推荐合格的中标候选人。由招标人按照科学、民主决策原则，建立健全内部控制程序和决策约束机制，根据报价情况和技术咨询建议，择优确定中标人，实现招标投标过程的规范透明，结果的合法公正，并依法依规接受监督。

依据此指导意见的精神，多地均发布了推行“评定分离”方法的操作细则，包括三个方面：

（1）定标委员会的组建。定标委员会由招标人负责组建和管理，成员为5人以上单数，本单位在编人员不得少于成员总数的2/3成员名单在中标结果确定前应当保密。定标委员会应当推荐定标组长，招标人（不含代理机构）的法定代表人或者主要负责人参加定标委员会的，由其直接担任定标委员会组长，定标委员会名单在中标结果公告前应当保密。定标委员会的组成、定标地点、定标方法和标准等内容应当在招标文件中明确。

（2）定标委员会的工作职责。评标委员会负责对投标文件进行评审，对投标人的技术、质量、安全、工期的控制能力等因素提供技术咨询建议，推荐不排序中标候选人；定标委员会的职责是根据评标委员会的评标报告，综合考虑报价、技术、信用、招标人的清标和前期考察结果等因素，按照招标文件规定的定标程序和规则，从评标委员会推荐的中标候选人中择优确定中标人。定标委员会应当按照招标文件确定的定标因素进行定标并对定标活动及其结果负责，必要时可以要求评标委员会予以澄清或说明，但不得改变已确定的评标结果。

（3）定标方法。目前常用的定标方法包括价格竞争定标法、票决定标法、集体议事法等。价格竞争定标法是指以投标价格作为定标主要依据的方法，具体方法由招标人在招标文件中加以规定，该方法可以引申出多种定标方法，比如最低投标价法、次低价法、第N（事先约定的数字）低价法、平均值法等；票决定标法是指以直接票决或者逐轮票决等方式确定中标人的方法；集体议事法是指定标委员会进行集体商议，定标委员各自发表意见，最终由定标委员会组长确定中标人的定标方法，该方法的实质是赋予招标人的法定代表人或者主要负责人个人定标权。

（四）中标通知及签约准备

1. 发出中标通知书

招标人自行招标的，应当自确定中标人之日起15日内，向有关行政监督部门提交招标投标情况的书面报告。书面报告中至少应包括下列内容：

（1）招标方式和发布资格预审公告、招标公告的媒介；

（2）招标文件中投标人须知、技术规格、评标标准和方法、合同主要条款等内容；

（3）评标委员会的组成和评标报告；

（4）中标结果。

2. 履约担保

在签订合同前，中标人及联合体的中标人应按招标文件的有关规定的金额、担保形式和提交时间，向招标人提交履约担保。履约担保有现金、支票、汇票、履约担保书和银行保函等形式，可以选择其中的一种作为招标项目的履约保证金，履约保证金不得超过中标合同金额的10%。中标人不能按要求提交履约保证金的，视为放弃中标，其投标保证金不予退还，给招标人造成的损失超过投标保证金数额的，中标人还应当对超过部分予以赔偿。发包人应在工程接收证书颁发后28天内把履约保证金退还给承包人。

三、合同价款的约定

（一）签约合同价与中标价的关系

签约合同价是指合同双方签订合同时在协议中列明的合同价格，对于以单价合同形式招标的项目，工程量清单中各种价格的总计即为合同价。合同价就是中标价，因为中标价是指评标时经过算术修正的，并在中标通知书中申明招标人接受的投标价格。

（二）合同价款约定的规定和内容

1. 合同签订的时间及规定

招标人和中标人应当在投标有效期内并在自中标通知书发出之日起 30 日内，按照招标文件和中标人的投标文件订立书面合同。中标人无正当理由拒签合同的，招标人取消其中标资格，其投标保证金不予退还；给招标人造成的损失超过投标保证金数额的，中标人还应当对超过部分予以赔偿。发出中标通知书后，招标人无正当理由拒签合同的，招标人向中标人退还投标保证金；给中标人造成损失的，还应当赔偿损失。招标人最迟应当在与中标人签订合同后 5 日内，向中标人和未中标的投标人退还投标保证金及银行同期存款利息。

2. 合同价款类型的选择

实行工程量清单计价的工程，应采用单价合同。建设规模较小，技术难度较低，工期较短，且施工图设计已审查批准的建设工程可以采用总价合同。紧急抢险、救灾以及施工技术特别复杂的建设工程可以采用成本加酬金合同。

3. 合同价款约定的内容

发承包双方应在合同条款中对下列事项进行约定：

（1）预付工程款的数额、支付时间及抵扣方式；

（2）安全文明施工措施费的支付计划、使用要求等；

（3）工程计量与支付工程进度款的方式、数额及时间；

（4）工程价款的调整因素、方法、程序、支付及时间；

（5）施工索赔与现场签证的程序、金额确认与支付时间；

（6）承担计价风险的内容、范围以及超出约定内容、范围的调整方法；

（7）工程竣工结算价款的编制与核对、支付及时间；

（8）工程质量保证金的数额、预留方式及时间；

（9）违约责任以及发生合同价款争议的解决方法与时间；

（10）与履行合同、支付价款有关的其他事项等。

第四节 工程总承包及国际工程合同价款的约定

真 题 解 析

一、2023 年考题

1. 下列工程总承包的类型中，总包方能承担项目可行性研究工作的是（ ）。

A. EPC 总承包　　B. 交钥匙总承包

C. 设计—施工总承包　　D. 设计—采购总承包

【答案】B

【解析】

<table>
<tr><th colspan="2" rowspan="3">总承包类型</th><th colspan="8">承担工程项目建设程序中的工作</th></tr>
<tr><th rowspan="2">可行性研究</th><th rowspan="2">项目决策</th><th colspan="3">设计</th><th rowspan="2">材料设备采购</th><th rowspan="2">施工</th><th rowspan="2">试运行</th></tr>
<tr><th>方案设计</th><th>初步设计</th><th>施工图设计</th></tr>
<tr><td colspan="2">设计采购施工总承包</td><td></td><td></td><td>·</td><td>·</td><td>·</td><td>·</td><td>·</td><td>·</td></tr>
<tr><td colspan="2">交钥匙总承包</td><td>·</td><td>·</td><td>·</td><td>·</td><td>·</td><td>·</td><td>·</td><td>·</td></tr>
<tr><td rowspan="3">阶段性总承包</td><td>设计—施工总承包</td><td></td><td></td><td>·</td><td>·</td><td>·</td><td></td><td></td><td></td></tr>
<tr><td>设计—采购总承包</td><td></td><td></td><td>·</td><td>·</td><td>·</td><td>·</td><td></td><td></td></tr>
<tr><td>采购—施工总承包</td><td></td><td></td><td></td><td></td><td></td><td>·</td><td>·</td><td></td></tr>
</table>

【考点】工程总承包合同价款的约定——工程总承包的类型。

2. 工程 EPC 总承包模式下，下列风险中，应由承包人承担的是（ ）。

A. 因国家政策变化引起的合同价格变化

B. 勘察设计深度不足造成的工程费用变化

C. 材料价格波动幅度超出合同约定幅度的部分

D. 不可抗力造成的工程费用变化

【答案】B

【解析】EPC 总承包即工程总承包人按照合同约定，承担工程项目的设计、施工、试运行服务等工作，并对承包工程的质量、安全、工期、造价全面负责。勘察设计由承包人承担。

【考点】工程总承包合同价款的约定——工程总承包的类型。

3. 关于国际工程投标报价中的暂定金额，下列说法正确的是（ ）。

A. 由投标人根据项目特点自主报价

B. 应分项计入各工程量清单项目单价中

C. 可供工程实施中不可预料事件使用

D. 包含工程保险费用

【答案】C

【解析】暂定金额是指发包人在招标文件和工程量清单中以备用金标明的金额，是供任何部分施工，或提供货物、材料、设备及服务，或供不可预料事件使用的一项金额。

【考点】国际工程招标投标及合同价款的约定——承揽国际工程投标报价的计算（其他费用的计算）。

4. 在计算国际工程投标报价时，下列费用中应计入国内派出人工工日单价的是（　　）。

A. 国际差旅费　　B. 国外津贴

C. 人身意外保险费　　D. 劳务单位管理费

E. 社会福利费

【答案】AB

【解析】国内派出工人工日单价 = 一名工人出国期间的总费用 /（工作年数 × 年工作日），出国期间的总费用包括出国准备到回国休整结束后的全部费用，主要包括：①国外岗位工资；②派出工人的企业收取的管理费；③服装费、卧具及住房费；④国内、国际差旅费；⑤国外津贴、补贴费和伙食费；⑥奖金及加班工资；⑦劳保福利费；⑧工资预涨费，每年上涨率一般可按 5% ~ 10% 估计；⑨保险费，按当地工人保险费标准计算。

【考点】国际工程招投标及合同价款的约定——承揽国际工程投标报价的计算（直接费的计算）。

二、2022 年考题

1. EPC 总承包模式下，工程总承包人应承担的工作是（　　）。

A. 采购、设计、施工

B. 采购、施工

C. 采购、设计、施工、试运行

D. 采购、设计、施工、试运行、保养维护

【答案】C

【解析】EPC 总承包即工程总承包人按照合同约定，承担工程项目的设计、采购、施工、试运行服务等工作，并对承包工程的质量、安全、工期、造价全面负责。

【考点】工程总承包合同价款的约定——工程总承包的类型。

2. 关于世界银行贷款项目国际竞争性招标工程的评标，下列步骤及顺序正确的是（　　）。

A. 资格预审、审标、评标　　B. 审标、资格预审、评标

C. 审标、资格定审、评标　　D. 审标、评标、资格定审

【答案】D

【解析】评标主要有审标、评标、资格定审三个步骤。

【考点】国际工程招标投标及合同价款的约定——国际竞争性招标（评标）。

3. 某企业进行国际工程投标报价时，将分包费列入直接费中，该分包工程的管理费应计入（　　）。

A. 直接费　　B. 间接费

C. 暂定金额　　D. 分包费

【答案】B

【解析】在国际工程投标报价中，对分包费的处理有两种方法：一种方法是将分包费列入直接费中，即考虑间接费时包含了对分包的管理费；另一种方法是将分包费与直

接费、间接费平行并列，在估算分包费时适当加入对分包商的管理费即可。

【考点】国际工程招标投标及合同价款的约定——承揽国际工程时投标报价的计算（其他费用的计算）。

三、2021 年考题

1. 与其他工程总承包方式相比，交钥匙总承包的优越性体现在（　　）。

A. 承包人承担的风险比较小　　B. 业主可以深度介入项目管理中

C. 能满足业主的某些特殊要求　　D. 更能提高工程设计质量

【答案】C

【解析】选项 C 正确，交钥匙总承包与其他工程总承包方式相比，交钥匙工程承包的优越性：①能满足某些业主的特殊要求；②承包商承担的风险比较大，但获利的机会比较多，有利于调动总包的积极性；③业主介入的程度比较浅，有利于发挥承包商的主观能动性；④业主与承包商之间的关系简单。

【考点】工程总承包合同价款的约定——工程总承包的类型。

2. 工程总承包人在投标报价中考虑的"标高金"由（　　）组成。

A. 管理费和风险费　　B. 利润和风险费

C. 利润和管理费　　D. 利润、管理费和风险费

【答案】D

【解析】选项 D 正确，标高金由管理费、利润和风险费组成。管理费属于总部的日常开支在该项目上的摊销，与公司本部费用有所不同，公司本部费用是与项目直接相关的管理费用和勘察设计费用开支。

【考点】工程总承包合同价款的约定——工程总承包投标报价分析。

3. 关于国际竞争性招投标项目的开标，下列做法正确的是（　　）。

A. 不允许投标人或其代表出席开标会议

B. 不应拒绝开启未附投标保证金的标书

C. 应全部读出标书的详细内容

D. 开标时不允许记录和录音

【答案】B

【解析】选项 A 错误，应允许投标人或其代表出席开标会议，对每份标书都应当众读出其投标人、报价和交货或完工期；选项 B 正确，不能因为标书未付投标保证金或保函而拒绝开启；选项 C 错误，标书的详细内容是不可能也不必全部读出的；选项 D 错误，开标时一般不允许提问或做任何解释，但允许记录和录音。

【考点】国际工程招标投标及合同价款的约定——国际竞争性招标（开标）。

四、2020 年考题

1. 关于施工总承包建设工程投标文件的内容，下列说法正确的是（　　）。

A. 不包括施工组织设计

B. 提供投标人的法定代表人身份证明或附有法定代表人身份证明的授权委托书

C. 应包括深化设计图纸

D. 不包括拟分包项目情况表

【答案】B

【解析】根据《标准设计施工总承包招标文件》(2012年版)的规定，工程总承包投标文件的编制由以下内容组成：

(1) 投标函及投标函附录；

(2) 法定代表人身份证明或附有法定代表人身份证明的授权委托书；

(3) 联合体协议书(如接受联合体投标)；

(4) 投标保证金；

(5) 价格清单，包括勘察设计费清单、工程设备费清单、必备的备品备件费清单、建筑安装工程费清单、技术服务费清单、暂估价清单、其他费用清单以及投标报价汇总表；

(6) 承包人建议书，包括图纸、工程详细说明、设备方案、分包方案、对发包人要求错误的说明等；

(7) 承包人实施计划，包括概述、总体实施方案、项目实施要点、项目管理要点等；

(8) 资格审查资料，包括投标人基本情况表、近年财务状况表、近年完成的类似设计施工总承包项目情况表、正在实施和新承接的项目情况表、近年发生的重大诉讼及仲裁情况等；

(9) 投标人须知前附表规定的其他资料。

【考点】工程总承包合同价款的约定——工程总承包投标文件的内容。

2. EPC总承包模式下，承包人应承担的工作是(　　)。

A. 设计、采购、施工、试运行　　B. 项目决策、设计、施工

C. 项目决策、采购、施工　　D. 可行性研究、采购、施工

【答案】A

【解析】EPC总承包即工程总承包人按照合同约定，承担工程项目的设计、采购、施工、试运行服务等工作，并对承包工程的质量、安全、工期、造价全面负责。

【考点】工程总承包合同价款的约定——工程总承包的类型。

3. 根据《标准设计施工总承包招标文件》(2012年版)，关于“合同价格”和“签约合同价”，下列说法正确的是(　　)。

A. 合同价格是指签约合同价

B. 签约合同价中包括了专业工程暂估价

C. 合同价格不包括按合同约定进行的变更价款

D. 签约合同价一般高于中标价

【答案】B

【解析】本题考查“合同价格”与“签约合同价”的含义。《标准设计施工总承包招标文件》合同协议书中称合同价格为“签约合同价”，即指中标通知书明确的并在签订合同时于合同协议书中写明的，包括了暂列金额、暂估价的合同总金额。而“合同价格”是指承包人按合同约定完成了包括缺陷责任期内的全部承包工作后，发包人应付给承包人的金额，包括在履行合同过程中按合同约定进行的变更和调整。

【考点】工程总承包合同价款的约定——工程总承包的签约合同价。

4. 下列费用中包含在国际工程投标报价其他费用中的是（　　）。

A. 保函手续费　　B. 保险费

C. 代理人佣金　　D. 暂定金额

【答案】D

【解析】其他费用包括分包费、暂定金额、上级单位管理费、利润及风险费用等。

【考点】国际工程招标投标及合同价款的约定——承揽国际工程时投标报价的计算（其他费用的计算）。

五、2019 年考题

1. 下列工程总承包类型中，总承包商需要履行试运行工作职责的是（　　）。

A. 设计采购施工总承包　　B. 设计－施工总承包

C. 采购－施工总承包　　D. 设计－采购总承包

【答案】A

【解析】设计采购施工总承包即工程总承包人按照合同约定，承担工程项目的设计、采购、施工、试运行服务等工作，并对承包工程的质量、安全、工期、造价全面负责。

【考点】工程总承包合同价款的约定——工程总承包的类型。

2. 国际工程投标报价时，对于当地采购的材料，其单价应为（　　）。

A. 市场价格＋运杂费

B. 市场价格＋运杂费＋运输保管损耗费

C. 市场价格＋运杂费＋采购保管费

D. 市场价格＋运杂费＋采购保管费＋运输保管损耗费

【答案】D

【解析】国际工程中，当地材料商供应到现场的材料、设备单价一般以材料商的报价为依据，并考虑材料预涨费（当工期较长时）的因素，综合计算单价。自行采购的材料、设备单价的计算公式为：材料、设备单价＝市场价格＋运杂费＋采购保管费＋运输保管损耗费。

【考点】国际工程招标投标及合同价款的约定——承揽国际工程时投标报价的计算（直接费的计算）。

3. 国际工程分包费与直接费、间接费平行并列时，总包商对分包商的管理费应列入（　　）。

A. 间接费　　B. 分包费

C. 盈余　　D. 上级单位管理费

【答案】B

【解析】在国际工程标价中，对分包费的处理有两种方法：一种是将分包费列入直接费中，即考虑间接费时包含了对分包的管理费；另一种是将分包费与直接费、间接费平行并列，在估算分包费时适当加入对分包商的管理费即可。

【考点】国际工程招标投标及合同价款的约定——承揽国际工程时投标报价的计算（其他费用的计算）。

考点统计

通过对2019—2023年的考题统计，本节涉及的考点主要是包括工程总承包合同价款的约定和国际工程招标投标及合同价款的约定两项内容。近5年涉及本节的真题共有17题，具体考点的考核频次如表4.4.1所示。

表4.4.1 第四章第四节考点考核频次表

序号	知识点	具体考点	考核频次
1	工程总承包合同价款的约定	工程总承包的类型	6
		工程总承包投标文件的内容	1
		工程总承包投标报价分析	1
		工程总承包的签约合同价	1
2	国际工程招标投标及合同价款的约定	国际竞争性招标（评标）	1
		国际竞争性招标（开标）	1
		承揽国际工程时投标报价的计算（直接费的计算）	2
		承揽国际工程时投标报价的计算（其他费用的计算）	4

知识点凝练

本节的考点有工程总承包合同价款的约定与施工合同价款约定的区别、国际竞争性招标程序与我国公开招标程序中的主要区别，以及承揽国际工程时投标报价计算方法的特殊处理。本节的主要考点为工程总承包合同价款的约定与施工合同价款约定的区别。工程总承包合同价款的约定这一部分涉及的具体考点主要有：工程总承包的类型、工程总承包投标文件的内容、工程总承包投标报价分析中的成本分析和标高金分析、工程总承包的签约合同价；国际工程招标投标及合同价款的约定这一部分涉及的具体考点主要有：评标的步骤、承揽国际工程时投标报价的计算，重点掌握直接费的计算和其他费用的计算。

一、工程总承包合同价款的约定

根据《国务院办公厅关于促进建筑业持续健康发展的意见》（国办发〔2017〕19号），要求政府投资工程带头推行工程总承包，装配式建筑原则上应采用工程总承包模式，鼓励非政府投资工程推行工程总承包。

（一）工程总承包的特点与分类

1. 工程总承包的类型

工程总承包主要有如下方式：

（1）设计采购施工（EPC）总承包。EPC 总承包即工程总承包企业按照合同约定，承担工程项目的设计、采购、施工、试运行服务等工作，并对承包工程的质量、安全、工期、造价全面负责。

（2）交钥匙（Turnkey）总承包。

1）交钥匙总承包的范围包括：①项目前期的投资机会研究、项目发展策划、建设方案及可行性研究和经济评价；②工程勘察、总体规划方案和工程设计；③工程采购和施工；④项目动用准备和生产运营组织；⑤项目维护及物业管理的策划与实施等。

2）交钥匙总承包与其他工程总承包方式相比，交钥匙总承包的优越性有：①能满足某些业主的特殊要求；②承包商承担的风险比较大，但获利的机会比较多，有利于调动总包的积极性；③业主介入的程度比较浅，有利于发挥承包商的主观能动性；④业主与承包商之间的关系简单。

（3）阶段性总承包。根据工程项目的不同规模、类型和业主要求，工程总承包还可采用设计－采购总承包、采购－施工总承包和设计－施工总承包（D–B）方式。

2. 工程总承包的发展及主要特点

（1）工程总承包的发展过程。

（2）工程总承包的主要特点。

1）有利于优化工程建设组织方式。

2）有利于设计和施工深度交叉，降低工程造价。

3）有利于缩短建设周期，提高工程质量。

4）有利于提高承包人的市场竞争力。

3. 工程总承包模式的选择

根据团体标准《建设项目工程总承包计价规范》T/CCEAS 001—2022 的规定，具有下列情形时，发包人不宜采用设计采购施工总承包（EPC）模式，而推荐采用设计施工总承包（DB）模式。

（1）投标人没有足够的时间或信息仔细审核发包人要求，或没有足够的时间或信息进行设计、风险评估和估价；

（2）施工涉及实质性地下工程或投标人无法检查地区其他区域的工程；

（3）发包人要密切监督或控制承包人的工作，或审查大部分施工图纸。

总承包模式的选择同时也与发包时点有关。可行性研究报告批准后发包的，宜采用设计采购施工总承包（EPC）模式；方案设计批准后发包的，可采用设计采购施工总承包（EPC）模式或设计施工总承包（DB）模式；初步设计批准后发包的，宜采用设计施工总承包（DB）模式。

（二）工程总承包招标文件的编制

1. 工程总承包招标文件的编制内容

综合《标准设计施工总承包招标文件》和《房屋建筑和市政基础设施项目工程总承包管理办法》的规定，工程总承包招标文件的编制由以下内容组成：

（1）招标公告（或投标邀请书）。与建设项目施工招标的有关规定类似，当总承包招标未进行资格预审时，招标文件内容应包括招标公告。当进行资格预审时，招标文件中应包括投标邀请书，此邀请书可代替设计施工总承包资格预审通过通知书。

（2）投标人须知。除投标人须知前附表外，投标人须知由总则、招标文件、投标文件、投标、开标、评标、合同授予、纪律和监督、电子招标投标等内容组成。

1）总则。主要包括项目概况，项目的资金来源和落实情况，招标范围、计划工期和质量标准，对投标人的资格要求，对费用承担和设计成果补偿、保密、语言文字、计量单位等方面的规定，对踏勘现场、投标预备会的要求，以及对分包和偏离问题的处理。

2）招标文件。主要包括招标文件的组成以及澄清和修改的规定。

3）投标文件。主要包括投标文件的组成，投标报价编制的规定，投标有效期和投标保证金的规定，需提交的资格审查资料，是否允许提交备选投标方案，以及投标文件编制所应遵循的规定等。

4）投标。主要包括投标文件密封和标记的规定，投标文件的递交以及投标文件的修改与撤回。

5）开标。主要包括开标时间和地点、开标程序以及对开标异议的处理。

6）评标。主要包括评标委员会的组成、评标原则和所采取的评标办法。

7）合同授予。主要包括定标方式、对中标候选人的公示方式、中标通知书的发出时间，以及要求承包人提交的履约担保和签订合同的时限。

8）纪律和监督。主要包括对招标人、投标人、评标委员会成员以及与评标活动有关的工作人员的纪律要求。

9）电子招标投标。主要包括采用电子招标投标时，对投标文件的编制、密封和标记、递交、开标、评标等具体要求。

10）需要补充的其他内容。

（3）评标办法和标准。与施工招标类似，评标办法可选择综合评估法或经评审的最低投标价法。

（4）拟签订合同的主要条款。除《标准设计施工总承包招标文件》中的合同条款外，《房屋建筑和市政基础设施项目工程总承包管理办法》推荐使用由住房和城乡建设部会同有关部门制定的工程总承包合同示范文本。《建设项目工程总承包合同（示范文本）》（GF–2020–0216）包括合同协议书、通用合同条件、专用合同条件（含附件）等内容。但应注意的是，《建设项目工程总承包合同（示范文本）》（GF–2020–0216）是推荐使用的非强制性使用文本。

（5）发包人要求。发包人要求应尽可能清晰准确，列明项目的目标、范围、功能需求、设计和其他技术标准，对于可以进行定量评估的工作，发包人要求不仅应明确，并且要规定偏离的范围和计算方法，以及检验、试验、试运行的具体要求。主要包括：项目的内容、范围、规模、标准、功能、质量、安全、节约能源、生态环境保护、工期、验收等的明确要求。对于承包人负责提供的有关设备和服务，对发包人进行培训和提供一些消耗品等，在发包人要求中应一并明确规定。

（6）项目清单。项目清单可根据不同的发承包阶段，分为可行性研究或方案设计后清单、初步设计后清单。项目清单主要用于确定工程总承包费用项目，工程总承包费用项目通常应根据专业工程总承包工程量计算规范，按照不同发承包阶段的发包范围和内容确定。

（7）发包人提供的资料和条件。发包人通常应提供下列资料：

1）施工场地及毗邻区域内的供水、排水、供电、供气、供热、通信、广播电视等地下管线资料、气象和水文观测资料，相邻建筑物和构筑物、地下工程的有关资料，以及其他与建设工程有关的原始资料，包括水文地质、工程地质、地形等勘察资料。

2）定位放线的基准点、基准线和基准标高。

3）发包人取得的有关审批、核准和备案材料，如规划许可证。

4）其他资料。根据工程总承包发包时点的不同，可能包括可行性研究报告、方案设计文件或者初步设计文件等。

（8）投标文件格式。提供投标文件的各部分编制所应依据的参考格式。

（9）规定的其他资料。如需要其他资料，应在投标人须知前附表中予以规定。

（三）工程总承包投标文件的编制

1. 工程总承包投标文件的内容

根据《标准设计施工总承包招标文件》的规定，工程总承包投标文件的编制由以下内容组成：

（1）投标函及投标函附录；

（2）法定代表人身份证明或附有法定代表人身份证明的授权委托书；

（3）联合体协议书（如接受联合体投标）；

（4）投标保证金；

（5）价格清单，包括勘察设计费清单、工程设备费清单、必备的备品备件费清单、建筑安装工程费清单、技术服务费清单、暂估价清单、其他费用清单以及投标报价汇总表；

（6）承包人建议书，包括图纸、工程详细说明、设备方案、分包方案、对发包人要求错误的说明等；

（7）承包人实施计划，包括概述、总体实施方案、项目实施要点、项目管理要点等；

（8）资格审查资料，包括投标人基本情况表、近年财务状况表、近年完成的类似设计施工总承包项目情况表、正在实施和新承接的项目情况表、近年发生的重大诉讼及仲裁情况等；

（9）投标人须知前附表规定的其他资料。

2. 工程总承包投标文件编制与递交时应遵循的规定

（1）工程总承包投标文件的编制。编制时要特别注意“发包人要求”的内容，同时还应当按照发包人提供的载明了工程内容的各项费用和数量的项目明细编制“价格清单”“承包人建议书”“承包人实施计划”等来响应发包人的要求。

（2）工程总承包文件的递交。递交时同样需要遵循投标保证金以及投标有效期的有关规定，规定内容与施工投标基本相同。只是由于实施工程总承包的项目通常比较复杂，因此除投标人须知前附表另有规定外，投标有效期均为120天。

3. 工程总承包投标报价

（1）工程总承包投标报价的构成。根据团体标准《建设项目工程总承包计价规范》

T/CCEAS 001—2022 的规定，工程总承包投标报价由工程费用、工程总承包其他费及预备费组成。

1）工程费用是指建设项目总投资中包括的，用于完成建设项目发生的建筑工程、安装工程和设备购置所需的费用。

2）工程总承包其他费是指建设项目总投资中工程建设其他费用中包括的与工程总承包范围相关的费用，主要包括勘察费、设计费、研究试验费、场地准备及临时设施费、试运转费、工程保险费、工程总承包管理费、代办服务费和其他专项费等。

3）预备费。包括基本预备费和价差预备费，用于项目建设期内不可预见的情形以及市场价格变化的调整。

（2）工程总承包投标报价要求。投标人应根据招标文件、发包人要求、项目清单、补充通知、招标答疑、可行性研究、方案设计或初步设计文件、本企业积累的同类或类似工程的价格自主确定投标报价，但不得低于成本。报价时应注意下列问题：

1）勘察费、设计费的计取。考虑到工程总承包招标时点和发包范围的不同，可根据以下工作分工计取勘察费、设计费：

①可行性研究报告批准或方案设计后发包，由发包人负责可行性研究勘察和初步勘察；承包人负责详细勘察和施工勘察以及初步设计和施工图设计、专项设计工作，按规定取得相关部门的批准。

②初步设计后发包的，由发包人负责详细勘察；承包人负责施工勘察及施工图设计、专项设计工作，按规定取得相关部门的批准。

2）初步设计后发包，发包人提供的工程费用项目清单应仅作为承包人投标报价的参考，投标人应依据发包人要求和初步设计文件、详细勘察文件按下列规定进行投标报价：

①对项目清单内容可增加或减少。

②对项目应进行细化，原项目下填写投标人认为需要的施工项目和工程数量及单价。

3）当约定了合同价款调整事项时，预备费应按招标文件中列出的金额填写，不得变动，并应列入投标总价中。

（四）工程总承包的评标办法

1. 综合评估法

（1）初步评审标准。综合评估法下的初步评审标准包括形式评审标准、资格评审标准和响应性评审标准三个方面。

（2）详细评审。综合评估法的详细评审分别从承包人建议书、资信业绩、承包人实施方案、投标报价和其他评分因素等各个方面进行综合评定。

2. 经评审的最低投标价法

（1）初步评审标准。经评审的最低投标价法的初步评审标准包括形式评审标准、资格评审标准、响应性评审标准、承包人建议书评审标准、承包人实施方案评审标准五个方面。

（2）详细评审标准。详细评审标准主要是将招标文件中确定需要考虑的量化因素按照既定的量化标准进行折算，从而得到各标书经评审的投标价。考虑的量化因素主要有付款条件，招标人可根据需要在招标文件中增列量化因素和量化标准。

3. 评标结果

综合评估法下，除招标人授权评标委员会直接确定中标人外，评标委员会按照得分由高到低的顺序推荐中标候选人。

经评审的最低投标价法下，除招标人授权评标委员会直接确定中标人外，评标委员会按照经评审的价格由低到高的顺序推荐中标候选人。

（五）工程总承包的签约合同价

（1）合同价格与“签约合同价”的含义。《标准设计施工总承包招标文件》合同协议书中称合同价格为“签约合同价”，即指中标通知书明确的并在签订合同时于合同协议书中写明的，包括了暂列金额、暂估价的合同总金额。而“合同价格”是指承包人按合同约定完成了包括缺陷责任期内的全部承包工作后，发包人应付给承包人的金额，包括在履行合同过程中按合同约定进行的变更和调整。

（2）合同价格形式的选择及风险分担方式。根据《房屋建筑和市政基础设施项目工程总承包管理办法》（建市规〔2019〕12号）的规定，企业投资项目的工程总承包宜采用总价合同，政府投资项目的工程总承包应当合理确定合同价格形式。由于总承包招标的时点选择不同，招标时达到的设计深度也不尽相同。同时考虑到发包人的风险偏好以及对投资管控的需求，总承包项目可以选择不同的合同价格方式。在我国的工程实践中，主要采用明确发包人要求下的总价合同和模拟工程量清单下的单价合同。

1）总价合同。总价合同既是工程总承包中最基本，也是最常用的合同价格形式，同时还是《建设项目工程总承包计价规范》T/CCEAS 001—2022推荐使用的合同价格形式。在这种合同价格形式下，除根据合同约定的在工程实施过程中需进行增加的款项外，合同价格不予调整。但固定总价并非无限风险合同，也有其风险边界范围，超出风险边界范围的事项可调整合同价款。对于初步设计完成后进行招标的项目，如果发包人要求可准确描述，项目的规模、方案和标准发生变更的可能性很小，可以采用初步设计概算为控制指标进行招标，采用总价合同。采用总价合同的，除合同约定可以调整的情形外，合同总价一般不予调整。同时应注意，由于工程总承包范围内的设计、采购、施工分别适用不同增值税税率，为了避免视为兼营从高适用税率，应在合同中对于设计、采购、施工的委托范围和造价、税率、支付等条件分别约定。发包人和总承包人应当加强风险管理，合理分担风险。发包人承担的风险主要包括：①主要工程材料、设备、人工价格与招标时基期价相比，波动幅度超过合同约定幅度的部分；②因国家法律法规政策变化引起的合同价格的变化；③不可预见的地质条件造成的工程费用和工期的变化；④因发包人原因产生的工程费用和工期的变化；⑤不可抗力造成的工程费用和工期的变化。

同时，改变“发包人要求”所造成的工程变更也应由发包人承担责任。总价合同也可在专用合同条件中约定，将发承包时无法把握施工条件变化的某些项目单独列项，按照应予计量的实际工程量和单价进行结算支付。

2）单价合同。单价合同的选择需要在总承包招标时提供模拟工程量清单，模拟工程量清单是在方案设计、初步设计阶段以及施工图纸不完备的情况下，参照类似工程项目或者标准化清单编制本项目清单，并估算工程量用以招标。模拟工程量清单方式适用于设计标准化、有类似工程或对标工程的项目。模拟工程量清单形成的单价合同工程量是不固定的，单价是固定的，结算时工程量按实际结算。因此在单价合同下，工程总承包合同的风险分担方式与施工合同基本相似。

除上述两种最主要的合同计价方式外，总承包项目还可以使用平方米单价、费率下浮、限额总价、混合计价等不同的合同计价方式。

二、国际工程招标投标及合同价款的约定

（一）世界银行贷款项目的采购原则

（1）在项目采购中，必须注意经济性和效率性；

（2）世界银行贷款项目为合格的投标人承包项目提供平等的竞争机会，无论投标人来自发达国家还是发展中国家；

（3）世界银行作为一个开发机构，其贷款项目应促进借款国的制造业和承包业的发展。

（二）国际竞争性招标

（1）总采购公告。

（2）资格预审和资格定审。

（3）准备招标文件。

（4）具体合同招标广告投标邀请书。

（5）开标。

（6）评标。评标主要有审标、评标、资格定审三个步骤。

1）审标。审标是先将各投标人提交的标书就一些技术性、程序性的问题加以澄清并初步筛选。

2）评标。按招标文件所明确规定的标准和评标方法，评定各标书的评标价。评比时既要考虑报价，也要考虑其他因素。

3）资格定审。如果未经资格预审，则应对评标价最低的投标人进行资格定审。定审结果，如果认定他有资格，又有足够的人力、财力资源承担合同任务，就应报送世界银行，建议授予合同。如不符合要求，则再对评标价次低的投标人进行资格定审。

（7）授予合同或拒绝所有投标。

（8）合同谈判和签订合同。

《国际复兴开发银行贷款和国际开发协会信贷采购指南》中规定“不应要求投标人承担技术规格书中没有规定的工作责任，也不得要求其修改投标内容作为授予合同的条件”，这就是说，合同价格是不容谈判的。也不得在谈判中要求投标人承担额外的任务。但有些技术性或商务性的问题是可以而且应该在谈判中确定的。

（9）采购不当。

（三）承揽国际工程时投标报价的计算

报价由直接费用、间接费用、其他费用、利润和风险费等组成。

1. 直接费的计算

直接费是由工程本身因素决定的费用，其构成受市场现行物价影响，但不受经营条件的影响。在直接费的计算中，主要的是确定人工、材料、机械台班的单价。

（1）人工工日单价的计算。人工工日单价需根据工人来源情况确定。在国外承包工

程，人工工日单价就是指国内派出工人和当地雇用工人的平均工资单价。这是以工程用工量和两种工人完成工日所占比例加权得到的平均工资单价。考虑工效的综合人工工日单价，其计算公式为：

综合人工工日单价 = 国内派出工人人工工日单价 × 国内工人工日占总工日数百分比 + 当地工人工日单价 × 当地工人工日占总工日百分比

1）国内派出工人工资单价。

国内派出工人工日单价 = 一名工人出国期间的总费用 /（工作年数 × 年工作日）

其中，出国期间的总费用包括出国准备到回国休整结束后的全部费用。主要包括：①国外岗位工资；②派出工人的企业收取的管理费；③服装费、卧具及住房费；④国内、国际差旅费；⑤国外津贴费和伙食费；⑥奖金及加班费；⑦福利费；⑧工资预涨费，每年上涨率一般按 5% ~ 10% 估计；⑨保险费，按当地工人保险费标准计算。

2）当地雇用工人人工工日单价。当地雇用工人人工工日单价主要包括：①基本工资，按当地政府或市场价格计算；②带薪法定假日、带薪休假日工资，若月工资未包括此项，应另行计算；③夜间施工或加班的增加工资；④税金和保险费，按当地规定计算；⑤雇工招募和解雇应支付的费用，按当地规定计算；⑥工人上下班交通费；⑦工资预涨费。

（2）材料、设备单价的计算。国外承包工程中的材料、设备的来源渠道有三种，即当地采购、国内采购和第三国采购。承包人在材料、设备采购中，采用哪一种采购方式，要根据材料、设备的价格、质量、供货条件、技术规范标准和当地有关规定等情况来确定。

1）当地采购的材料、设备单价的计算。国际工程中，当地材料、设备商供应到现场的材料、设备单价一般以供应商的报价为依据，并考虑材料预涨费（当工期较长时）的因素，综合计算单价。自行采购的材料、设备单价的计算公式为：

材料、设备单价 = 市场价格 + 运杂费 + 采购保管费 + 运输保管损耗费

2）本国或第三国采购的材料、设备单价。与直接从国外进口和当地购买进口商品比较，在本国或第三国采购的材料、设备价格更为便宜。但是，直接从国外进口材料、设备，又受其海关税、港口税和进口数量等因素的影响，因此，要对比后作出决策，其价格计算公式为：

材料、设备单价 = 到岸价 + 海关税 + 港口费 + 运杂费 + 采购保管费 + 运输保管损耗 + 其他费

到岸价是指物资到达海（空）港的价格，包括原价与运杂费等；海关税是一切进口物资都应向进口国交纳的，按所在国规定执行；港口费是指物资在港口期间（指规定时间）所发生的费用，一般都按规定计算。用此公式确定的材料、设备单价未考虑市场变化等因素。由于从报价起到工程开工时，实际采购的市场材料与设备的价格可能发生变化，故在确定材料、设备的单价时，应适当考虑预涨费。

如果同一材料有不同的供应来源，则按各种来源所占比例计算加权平均单价，作为统一的计算单价。

（3）施工机械台班单价的计算。在计算施工机械台班单价时，其中基本折旧费的计

算一般应根据当时的工程情况考虑 5 年折旧期，较大工程甚至一次折旧完毕。因此，也就不计算检修费。在国外承包工程，承包人必须在开工时投入资金自行购买施工机械（租赁机械除外）。

施工机械台班单价一般采用两种方法计算。一种是单列机械费用，即把施工中各类机械的使用台班（或台时）与台班单价相乘，得出机械费；另一种是根据施工机械使用的实际情况，分摊台班费。单列机械费时的台班单价的计算公式为：

台班单价 =（年基本折旧费 + 装拆费 + 维护费 + 保险费 + 机上人工费 + 燃料运力费）/ 年台班数

2. 间接费的计算

国际工程的间接费项目多、费率变化大，报价的高低几乎取决于间接费的取费水平。在计算间接费之前，应仔细研究招标文件中是否已列入了相关的费用，如临时道路费、保险费等，如已计列就不再计入间接费中。不同的工程，间接费包括的内容可能有所不同，常见的费用包括：①现场管理费。②投标费用。③保函手续费。④保险费。⑤税金。⑥经营业务费。⑦贷款利息。⑧总部管理费。

3. 其他费用的计算

其他费用包括分包费、暂定金额、开办费等。

（1）分包费。国际工程报价中，对分包费的处理有两种方法：一种是将分包费列入直接费中，即考虑间接费时包含了对分包的管理费；另一种是将分包费与直接费、间接费平行并列，在估算分包费时适当加入对分包商的管理费即可。

（2）暂定金额。暂定金额是指发包人在招标文件中并在工程量清单中以备用金标明的金额，是供任何部分施工，或提供货物、材料、设备及服务，或供不可预料事件使用的一项金额。投标人的投标报价中只能把暂定金额列入工程总报价，不能以间接费的方式分摊进入各项目单价中。承包人无权使用此金额，而是按工程师的指示来决定是否动用。

（3）开办费。开办费是指正式开始之前的各项现场准备工作所需的费用。在招标文件没有特殊要求的情况下，开办费一般单独列项。

4. 利润和风险费

利润可根据工程具体情况灵活确定，也可根据投标策略可高可低，若采用低利政策，则可将毛利定在 5% ~ 10%。风险费是承包人对未知的诸如物价上涨、各种不可预见事件的发生而估计的金额。在风险费估计不足时，就要由承包人预计获得的利润来补贴。因此，承包人的报价中一定要认真预测利润率和风险费率，这既涉及承包人能否在竞争中夺标，又涉及承包人的盈利或亏损。如果工程所在国规定利润要交纳所得税，则应在计算利润时加以考虑。

5. 单价分析与报价汇总

（1）单价分析。单价分析也称为单价分解，即研究如何计算不同分项的直接费和分摊间接费、利润和风险费等得出分项工程的单价。单价分析一般通过列表进行，其中包括人工费、材料设备费、机械台班使用费和间接费费率。

（2）报价汇总。将分部分项工程单价与工程量相乘，得到各分部分项工程价格，汇总各分部分项工程价格，再加上其他费用即为总报价。

本章考分统计

本章考分统计表

节	年份				
	2023	2022	2021	2020	2019
第一节	5	8	6	6	6
第二节	5	5	5	4	5
第三节	4	4	4	5	4
第四节	5	3	3	4	3

本章考点点评

第一节：本节的考点主要包括招标文件的组成内容及其编制要求、招标工程量清单的编制和最高投标限价的编制三部分内容。由于招标文件的组成内容及其编制要求这一部分在考试大纲中没有专门的要求，相对重要度较低，主要介绍了招标文件的组成内容和招标文件的澄清与修改两部分内容；招标工程量清单这部分内容应主要掌握招标工程量清单中各项内容的编制要求，具体考点有招标工程量清单的编制依据、招标工程量清单编制的准备工作、招标工程量清单的编制内容、分部分项工程项目清单编制、措施项目清单编制、其他项目清单编制、规费税金项目清单的编制、工程量清单总说明的编制、招标工程量清单汇总；由于《中华人民共和国招标投标法实施条例》中规定的最高投标限价已取代了《建设工程工程量清单计价规范》GB 50500—2013 中规定的招标控制价，因此本章统一表述为最高投标限价，应掌握其编制的基本原则，主要考点包括最高投标限价与标底、无低标招标的比较、编制最高投标限价的规定、最高投标限价的编制依据、最高投标限价的编制内容、分部分项工程费的编制、措施项目费的编制、其他项目费的编制、规费和税金的编制、编制最高投标限价时应注意的问题。

第二节：本节的考点主要有投标报价前期工作、询价与工程量复核、投标报价的编制原则与依据、投标报价的编制方法和内容、编制投标文件五部分内容。对于本节内容考生应重点掌握各种流程、报价原则、风险分担方案及各个环节的编制要求。投标报价前期工作这一部分涉及的具体考点主要有：合同形式分析、合同条款分析；询价与工程量复核涉及的具体考点主要有：询价的渠道、复核工程量应注意的几个方面；投标报价的编制原则与依据涉及的具体考点主要有：投标报价的编制原则、投标报价的编制依据；投标报价的编制方法和内容这一部分涉及的考点主要有：分部分项工程和单价措施项目综合单价确定的步骤与方法、总价措施项目清单与计价表的编制应遵循的原则、其他项目清单与计价表的编制、投标人对其他项目费投标报价时应遵循的原则；编制投标文件这一部分涉及的考点主要有：投标文件编制时应遵循的规定、投标保证金与投标有效期、联合投标体应遵循的规定、串通投标。

第三节：本节的考点主要有评标程序及评审标准、中标人的确定、合同价款的约定。本节考点中除“经评审的最低投标报价法”可能出现计算题之外，其他内容以考核基本概念为主。评标程序及评审标准这一部分涉及的具体考点主要有：评标活动应遵循的原则、清标工作主要包括的内容、初步评审中报价有算术错误的修正、经初步评审后否决投标的情况、详细评审标准及规定、综合评估法中的评标基础价的计算方法和详细评审过程；中标人的确定这一部分涉及的具体考点主要有：中标候选人的公示、中标候选人的确定、中标候选人提交的履约担保；合同价款的约定这一部分涉及的具体考点主要有：合同签订的时间及规定、合同价款类型的选择。

第四节：本节的考点主要有工程总承包合同价款的约定与施工合同价款的约定的区别、国际竞争性招标程序与我国公开招标程序中的主要区别，以及承揽国际工程时投标报价计算方法的特殊处理。本节的主要考点为工程总承包合同价款的约定与施工合同价款的约定的区别。工程总承包合同价款的约定这一部分涉及的具体考点主要有：工程总承包的类型、工程总承包投标文件的内容、工程总承包投标报价分析中的成本分析和标高金分析、工程总承包的签约合同价；国际工程招标投标及合同价款的约定这一部分涉及的具体考点主要有：评标的步骤、承揽国际工程时投标报价的计算，重点掌握直接费的计算和其他费用的计算。

第五章 建设项目施工阶段合同价款的调整和结算

第一节 合同价款调整

真题解析

一、2023年考题

1. 下列施工合同约定调整合同价款的事项中，属于工程变更类型的是（　　）。

A. 法律法规变化　　B. 追加额外工作

C. 物价波动　　D. 误期赔偿

【答案】B

【解析】工程变更类型主要包括工程变更、项目特征不符、工程量清单缺项、工程量偏差、计日工等事件，其中追加额外工作属于工程变更。

【考点】工程变更合同价款调整事项——工程变更的范围。

2. 对于依法必须招标的暂估价专业工程的招投标，下列说法正确的是（　　）。

A. 应由发包人作为招标人，承包人应参加投标

B. 应由承包人作为招标人，承包人不应参加投标

C. 承包人不参加投标的，应由承包人作为招标人

D. 承包人作为招标人的，招标工作费用应另行支付

【答案】C

【解析】发包人在招标工程量清单中给定暂估价的专业工程，依法必须招标的，应当由发承包双方依法组织招标选择专业分包人，并接受建设工程招标投标管理机构的监督。

（1）除合同另有约定外，承包人不参加投标的专业工程，应由承包人作为招标人，但拟定的招标文件、评标方法、评标结果应报送发包人批准。与组织招标工作有关的费用应当被认为已经包括在承包人的签约合同价（投标总报价）中。

（2）承包人参加投标的专业工程，应由发包人作为招标人，与组织招标工作有关的费用由发包人承担。同等条件下，应优先选择承包人中标。

（3）专业工程依法进行招标后，以中标价为依据取代专业工程暂估价，调整合同价款。

【考点】物件变化类合同价款调整事项——暂估价。

3. 某工程招标工程量清单中现浇混凝土板的工程量为 1 600m^2，施工中由于设计变

更调增为 2 100m^2，该项目最高投标限价综合单价为 400 元 /m^2，投标报价为 480 元 /m^2。合同约定实际工程量与招标工程量偏差超过 +15% 时。按照现行工程量清单计价规范调整综合单价，该清单项目的结算金额应为（　　）万元。

A. 96.60　　B. 98.72　　C. 100.28　　D. 100.80

【答案】C

【解析】（2 100−1 600）/1 600=31.25%>15%，480>400×（1+15%）=460（元 /m^2），因此超过 15% 的部分需要将价格调低至 460 元 /m^2，则最终结算价格为：

$$1\,600\times1.15\times480+(2\,100-1\,600\times1.15)\times460=100.28\text{（万元）}$$

【考点】工程变更类合同价款调整事项——工程量偏差。

4. 某施工项目投标截止日期为 2022 年 8 月 1 日，施工合同约定工程价款结算时采用价格指数法调整，人工、钢材、混凝土等权重系数及价格指数如下表所示，则 2022 年 9 月的综合调价指数为（　　）。

项目	人工	钢材	混凝土	定值部分
权重系数	0.25	0.15	0.30	0.30
2022 年 7 月指数	1.00	1.10	0.90	—
2022 年 8 月指数	1.02	1.10	1.00	—
2022 年 9 月指数	1.05	1.21	1.08	—

A. 1.044　　B. 1.046　　C. 1.068　　D. 1.088

【答案】D

【解析】$0.3+0.25\times\dfrac{1.05}{1.00}+0.15\times\dfrac{1.21}{1.10}+0.3\times\dfrac{1.08}{0.90}=1.087\,5\approx1.088$

【考点】物价变化类合同价款调整事项——采用价格指数调整价格差额。

5. 因承包人原因导致工程延误的，关于延误期间国家法律、行政法规发生变化带来的工程造价变化与合同价款处理，下列说法正确的是（　　）。

A. 不论工程造价增减，合同价款不予调整

B. 不论工程造价增减，合同价款应予调整

C. 造成工程造价减少的，合同价款予以调减

D. 造成工程造价增加的，合同价款予以调增

【答案】C

【解析】如果由于承包人的原因导致的工期延误，按不利于承包人的原则调整合同价款。在工程延误期间国家的法律、行政法规和相关政策发生变化引起工程造价变化的，造成合同价款增加的，合同价款不予调整；造成合同价款减少的，合同价款予以调整。

【考点】法规变化类合同价款调整事项。

6. 关于工期“共同延误”的责任处理，下列说法正确的是（　　）。

A. 由造成拖期的初始延误者对工程拖期负主要责任

B. 在初始延误发生作用期间，其他并发的延误者承担部分拖期责任

C. 初始延误者是发包人的，可给予承包人工期和经济补偿

D. 初始延误是客观原因造成的，可给予承包人工期和经济补偿

【答案】C

【解析】共同延误的处理在实际施工过程中，工期拖期很少是只由一方造成的，往往是两三种原因同时发生（或相互作用）而形成的，故称为“共同延误”。在这种情况下，要具体分析哪一种情况延误是有效的，应依据以下原则：

（1）首先判断造成拖期的哪一种原因是最先发生的，即确定“初始延误”者，它应对工程拖期负责。在初始延误发生作用期间，其他并发的延误者不承担拖期责任。

（2）如果初始延误者是发包人原因，则在发包人原因造成的延误期内，承包人既可得到工期补偿，又可得到经济补偿。

（3）如果初始延误者是客观原因，在客观因素发生影响的延误期内，承包人可以得到工期补偿，但很难得到费用补偿。

（4）如果初始延误者是承包人原因，在承包人原因造成的延误期内，承包人既不能得到工期补偿，也不能得到费用补偿。

【考点】工程索赔类合同价款的调整事项——工期索赔的计算。

7. 某建筑工程施工过程中发生如下时间：①遇到不利物质条件，用工 20 个工日；②异常恶劣天气停工 1 日，窝工 30 个工日。人工工日单价 200 元 / 工日，窝工补贴 100 元 / 工日，管理费用、利润分别按人工费的 20%、10% 计算，不考虑其他费用。根据《标准施工招标文件》（2007 年版）的通用合同条款，承包人可向发包人索赔的金额为（　　）元。

A. 4 800　　B. 5 200　　C. 8 400　　D. 9 100

【答案】A

【解析】事件一：20 × 200 ×（1+20%）=4 800（元）；事件二：异常恶劣天气导致的停工只可索赔工期，不能索赔费用。

【考点】工程索赔类合同价款的调整事项——费用索赔的计算。

8. 关于建设工程施工过程中合同价款的调整，下列说法正确的有（　　）。

A. 工程变更引起分部分项工程项目发生变化的，优先适用已标价工程量清单中的单价

B. 工程变更项目参考类似项目单价的前提包括：采用的材料、施工工艺和方法基本相似，不增加关键线路上工程的施工时间

C. 工程变更引起措施项目发生变化的，除安全文明施工费外，其他不作调整

D. 招标工程量清单缺漏项造成新增清单项目的，适用工程变更事件的规定

E. 招标工程量清单项目特征描述与设计图纸不符的，适用工程变更事件的规定

【答案】BDE

【解析】采用类似的项目单价的前提是其采用的材料、施工工艺和方法基本相似，不增加关键线路上工程的施工时间。工程变更引起措施项目发生变化的，承包人提出调整措施项目费的，应事先将拟实施的方案提交发包人确认，并详细说明与原方案措施项目相比的变化情况。拟实施的方案经发承包双方确认后执行，并应按照下列规定调整措施项目费：安全文明施工费，按照实际发生变化的措施项目调整，不得浮动。按总价（或系数）计算的措施项目费，除安全文明施工费外，按照实际发生变化的措施项目

调整，但应考虑承包人报价浮动因素。承包人应按照发包人提供的设计图纸实施合同工程，若在合同履行期间，出现设计图纸（含设计变更）与招标工程量清单任一项目的特征描述不符，且该变化引起该项目的工程造价增减变化的，发承包双方应当按照实际施工的项目特征，重新确定相应工程量清单项目的综合单价，调整合同价款。施工合同履行期间，由于招标工程量清单中分部分项工程出现缺项漏项，造成新增工程清单项目的，应按照工程变更事件中关于分部分项工程费的调整方法，调整合同价款。新增分部分项工程项目清单项目后，引起措施项目发生变化的，应当按照工程变更事件中关于措施项目费的调整方法，在承包人提交的实施方案被发包人批准后，调整合同价款；由于招标工程量清单中措施项目缺项，承包人应将新增措施项目实施方案提交发包人批准后，按照工程变更事件中的有关规定调整合同价款。

【考点】工程变更类合同价款调整事项——工程变更的价款调整方法。

9. 根据《标准施工招标文件》(2007年版)通用合同条款，承包人有权利同时提出工期、费用、利润索赔的事件有（　　）。

A. 发包人延迟提供图纸

B. 施工中发现文物、古迹

C. 施工中遇到不利物质条件

D. 发包人提供的工程设备造成工程不合格

E. 发包人提供的错误资料导致测量放线错误

【答案】ADE

【解析】

《标准施工招标文件》中承包人的索赔事件及可补偿内容

序号	条款号	索赔事件	可补偿内容		
			工期	费用	利润
1	1.6.1	迟延提供图纸	√	√	√
2	1.10.1	施工中发现文物、古迹	√	√	
3	2.3	迟延提供施工场地	√	√	√
4	4.11	施工中遇到不利物质条件	√	√	
5	5.2.4	提前向承包人提供材料、工程设备		√	
6	5.2.6	发包人提供材料、工程设备不合格或迟延提供或变更交货地点	√	√	√
7	8.3	承包人依据发包人提供的错误资料导致测量放线错误	√	√	√
8	9.2.6	因发包人原因造成承包人人员工伤事故		√	
9	11.3	因发包人原因造成工期延误	√	√	√
10	11.4	异常恶劣的气候条件导致工期延误	√		
11	11.6	承包人提前竣工		√	
12	12.2	发包人暂停施工造成工期延误	√	√	√

【考点】工程索赔类合同价款调整事项——《标准施工招标文件》（2007 年版）中承包人的索赔事件及可赔偿内容。

二、2022 年考题

1. 根据现行工程量清单计价规范，关于工程变更引起措施项目发生或施工费的调整，下列说法正确的是（　　）。

A. 安全文明施工费的费率不变

B. 总价措施项目费，按照实际发生变化的措施项目调整，不考虑承包人报价浮动因素

C. 按照承包人实际发生的金额进行调整

D. 按监理工程师确认的金额调整

【答案】A

【解析】工程变更引起措施项目发生变化的，承包人提出调整措施项目费的，应事先将拟实施的方案提交发包人确认，并详细说明与原方案措施项目相比的变化情况。拟实施的方案经发承包双方确认后执行，并应按照下列规定调整措施项目费：

（1）安全文明施工费，按照实际发生变化的措施项目调整，不得浮动。

（2）采用单价计算的措施项目费，按照实际发生变化的措施项目按前述分部分项工程费的调整方法确定单价。

（3）按总价（或系数）计算的措施项目费，除安全文明施工费外，按照实际发生变化的措施项目调整，但应考虑承包人报价浮动因素，即调整金额按照实际调整金额乘以承包人报价浮动率计算。

如果承包人未事先将拟实施的方案提交给发包人确认，则视为工程变更不引起措施项目费的调整或承包人放弃调整措施项目费的权利。

【考点】工程变更类合同价款调整事项——工程变更的价款调整方法。

2. 某工程项目招标工程量清单的工程量为 1 000m^3，施工中变更为 800m^3，该项目最高投标限价为 500 元 /m^3，投标报价为 450 元 /m^3，招标人报价浮动率为 4%，实际工程量与招标工程量偏差超过 15% 时允许调整综合单价。依据工程量清单计价规范的相关规定，调整后的结算单价为（　　）元 /m^3。

A. 436　　B. 450　　C. 464　　D. 560

【答案】B

【解析】450>500 ×（1−4%）×（1−15%）=408，由此调整单价为投标报价，即 450 元 /m^3。

【考点】工程变更类合同价款调整事项——工程变更的价款调整方法。

3. 施工合同约定由发包人承担材料价格波动 ± 5% 以外的风险，已知某材料投标报价为 520 元 /m^3、基准期发布的价格为 510 元 /m^3，施工期该材料的造价信息发布价为 560 元 /m^3，若采用造价信息调整价差，则该材料的实际结算价为（　　）元 /m^3。

A. 535.5　　B. 534.0　　C. 560.0　　D. 534.5

【答案】B

【解析】520 ×（1+5%）=546（万元），560−546+520=534（元 /m^3）。可参照教材例 5.1.3。

【考点】物价变化类合同价款调整事项——采用造价信息调整价格差额。

4. 某项目采用《标准施工招标文件》(2007 年版)合同条件，施工过程中发生下列事件：①基础开挖时出现勘察设计未注明溶洞，停工 3 天，窝工 30 工日，处理不利地质条件 20 天。②由于异常恶劣天气，导致停工 2 天，窝工 20 工日，该工程合同约定窝工 160 元 / 工日、人工工日单价 200 元 / 工日，不考虑其他因素，承包人应向业主索赔的工期、费用分别为(　　)。

A. 5 天，8 800 元　　B. 5 天，12 000 元

C. 3 天，8 800 元　　D. 3 天，12 000 元

【答案】A

【解析】不利物质条件工期索赔 3 天，费用索赔：30×160+20×200=8 800(元)，异常恶劣的天气导致的停工不能索赔费用，只能索赔工期，故承包人应向业主索赔工期 5 天。可参照教材例 5.1.4。

【考点】工程索赔类合同价款调整事项——费用索赔的计算。

5. 根据《标准施工招标文件》(2007 年版)，下列索赔事件中，只可索赔工期、费用，不可索赔利润的是(　　)。

A. 工程暂停后因发包人原因无法按时施工

B. 施工中发现文物、古迹

C. 因发包人提供的错误资料导致测量放线错误

D. 承包人提前竣工

【答案】B

【解析】工程暂停后因发包人原因无法按时复工，因发包人提供的错误资料导致测量放线结果错误，可以索赔工期费用和利润。施工中发现文物、古迹可以索赔工期和费用。承包人提前竣工只索赔费用。选项 A、C，均可索赔工期、费用和利润；选项 D，发包人原因提前竣工只可索赔费用。

【考点】工程索赔类合同价款调整事项(索赔)。

6. 某工程合同总价 1 000 万元，影响该工程同一关键线路上的 A、B 两个分项工作产生延误，A、B 工作分别延误 2、3 天，则承包人应向发包人提出的工期索赔为(　　)天。

A. 2　　B. 3　　C. 5　　D. 0

【答案】C

【解析】如果某干扰事件直接发生在关键线路上，造成总工期的延误，可以直接将该干扰事件的实际干扰时间(延误时间)作为工期索赔值。2+3=5(天)。

【考点】工程索赔类合同价款调整事项——工期索赔的计算。

7. 采用计日工计价的变更工作，承包人应在该项变更实施过程中，按合同约定提交的资料有(　　)。

A. 索赔的理由

B. 变更工作的名称、内容和数量

C. 投入该工作所有人员的姓名、工种、级别和耗用工时

D. 投入该工作的材料名称、类别和数量

E. 投入该工作的设备型号、台数和耗用台时

【答案】BCDE

【解析】采用计日工计价的任何一项变更工作，承包人应在该项变更的实施过程中，按合同约定提交以下报表和有关凭证送发包人复核：①工作名称、内容和数量；②投入该工作所有人员的姓名、工种、级别和耗用工时；③投入该工作的材料名称、类别和数量；④投入该工作的施工设备型号、台数和耗用台时；⑤发包人要求提交的其他资料和凭证。

【考点】工程变更类合同价款调整事项——计日工。

8. 根据《标准施工招标文件》(2007 年版)，下列索赔事件中，发包人可以同时向承包人提出工期、费用和利润索赔的有（　　）。

A. 延迟提供施工场地

B. 异常恶劣天气造成工期延误

C. 承包人提前竣工

D. 监理人对已覆盖的隐蔽工程要求重新检查且检查结果合格

E. 因发包人原因导致承包人工程返工

【答案】ADE

【解析】延迟提供施工场地、监理人对已覆盖的隐蔽工程要求重新检查且检查结果合格、因发包人原因导致承包人工程返工可以索赔工期、费用和利润。

【考点】工程索赔类合同价款调整事项（索赔）。

三、2021 年考题

1. 下列因工程变更引起的价款调整，需考虑承包人报价浮动率的是（　　）。

A. 已标价工程量清单中有适用于变更工程项目的桩基增量工程

B. 已标价工程量清单中有适用于变更工程项目的脚手架增量工程

C. 已标价工程量清单中没有类似于变更工程项目的桩基增量工程

D. 已标价工程量清单中有类似于变更工程项目的脚手架增量工程

【答案】C

【解析】选项 C 正确，工程变更引起分部分项工程项目发生变化的，应按照下列规则调整：

(1) 已标价工程量清单中有适用于变更工程项目的，且工程变更导致的该清单项目的工程量变化不足 15% 时，采用该项目的单价。

(2) 已标价工程量清单中没有适用的，但有类似于变更工程项目的，可在合理范围内参照类似项目的单价或总价调整。

(3) 已标价工程量清单中没有适用的也没有类似于变更工程项目的，由承包人根据变更工程资料、计量规则和计价方法、工程造价机构发布的信息价格和承包人报价浮动率，提出变更工程项目的单价或总价，报发包人确认后调整。

(4) 已标价工程量清单中没有适用的也没有类似变更工程项目的，且工程造价管理机构发布的信息价格缺价的，由承包人根据变更工程资料、计量规则、计价方法和通过市场调查等有合法依据的市场价格提出变更工程项目的单价或总价，报发包人确认后调整。

【考点】工程变更类合同价款调整事项——工程变更的价款调整方法。

2. 某实行招标的工程，施工图预算为 8 000 万元，最高投标限价为 7 800 万元。若承包人签约合同价为 7 500 万元，则该承包人的报价浮动率为（　　）。

A. 3.85%　　B. 4.00%　　C. 6.25%　　D. 6.67%

【答案】A

【解析】已标价工程量清单中没有适用的也没有类似于变更工程项目的，由承包人根据变更工程资料、计量规则和计价方法、工程造价机构发布的信息价格和承包人报价浮动率，提出变更工程项目的单价或总价，报发包人确认后调整。承包人报价浮动率计算公式：

①实行招标的工程：承包人报价浮动率 L=（1– 中标价 / 最高投标限价）× 100%

②不实行招标的工程：承包人报价浮动率 L=（1– 报价值 / 施工图预算）× 100%

该承包人的报价浮动率 =（1–7 500/7 800）× 100%=3.85%，所以选项 A 正确。

【考点】工程变更类合同价款调整事项——工程变更的价款调整方法。

3. 关于采用价格指数法调整价格差额，下列说法正确的是（　　）。

A. 按现行价格计价的变更费用应计入调价基数

B. 缺少价格指数时可按对应可调因子的信息价格替代

C. 定值和变值权重一经约定就不得调整

D. 基本价格指数是指最高投标限价编制时的指数

【答案】B

【解析】选项 A 错误，不是按现行价格计价的变更费用应计入调价基数；选项 B 正确，价格指数应首先采用工程造价管理机构提供的价格指数，缺乏价格指数时，可采用工程造价管理机构提供的价格代替；选项 C 错误，定值权重即不调部分的权重，变值权重即可调部分的权重，为各可调因子在投标函投标总报价中所占的比例；选项 D 错误，基本价格指数，指基准日的各可调因子的价格指数。

【考点】物价变化类合同价款调整事项——采用价格指数调整价格差额。

4. 某项目施工合同约定，承包人承担的钢筋价格风险幅度为 ± 5%，超出部分采用造价信息法调差，已知钢筋的承包人投标价格、基准期造价信息发布价格分别为 5 700 元 /t、6 100 元 /t，2021 年 7 月的造价信息发布价格为 5 600 元 /t，则该月钢筋结算价格为（　　）元 /t。

A. 5 233　　B. 5 505　　C. 5 600　　D. 5 700

【答案】D

【解析】选项 D 正确，5 700 ×（1–5%）=5 415（元 /t），因此不再调整价格，按照投标报价 5 700 元 /t 结算。

【考点】物价变化类合同价款调整事项——采用造价信息调整价格差额。

5. 因不可抗力造成的下列损失，应由发包人承担的是（　　）。

A. 施工人员伤亡补偿金　　B. 施工机械损坏损失

C. 承包人停工损失　　D. 修复已完工程增加的费用

【答案】D

【解析】选项 D 正确，因不可抗力事件导致的人员伤亡、财产损失及其费用增加，发承包双方应按以下原则分别承担并调整合同价款和工期：

（1）合同工程本身的损害、因工程损害导致第三方人员伤亡和财产损失以及运至施工场地用于施工的材料和待安装的设备的损害，由发包人承担。

（2）发包人、承包人人员伤亡由其所在单位负责，并承担相应费用。

（3）承包人的施工机械设备损坏及停工损失，由承包人承担。

（4）停工期间，承包人应发包人要求留在施工场地的必要的管理人员及保卫人员的费用由发包人承担。

（5）工程所需清理、修复费用，由发包人承担。

（6）因发生不可抗力事件导致工期延误的，工期相应顺延。发包人要求赶工的，承包人应采取赶工措施，赶工费用由发包人承担。

【考点】工程索赔类合同价款调整事项——不可抗力造成损失的承担。

6. 某施工合同约定，当发生索赔事件时，人工工资、窝工补贴分别按 300 元 / 工日、100 元 / 工日计，以人工费为基数的综合费费率为 40%。在施工过程中发生了如下事件：①因异常恶劣天气导致工程停工 3 天，人员窝工 60 个工日；②因该异常恶劣天气导致工程修复用工 20 个工日，发生材料费 5 000 元；③复工后又因发包人原因导致停工 2 天，人员窝工 40 个工日。承包人可向发包人索赔的费用为（　　）元。

A. 17 400　　B. 19 000　　C. 19 400　　D. 23 400

【答案】A

【解析】选项 A 正确，各事件处理结果如下：

（1）因异常恶劣天气导致工程停工通常不能进行费用索赔；

（2）工程修复用工和材料费索赔额 =20 × 300 ×（1+40%）+5 000=13 400（元）；

（3）复工后又因发包人原因导致的窝工费用索赔额 =40 × 100=4 000（元）。

总索赔费用 =13 400+4 000=17 400（元）。

【考点】工程索赔类合同价款调整事项——费用索赔的计算。

7. 因发包人原因导致工期延误，承包人可向发包人索赔的费用项目有（　　）。

A. 材料超期储存费用

B. 承包人管理不善造成的材料损失费用

C. 总部管理费

D. 履约保函延期手续费

E. 材料涨价价差

【答案】ACDE

【解析】选项 A、C、D、E 正确，索赔费用的组成一般可归纳为人工费、材料费、施工机械使用费、分包费、施工管理费、利息、利润、保险费等。其中材料费的索赔包括：由于索赔事件的发生造成材料实际用量超过计划用量而增加的材料费；由于发包人原因导致工程延期期间的材料价格上涨和超期储存费用。材料费中应包括运输费、保管费以及合理的损耗费用。如果由于承包商管理不善，造成材料损坏失效，则不能列入索赔款项内，所以选项 B 错误。

【考点】工程索赔类合同价款调整事项——费用索赔的计算。

8. 费用索赔计算的常用方法有（   ）。

A. 比例计算法　　B. 实际费用法

C. 总成本法　　D. 修正的总费用法

E. 网络图分析法

【答案】BCD

【解析】选项 B、C、D 正确，费用索赔的计算方法通常有三种：实际费用法、总费用法、修正的总费用法。修正的总费用法是对总费用法的改进，即在总费用计算的原则上去掉一些不合理的因素，使其更为合理。

【考点】工程索赔类合同价款调整事项——费用索赔的计算。

四、2020 年考题

1. 根据现行《建设工程工程量清单计价规范》GB 50500—2013，对于不实行招标的建设工程，以建设工程施工合同签订前的第（   ）天作为基准日。

A. 28　　B. 30　　C. 35　　D. 42

【答案】A

【解析】对于实行招标的建设工程，一般以施工招标文件中规定的提交投标文件的截止时间前的第 28 天作为基准日；对于不实行招标的建设工程，一般以建设工程施工合同签订前的第 28 天作为基准日。

【考点】法规变化类合同价款调整事项——基准日的确定。

2. 因工程变更引起措施项目发生变化时，关于合同价款的调整，下列说法正确的是（   ）。

A. 安全文明施工费不予调整

B. 按总价计算的措施项目费的调整，不考虑承包人报价浮动因素

C. 按单价计算的措施项目费的调整，以实际发生变化的措施项目数量为准

D. 招标清单中漏项的措施项目费的调整，以承包人自行拟订的实施方案为准

【答案】C

【解析】安全文明施工费，按照实际发生变化的措施项目调整，不得浮动。采用单价计算的措施项目费，按照实际发生变化的措施项目按前述分部分项工程费的调整方法确定单价。按总价（或系数）计算的措施项目费，除安全文明施工费外，按照实际发生变化的措施项目调整，但应考虑承包人报价浮动因素，即调整金额按照实际调整金额乘以承包人报价浮动率计算。如果承包人未事先将拟实施的方案提交给发包人确认，则视为工程变更不引起措施项目费的调整或承包人放弃调整措施项目费的权利。

【考点】工程变更类合同价款调整事项——工程变更的价款调整方法。

3. 某市政工程施工合同中约定：①基准日为 2020 年 2 月 20 日；②竣工日期为 2020 年 7 月 30 日；③工程价款结算时人工单价、钢材、商品混凝土及施工机具使用费采用价格指数法调验，各项权重系数及价格指数见下表，工程开工后，由于发包人原因导致原计划 7 月施工的工程延误至 8 月实施，2020 年 8 月承包人当月完成清单子目价款 3 000 万元，当月按已标价工程量清单价格确认的变更金额为 100 万元，则本工程 2020 年 8 月的价格调整金额为（   ）万元。

项目	人工	钢材	商品混凝土	施工机具使用费	定值部分
权重系数	0.15	0.10	0.30	0.10	0.35
2020 年 2 月指数	100.0	85.0	113.4	110.0	—
2020 年 7 月指数	105.0	89.0	118.6	113.0	—
2020 年 8 月指数	104.0	88.0	116.7	112.0	—

A. 60.18　　B. 62.24

C. 67.46　　D. 88.94

【答案】D

【解析】物价波动，采用价格指数调整价格差额，8 月完成的清单项目子目的合同价款 =3 000+100=3 100（万元）。

$$价格调整金额=3\ 100\times\left[\left(0.35+0.15\times\frac{105}{100}+\frac{89}{85}\times0.1+0.3\times\frac{118.6}{113.4}+0.1\times\frac{113}{110}\right)-1\right]$$

$$=88.94（万元）$$

【考点】物价变化类合同价款调整事项——采用价格指数调整价格差额。

4. 某项目施工合同约定，由承包人承担 ±10% 范围内的碎石价格风险，超出部分采用造价信息法调差。已知承包人投标价格、基准期的价格分别为 100 元 /m^3、96 元 /m^3，2020 年 7 月的造价信息发布价为 130 元 /m^3，则该月碎石的实际结算价格为（　　）元 /m^3。

A. 117.0　　B. 120.0　　C. 124.4　　D. 130.0

【答案】B

【解析】7 月价格信息为 130 元 /m^3，价格上涨，应以投标价格和基准期的价格中较高的作为计算基数，100×（1+10%）=110（元 /m^3），因此碎石价格上调：130-110=20（元 /m^3），100+20=120（元 /m^3）。

【考点】物价变化类合同价款调整事项——采用造价信息调整价格差额。

5. 根据《标准施工招标文件》（2007 年版）通用合同条款，下列引起承包人索赔的事件中，可以同时获得工期和费用补偿的是（　　）。

A. 发包人原因造成承包人人员工伤事故

B. 施工中遇到不利物质条件

C. 承包人提前竣工

D. 基准日后法律的变化

【答案】B

【解析】发包人原因造成承包人人员工伤事故只能索赔费用，承包人提前竣工只能索赔费用，基准日后法律的变化只能索赔费用。

【考点】工程索赔类合同价款调整事项（索赔）。

6. 施工合同履行期间出现现场签证事件时，现场签证应由（　　）提出。

A. 发包人　　　　　　　　　　　　B. 监理人

C. 设计人　　　　　　　　　　　　D. 承包人

【答案】D

【解析】承包人应发包人要求完成合同以外的零星项目、非承包人责任事件等工作的，发包人应及时以书面形式向承包人发出指令，提供所需的相关资料；承包人在收到指令后，应及时向发包人提出现场签证要求。

【考点】其他类合同价款调整事项。

7. 根据《建设工程施工合同（示范文本）》（GF–2017–0201），下列变化应纳入工程变更范围的有（　　）。

A. 改变墙体厚度　　　　　　　　　B. 工程设备价格上涨

C. 转由他人实施土石方工程　　　　D. 提高地基沉降控制标准

E. 增加排水沟长度

【答案】ADE

【解析】在《建设工程施工合同（示范文本）》（GF–2017–0201）中，工程变更的范围包括：增加或减少合同中任何工作，或追加额外的工作；取消合同中任何工作，但转由他人实施的工作除外；改变合同中任何工作的质量标准或其他特性；改变工程的基线、标高、位置和尺寸；改变工程的时间安排或实施顺序（详见本节知识点凝练表 5.1.2）。故选项 A、D、E 正确。

【考点】工程变更类合同价款调整事项——工程变更的范围。

8. 关于承包人原因导致的工期延误期间合同价款的调整，下列说法正确的有（　　）。

A. 国家政策变化引起工程造价增加的应调增合同价款

B. 国家政策变化引起工程造价降低的应调减合同价款

C. 使用价格调整公式调价时，以计划进度日期指数为现行价格指数

D. 使用价格调整公式调价时，以实际进度日期指数为现行价格指数

E. 使用价格调整公式调价时，以计划进度日期与实际进度日期两个指数中转低者作为调价指数

【答案】BE

【解析】如果由于承包人的原因导致的工期延误，按不利于承包人的原则调整合同价款。在工程延误期间国家的法律、行政法规和相关政策发生变化引起工程造价变化，造成合同价款增加的，合同价款不予调整；造成合同价款减少的，合同价款予以调整。由于承包人原因导致工期延误的，则对于计划进度日期（或竣工日期）后续施工的工程，在使用价格调整公式时，应采用计划进度日期（或竣工日期）与实际进度日期（或竣工日期）两个价格指数中较低者作为现行价格指数。

【考点】工程变更类合同价款调整事项——工程变更的价款调整方法。

五、2019 年考题

1. 下列发承包双方在约定调整合同价款的事项中属于工程变更类的是（　　）。

A. 工程量清单缺项　　　　　　　　B. 不可抗力

C. 物价波动　　　　D. 提前竣工

【答案】A

【解析】工程变更类主要包括工程变更、项目特征不符、工程量清单缺项、工程量偏差、计日工等事件。

【考点】工程变更类合同价款调整事项——工程量清单缺项。

2. 某招标工程项目执行《建设工程工程量清单计价规范》GB 50500—2013，招标工程量清单中某分项工程的工程量为 1 500m^3，施工中由于设计变更调增为 1 900m^3，该分项工程最高投标限价综合单价为 40 元 /m^3，投标报价为 47 元 /m^3，则该分项工程的结算价为（　　）元。

A. 87 400　　　　B. 88 900

C. 89 125　　　　D. 89 300

【答案】C

【解析】工程量增加 15%，1 500×（1+15%）=1 725（m^3），其增加部分的工程量的综合单价应该调低，40×（1+15%）=46（元 /m^3），投标报价为 47 元 /m^3>46 元 /m^3，新综合单价按照 46 元 /m^3 计算。

分项工程的结算价 =1 500×（1+15%）×47+（1 900−1 725）×46=89 125（元）

【考点】工程变更类合同价款调整事项——工程量偏差。

3. 某市政工程投标截止日期为 2019 年 4 月 20 日，确定中标人后，工程于 2019 年 6 月 1 日开工。施工合同约定，工程价款结算时人工、钢材、水泥、砂石料及施工机具使用费采用价格指数法调差，各项权重系数及价格指数见下表。2019 年 8 月，承包人当月完成清单子目价款为 2 000 万元，当月按已标价工程量清单价格确认的变更金额为 200 万元，则本工程 2019 年 8 月的价格调整金额为（　　）万元。

项目	人工	钢材	水泥	砂石料	施工机具使用费	定值部分
权重系数	0.15	0.10	0.20	0.10	0.10	0.35
2019 年 3 月指数	100.0	84.0	104.5	115.6	110.0	—
2019 年 4 月指数	100.0	86.0	105.6	120.0	110.0	—
2019 年 8 月指数	105.0	90.0	107.8	135.0	110.0	—

A. 57.80　　B. 63.58　　C. 75.40　　D. 82.94

【答案】D

【解析】物价波动，采用价格指数调整价格差额。

$$(2\,000+200)\times\left[\left(0.35+0.15\times\frac{105.0}{100.0}+0.10\times\frac{90.0}{84.0}+0.20\times\frac{107.8}{104.5}+0.10\times\frac{135.0}{115.6}+0.10\times\frac{110.0}{110.0}\right)-1\right]=82.94（万元）$$

【考点】物价变化类合同价款调整事项——采用价格指数调整价格差额。

4. 关于工程索赔的相关论述，下列说法正确的是（　　）。

A. 工程索赔是指承包人向发包人提出工期和（或）费用补偿要求的行为

B. 由于发包人原因导致分包人遭受经济损失，分包人可直接向发包人提出索赔

C. 承包人提出的工期补偿索赔经发包人批准后，可先排除承包人非自身原因拖期违约责任

D. 由于不可抗力事件造成合同非正常终止，承包人不能向发包人提出索赔

【答案】C

【解析】选项 A 错误，工程索赔是指在工程合同履行过程中，当事人一方因非己方的原因而遭受经济损失或工期延误，按照合同约定或法律规定，应由对方承担责任，而向对方提出工期和（或）费用补偿要求的行为；选项 B 错误，由于发包人原因导致分包人遭受经济损失，分包人不可直接向发包人提出索赔；选项 D 错误，由于不可抗力事件造成合同非正常终止，承包人可以向发包人提出索赔。

【考点】工程索赔类合同价款调整事项（索赔）。

5. 根据《标准施工招标文件》（2007 年版）通用合同条款，下列引起承包人索赔的事件中，可以同时获得工期、费用和利润补偿的是（　　）。

A. 施工中发现文物古迹　　B. 发包人延迟提供建筑材料

C. 承包人提前竣工　　D. 因不可抗力造成工期延误

【答案】B

【解析】发包人提供材料、工程设备不合格或迟延提供或变更交货地点可以索赔工期费用和利润。

【考点】工程索赔类合同价款调整事项（索赔）。

6. 某施工现场主导施工机械一台，由承包人租得。施工合同约定，当发生索赔事件时，该机械台班单价、租赁费分别按 900 元 / 台班、400 元 / 台班计；人工工资、窝工补贴分别按 100 元 / 工日、50 元 / 工日计；以人工费与机械费之和为基数的综合费率为 30%。在施工过程中，发生如下事件：①出现异常恶劣天气导致工程停工 2 天，人员窝工 20 个工日；②因恶劣天气导致工程修复用工 10 个工日、主导机械 1 个台班。为此承包人可向发包人索赔的费用为（　　）元。

A. 1 820　　B. 2 470　　C. 2 820　　D. 3 470

【答案】B

【解析】异常恶劣天气只索赔工期，（10 × 100+900）×（1+30%）=2 470（元）。

【考点】工程索赔类合同价款调整事项——工期索赔的计算。

7. 关于依法必须招标的给定暂估价的专业工程招标，下列说法正确的有（　　）。

A. 承包人不参加投标的，应由承包人作为招标人

B. 承包人组织招标工作的有关费用应另行计算

C. 承包人参加投标的，应由发包人负责招标

D. 发包人组织招标工作的有关费用应从签约合同价中扣回

E. 承包人参加投标的，同等条件下应优先中标

【答案】ACE

【解析】发包人在招标工程量清单中给定暂估价的专业工程，依法必须招标的，应当由发承包双方依法组织招标选择专业分包人，并接受建设工程招标投标管理机构的监督。

（1）除合同另有约定外，承包人不参加投标的专业工程，应由承包人作为招标人，但拟订的招标文件、评标方法、评标结果应报送发包人批准。与组织招标工作有关的费用应当被认为已经包括在承包人的签约合同（投标总报价）中。

（2）承包人参加投标的专业工程，应由发包人作为招标人，与组织招标工作有关的费用由发包人承担。同等条件下，应优先选择承包人中标。

（3）专业工程依法进行招标后，以中标价为依据取代专业工程暂估价，调整合同价款。

【考点】物价变化类合同价款调整事项——暂估价。

8. 下列费用中，承包人可以索赔的有（　　）。

A. 法定增长的人工费

B. 承包人原因导致工效降低增加的机械使用费

C. 承包人垫资施工的垫资利息

D. 发包人拖延支付工程款的利息

E. 发包人错误扣款的利息

【答案】ADE

【解析】索赔费用的组成。对于不同原因引起的索赔，承包人可索赔的具体费用内容是不完全一样的。但归纳起来，索赔费用的要素与工程造价的构成基本类似，一般可归结为人工费、材料费、施工机械使用费、分包费、施工管理费、利息、利润、保险费等。

人工费的索赔包括：由于完成合同之外的额外工作所花费的人工费用；超过法定工作时间的加班劳动；法定人工费增长；因非承包商原因导致工效降低所增加的人工费用；因非承包商原因导致工程停工的人员窝工费和工资上涨费等。在计算停工损失中的人工费时，通常采取人工单价乘以折算系数计算。

利息的索赔包括：发包人拖延支付工程款利息；发包人迟延退还工程质量保证金的利息；发包人错误扣款的利息等。至于具体的利率标准，双方可以在合同中明确约定，没有约定或约定不明的，可以按照中国人民银行发布的同期同类贷款利率计算。

【考点】工程索赔类合同价款调整事项——费用索赔的计算。

考点统计

通过对 2019—2023 年的考题统计，本节涉及的考点主要是法规变化类合同价款调整事项、工程变更类合同价款调整事项、物价变化类合同价款调整事项、工程索赔类合同价款调整事项、其他类合同价款调整事项五项内容。近 5 年涉及本节的真题共有 41 题，具体考点的考核频次如表 5.1.1 所示。

表 5.1.1 第五章第一节考点考核频次表

序号	知识点	具体考点	考核频次
1	法规变化类合同价款调整事项	“法规变化类合同价款调整事项”综合性考点	1
		基准日的确定	1
2	工程变更类合同价款调整事项	工程变更的范围	2
		工程变更的价款调整方法	7
		工程量清单缺项	1
		工程量偏差	2
		计日工	1
3	物价变化类合同价款调整事项	采用价格指数调整价格差额	4
		采用造价信息调整价格差额	3
		暂估价	2
4	工程索赔类合同价款调整事项	“工程索赔类合同价款调整事项（索赔）”综合性考点	5
		不可抗力造成损失的承担	1
		《标准施工招标文件》（2007 年版）中承包人的索赔事件及可赔偿内容	1
		费用索赔的计算	6
		工期索赔的计算	3
5	其他类合同价款调整事项	“其他类合同价款调整事项”综合性考点	1

知识点凝练

本节的考点主要包括法规变化类合同价款调整事项、工程变更类合同价款调整事项、物价变化类合同价款调整事项、工程索赔类合同价款调整事项、其他类合同价款调整事项五项内容。考点一“法规变化类合同价款调整事项”要注意基准日的确定以及工期延误的处理；考点二“工程变更类合同价款调整事项”，在所有的调价原因中，“工程变更引起的合同价款调整”是重要的几个原因之一，也是历年考核的重点内容；考点三“物价变化类合同价款调整事项”应重点注意“采用价格指数调整价格差额”的内容掌握，且该考点出计算题的可能性较大；考点四“工程索赔类合同价款调整事项”的重要性与“工程变更类合同价款调整事项”类似，是最重要的调价事项之一；考点五“其他类合同价款调整事项”考核中会偶有涉及，知识点也相对比较简单。

“法规变化类合同价款调整事项”这一部分涉及的具体考点主要有：风险承担者、基准日的确定、合同价款的调整方法、承包人原因导致工程延误期的处理；“工程变更类合同价款调整事项”这一部分涉及的具体考点主要有：不同合同文本中工程变更范围的差异、工程变更的价款调整方法，应重点掌握分布分项工程费的调整和措施项目费的调整、招标工程量清单的缺项漏项、工程量偏差中的综合单价的调整原则和总价措施项目费的调整以及计日工费用的生产和计日工费用的计算；“物价变化类合同价款调整事项”这一部分涉及的具体考点主要有：采用价格指数调整价格差额，重点掌握价格调整公式和权重的确定以及工期延误后的价格调整、采用造价信息调整价格差额，以及人工单价的调整、材料和工程设备价格的调整（分为“承包人投标报价中材料单价低于基准单价”“承包人投标报价中材料单价高于基准单价”“承包人投标报价中材料单价等于基准单价”三种情况）、暂估价引起的合同价款调整方法；“工程索赔类合同价款调整事项”这一部分涉及的具体考点主要有：不可抗力的范围、不可抗力造成损失的承担、工期的处理、提前竣工、误期赔偿、《标准施工招标文件》中承包人的索赔事件及可补偿内容、索赔的依据和前提条件、索赔费用的组成，重点掌握人工费和材料费的索赔、工期索赔中应注意的问题、工期索赔的计算方法；“其他类合同价款调整事项”这一部分涉及的具体考点主要有：现场签证的提出、签证主体、签证事项、签证内容。

一、法规变化类合同价款调整事项

因国家法律、法规、规章和政策变化影响合同价款的风险，发承包双方可以在合同中约定由发包人承担。

1. 基准日的确定

对于实行招标的建设工程，一般以施工招标文件中规定的提交投标文件的截止时间前的第 28 天作为基准日；对于不实行招标的建设工程，一般以建设工程施工合同签订前的第 28 天作为基准日。

2. 合同价款的调整方法

施工合同履行期间，国家法律、法规、规章和政策在基准日之后发生变化，且因执行相应的法律、法规、规章和政策引起造价增减的，合同双方应调整合同价款，但价格变化已在物价波动事件的调价公式中的不予考虑。

3. 工期延误期间的特殊处理

如果由于承包人的原因导致的工期延误，在工期延误期间国家的法律、法规、规章和政策发生变化引起工程造价变化，造成合同价款增加的，不予调整；造成合同价款减少的，予以调整。

二、工程变更类合同价款调整事项

（一）工程变更

1. 工程变更的范围

在不同的合同文本中规定的工程变更的范围可能会有所不同，以《建设工程施工合同（示范文本）》（GF–2017–0201）和《标准施工招标文件》（2007 年版）为例，两者规定的工程变更范围的差异如表 5.1.2 所示。

表 5.1.2 不同合同文本中工程变更范围的差异

施工合同示范文本	标准施工招标文件
（1）增加或减少合同中任何工作，或追加额外的工作； （2）取消合同中任何工作，但转由他人实施的工作除外； （3）改变合同中任何工作的质量标准或其他特性； （4）改变工程的基线、标高、位置和尺寸； （5）改变工程的时间安排或实施顺序	（1）取消合同中任何一项工作，但被取消的工作不能转由发包人或其他人实施； （2）改变合同中任何一项工作的质量或其他特性； （3）改变合同工程的基线、标高、位置或尺寸； （4）改变合同中任何一项工作的施工时间或改变已批准的施工工艺或顺序； （5）为完成工程需要追加的额外工作

2. 工程变更的价款调整方法

（1）分部分项工程费的调整。

1）已标价工程量清单中有适用于变更工程项目的，且工程变更导致的该清单项目的工程量变化不足 15% 时，采用该项目的单价。

2）已标价工程量清单中没有适用、但有类似于变更工程项目的，可在合理范围内参照类似项目的单价或总价调整。

3）已标价工程量清单中没有适用的也没有类似于变更工程项目的，由承包人根据变更工程资料、计量规则和计价方法、工程造价管理机构发布的信息价格和承包人报价浮动率，提出变更工程项目的单价或总价，报发包人确认后调整。承包人报价浮动率可按下列公式计算：

①实行招标的工程：

$$承包人报价浮动率 L=（1-中标价/最高投标限价）\times 100\%$$

②不实行招标的工程：

$$承包人报价浮动率 L=（1-报价值/施工图预算）\times 100\%$$

4）已标价工程量清单中没有适用也没有类似变更工程项目，且工程造价管理机构发布的信息价格缺价的，由承包人根据变更工程资料、计量规则、计价方法和通过市场调查等有合法依据的市场价格提出变更工程项目的单价或总价，报发包人确认后调整。

（2）措施项目费的调整。

1）安全文明施工费，按照实际发生变化的措施项目调整，不得浮动；

2）采用单价计算的措施项目费，按照实际发生变化的措施项目按前述分部分项工程费的调整方法确定单价；

3）按总价计算的措施项目费，除安全文明施工费外，按照实际发生变化的措施项目调整，但应考虑承包人报价浮动因素，即调整金额按照实际调整金额乘以承包人报价浮动率计算。

（3）删减工程或工作的补偿。如果发包人提出的工程变更，因非承包人原因删减了合同中的某项原定工作或工程，致使承包人发生的费用或（和）得到的收益不能被包括在其他已支付或应支付的项目中，也未被包含在任何替代的工作或工程中，则承包人有权提出并得到合理的费用及利润补偿。

注意：如果承包人未事先将拟实施的方案提交给发包人确认，则视为工程变更不引起措施项目费的调整或承包人放弃调整措施项目费的权利。

（二）项目特征不符

1. 项目特征描述

发包人在招标工程量清单中对项目特征的描述，应被认为是准确的和全面的，并且与实际施工要求相符合。承包人应按照发包人提供的招标工程量清单，根据其项目特征描述的内容及有关要求实施合同工程，直到其被改变为止。

2. 合同价款的调整方法

承包人应按照发包人提供的设计图纸实施合同工程，若在合同履行期间，出现设计图纸（含设计变更）与招标工程量清单任一项目的特征描述不符，且该变化引起该项目的工程造价增减变化的，发承包双方应当按照实际施工的项目特征，重新确定相应工程量清单项目的综合单价，调整合同价款。

（三）工程量清单缺项

1. 清单缺项漏项的责任

招标工程量清单是否准确和完整，其责任应当由提供工程量清单的发包人负责。

2. 合同价款的调整方法

（1）分部分项工程费的调整。分部分项工程出现缺项漏项，造成新增工程清单项目的，应按照工程变更事件中关于分部分项工程费的调整方法，调整合同价款。

（2）措施项目费的调整。

1）由于招标工程量清单中分部分项工程出现缺项漏项，引起措施项目发生变化的，应当按照工程变更事件中关于措施项目费的调整方法，在承包人提交的实施方案被发包人批准后，调整合同价款；

2）由于招标工程量清单中措施项目缺项，承包人应将新增措施项目实施方案提交发包人批准后，按照工程变更事件中的有关规定调整合同价款。

（四）工程量偏差

1. 工程量偏差的概念

工程量偏差是指承包人根据发包人提供的图纸（包括由承包人提供经发包人批准的图纸）进行施工，按照现行国家计量规范规定的工程量计算规则，计算得到的完成合同工程项目应予计量的工程量与相应的招标工程量清单项目列出的工程量之间出现的量差。

2. 合同价款的调整方法

如果合同中没有约定或约定不明的，可以按表 5.1.3 中的原则办理。

表 5.1.3 工程量偏差引起的合同价款调整

事件	合同价款的调整方法			
工程量偏差	综合单价的调整原则	实际工程量与招标工程量清单出现偏差超过 15% 时	增加部分的工程量的综合单价应予调低	若 $P_0>P_2\times(1+15\%)$，P_1 按照 $P_2\times(1+15\%)$ 调整；若 $P_0\leqslant P_2\times(1+15\%)$，$P_1=P_0$
		当工程量增加15%以上时	减少后剩余部分的工程量的综合单价应予调高	若 $P_0<P_2\times(1-L)\times(1-15\%)$，$P_1$ 按照 $P_2\times(1-L)\times(1-15\%)$ 调整；若 $P_0\geqslant P_2\times(1-L)\times(1-15\%)$，$P_1=P_0$
	总价措施项目费的调整	当工程量偏差超过 15%，且该变化引起措施项目相应发生变化	该措施项目是按系数或单一总价方式计价的，工程量增加的，措施项目费调增；工程量减少的，措施项目费调减	

（五）计日工

1. 计日工费用的产生

发包人通知承包人以计日工方式实施的零星工作，承包人应予执行。采用计日工计价的任何一项变更工作，承包人应在该项变更的实施过程中，按合同约定提交以下报表和有关凭证送发包人复核：

（1）工作名称、内容和数量；

（2）投入该工作所有人员的姓名、工种、级别和耗用工时；

（3）投入该工作的材料名称、类别和数量；

（4）投入该工作的施工设备型号、台数和耗用台时；

（5）发包人要求提交的其他资料和凭证。

2. 计日工费用的确认和支付

承包人应按照确认的计日工现场签证报告核实该类项目的工程数量，并根据核实的工程数量和承包人已标价工程量清单中的计日工单价计算，提出应付价款；已标价工程量清单中没有该类计日工单价的，由发承包双方按工程变更的有关规定商定计日工单价计算。

三、物价变化类合同价款调整事项

（一）物价波动

因物价波动引起的合同价款调整方法有两种：一种是采用价格指数调整价格差额，另一种是采用造价信息调整价格差额。

1. 采用价格指数调整价格差额

主要适用于施工中所用的材料品种较少，但每种材料使用量较大的土木工程，如公路、水坝等。

（1）价格调整公式。因人工、材料、工程设备和施工机械台班等价格波动影响合同价款时，根据投标函附录中的价格指数和权重表约定的数据，按以下价格调整公式计算差额并调整合同价款：

$$\Delta P=P_0\left[A+\left(B_1\times\frac{F_{t1}}{F_{01}}+B_2\times\frac{F_{t2}}{F_{02}}+B_3\times\frac{F_{t3}}{F_{03}}+\cdots+B_n\times\frac{F_{tn}}{F_{0n}}\right)-1\right]$$

式中：ΔP——需调整的价格差额；

P_0——根据进度付款、竣工付款和最终结清等付款证书中，承包人应得到的已完成工程量的金额。此项金额应不包括价格调整、不计质量保证金的扣留和支付、预付款的支付和扣回。变更及其他金额已按现行价格计价的，也不计在内；

A——定值权重（即不调部分的权重）；

B_1，B_2，B_3，…，B_n——各可调因子的变值权重（即可调部分的权重）为各可调因子在投标函投标总报价中所占的比例；

F_{t1}，F_{t2}，F_{t3}，…，F_{tn}——各可调因子的现行价格指数，指根据进度付款、竣工付款和最终结清等约定的付款证书相关周期最后一天的前42天的各可调因子的价格指数；

F_{01}，F_{02}，F_{03}，…，F_{0n}——各可调因子的基本价格指数，指基准日的各可调因子的价格指数。

价格指数应首先采用工程造价管理机构提供的价格指数，缺乏上述价格指数时，可采用工程造价管理机构提供的价格代替。

（2）权重的调整。按变更范围和内容所约定的变更，导致原定合同中的权重不合理时，由承包人和发包人协商后进行调整。

（3）工期延误后的价格调整。由于发包人原因导致工期延误的，则对于计划进度日期（或竣工日期）后续施工的工程，在使用价格调整公式时，应采用计划进度日期（或竣工日期）与实际进度日期（或竣工日期）的两个价格指数中较高者作为现行价格指数。

2. 采用造价信息调整价格差额

主要适用于使用的材料品种较多，相对而言每种材料使用量较小的房屋建筑与装饰工程。

（1）人工单价的调整。人工单价发生变化时，发承包双方应按省级或行业建设主管部门或其授权的工程造价管理机构发布的人工成本文件调整合同价款。

（2）材料和工程设备价格的调整。材料、工程设备价格变化的价款调整，按照承包人提供主要材料和工程设备一览表，根据发承包双方约定的风险范围，按以下规定进行调整。

1）如果承包人投标报价中材料单价低于基准单价，工程施工期间材料单价涨幅以基准单价为基础超过合同约定的风险幅度值时，或材料单价跌幅以投标报价为基础超过合同约定的风险幅度值时，其超过部分按实调整。

2）如果承包人投标报价中材料单价高于基准单价，工程施工期间材料单价跌幅以基准单价为基础超过合同约定的风险幅度值时，或材料单价涨幅以投标报价为基础超过合同约定的风险幅度值时，其超过部分按实调整。

3）如果承包人投标报价中材料单价等于基准单价，工程施工期间材料单价涨、跌幅以基准单价为基础超过合同约定的风险幅度值时，其超过部分按实调整。

4）承包人应当在采购材料前将采购数量和新的材料单价报发包人核对，确认用于本合同工程时，发包人应当确认采购材料的数量和单价。发包人在收到承包人报送的确认资料后3个工作日不予答复的，视为已经认可，作为调整合同价款的依据。

（二）暂估价

1. 给定暂估价的材料、工程设备

（1）不属于依法必须招标的项目。发包人在招标工程量清单中给定暂估价的材料和工程设备不属于依法必须招标的，由承包人按照合同约定采购，经发包人确认后以此为依据取代暂估价，调整合同价款。

（2）属于依法必须招标的项目。发包人在招标工程量清单中给定暂估价的材料和工程设备属于依法必须招标的，由发承包双方以招标的方式选择供应商。依法确定中标价格后，以此为依据取代暂估价，调整合同价款。

2. 给定暂估价的专业工程

（1）不属于依法必须招标的项目。发包人在工程量清单中给定暂估价的专业工程不属于依法必须招标的，应按照前述工程变更事件的合同价款调整方法，确定专业工程价款，并以此为依据取代专业工程暂估价，调整合同价款。

（2）属于依法必须招标的项目。

1）除合同另有约定外，承包人不参加投标的专业工程，应由承包人作为招标人，但拟订的招标文件、评标方法、评标结果应报送发包人批准。与组织招标工作有关的费用应当被认为已经包括在承包人的签约合同价（投标总报价）中。

2）承包人参加投标的专业工程，应由发包人作为招标人，与组织招标工作有关的费用由发包人承担。同等条件下，应优先选择承包人中标。

3）专业工程依法进行招标后，以中标价为依据取代专业工程暂估价，调整合同价款。

四、工程索赔类合同价款调整事项

（一）不可抗力

1. 不可抗力的范围

不可抗力是指合同双方在合同履行中出现的不能预见、不能避免并不能克服的客观情况。

2. 不可抗力造成损失的承担

（1）费用损失的承担原则。因不可抗力事件导致的人员伤亡、财产损失及其费用增加，发承包双方应按以下原则分别承担并调整合同价款和工期：

1）合同工程本身的损害、因工程损害导致第三方人员伤亡和财产损失以及运至施工场地用于施工的材料和待安装的设备的损害，由发包人承担；

2）发包人、承包人人员伤亡由其所在单位负责，并承担相应费用；

3）承包人的施工机械设备损坏及停工损失，由承包人承担；

4）停工期间，承包人应发包人要求留在施工场地的必要的管理人员及保卫人员的费用，由发包人承担；

5）工程所需清理、修复费用，由发包人承担。

（2）工期的处理。因发生不可抗力事件导致工期延误的，工期相应顺延。发包人要求赶工的，承包人应采取赶工措施，赶工费用由发包人承担。

（二）提前竣工（赶工补偿）与误期赔偿

1. 提前竣工（赶工补偿）

（1）赶工费用。发包人应当依据相关工程的工期定额合理计算工期，压缩的工期天数不得超过定额工期的 20%，超过的，应在招标文件中明示增加赶工费用。

1）人工费的增加，例如新增加投入人工的报酬，不经济使用人工的补贴等；

2）材料费的增加，例如可能造成不经济使用材料而损耗过大，材料提前交货可能增加的费用、材料运输费的增加等；

3）施工机具使用费的增加，例如可能增加机械设备投入，不经济的使用机械等。

（2）提前竣工奖励。发承包双方可以在合同中约定提前竣工的奖励条款，明确每日历天应奖励额度。一般来说，双方还应当在合同中约定提前竣工奖励的最高限额（如合同价款的 5%）。提前竣工奖励列入竣工结算文件中，与结算款一并支付。

2. 误期赔偿

发承包双方可以在合同中约定误期赔偿费，明确每日历天应赔偿额度。一般来说，双方还应当在合同中约定误期赔偿费的最高限额（如合同价款的 5%）。误期赔偿费列入进度款支付文件或竣工结算文件中，在进度款或结算款中扣除。

（三）索赔

1. 索赔的概念及分类

（1）按索赔的当事人分类。根据索赔的合同当事人不同，可以将工程索赔分为：

1）承包人与发包人之间的索赔。

2）总承包人和分包人之间的索赔。无论是发包人的原因还是总承包人的原因所致，分包人都只能向总承包人提出索赔要求，而不能直接向发包人提出。

（2）按索赔的目的和要求分类。

1）工期索赔；

2）费用索赔。

（3）按索赔事件的性质分类。

1）工程延误索赔；

2）加速施工索赔；

3）工程变更索赔；

4）合同终止的索赔；

5）不可预见的不利条件索赔；

6）不可抗力事件的索赔；

7）其他索赔。

《标准施工招标文件》（2007 年版）的通用合同条款中，按照引起索赔事件的原因不同，对一方当事人提出的索赔可能给予合理补偿工期、费用和（或）利润的情况，分别做出了相应的规定。其中，引起承包人索赔的事件以及可能得到的合理补偿内容如表 5.1.4 所示。

表 5.1.4 《标准施工招标文件》（2007 年版）中承包人的索赔事件及可补偿内容

序号	条款号	索赔事件	可补偿内容		
			工期	费用	利润
1	1.6.1	迟延提供图纸	√	√	√
2	1.10.1	施工中发现文物、古迹	√	√	
3	2.3	迟延提供施工场地	√	√	√
4	4.11	施工中遇到不利物质条件	√	√	
5	5.2.4	提前向承包人提供材料、工程设备		√	
6	5.2.6	发包人提供材料、工程设备不合格或迟延提供或变更交货地点	√	√	√
7	8.3	承包人依据发包人提供的错误资料导致测量放线错误	√	√	√
8	9.2.6	因发包人原因造成承包人人员工伤事故		√	
9	11.3	因发包人原因造成工期延误	√	√	√
10	11.4	异常恶劣的气候条件导致工期延误	√		
11	11.6	承包人提前竣工		√	
12	12.2	发包人暂停施工造成工期延误	√	√	√
13	12.4.2	工程暂停后因发包人原因无法按时复工	√	√	√
14	13.1.3	因发包人原因导致承包人工程返工	√	√	√
15	13.5.3	监理人对已经覆盖的隐蔽工程要求重新检查且检查结果合格	√	√	√
16	13.6.2	因发包人提供的材料、工程设备造成工程不合格	√	√	√
17	14.1.3	承包人应监理人要求对材料、工程设备和工程重新检验且检验结果合格	√	√	√
18	16.2	基准日后法律的变化		√	
19	18.4.2	发包人在工程竣工前提前占用工程	√	√	√

续表 5.1.4

序号	条款号	索赔事件	可补偿内容		
			工期	费用	利润
20	18.6.2	因发包人的原因导致工程试运行失败		√	√
21	19.2.3	工程移交后因发包人原因出现新的缺陷或损坏的修复		√	√
22	19.4	工程移交后因发包人原因出现的缺陷修复后的试验和试运行		√	
23	21.3.1（4）	因不可抗力停工期间应监理人要求照管、清理、修复工程		√	
24	21.3.1（4）	因不可抗力造成工期延误	√		
25	22.2.2	因发包人违约导致承包人暂停施工	√	√	√

2. 索赔的依据和前提条件

（1）索赔的依据。提出索赔和处理索赔都要依据下列文件或凭证：

1）工程施工合同文件。工程施工合同是工程索赔中最关键和最主要的依据，工程施工期间，发承包双方关于工程的洽商、变更等书面协议或文件，也是索赔的重要依据。

2）国家颁布实施的相关法律、行政法规。

3）工程建设强制性标准。对于不属于强制性标准的其他标准、规范和计价依据，除施工合同中有明确约定外，不能作为工程索赔的依据。

4）工程施工合同履行过程中与索赔事件有关的各种凭证。这是承包人因索赔事件所遭受费用或工期损失的事实依据，它反映了工程的计划情况和实际情况。

（2）索赔成立的条件。承包人工程索赔成立的基本条件包括：

1）索赔事件已造成了承包人直接经济损失或工期延误；

2）造成费用增加或工期延误的索赔事件是因非承包人的原因发生的；

3）承包人已经按照工程施工合同规定的期限和程序提交了索赔意向通知、索赔报告及相关证明材料。

3. 费用索赔的计算

（1）索赔费用的组成。

1）人工费。

2）材料费。

3）施工机具使用费。

4）现场管理费。

5）总部（企业）管理费。

6）保险费。

7）保函手续费。

8）利息。

9）利润。

10）分包费用。

（2）费用索赔的计算方法。

1）实际费用法。

2）总费用法。

3）修正的总费用法。修正的总费用法是对总费用法的改进，即在总费用计算的原则上，去掉一些不合理的因素，使其更为合理。修正的内容如下：①将计算索赔款的时段局限于受到索赔事件影响的时间，而不是整个施工期；②只计算受到索赔事件影响时段内的某项工作所受影响的损失，而不是计算该时段内所有施工工作所受的损失；③与该项工作无关的费用不列入总费用中；④对投标报价费用重新进行核算，即按受影响时段内该项工作的实际单价进行核算，乘以实际完成的该项工作的工程量，得出调整后的报价费用。

4. 工期索赔的计算

工期索赔，一般是指承包人依据合同对由于因非自身原因导致的工期延误向发包人提出的工期顺延要求。

（1）工期索赔中应当注意的问题。在工期索赔中特别应当注意以下问题：

1）划清施工进度拖延的责任。

2）被延误的工作应是处于施工进度计划关键线路上的施工内容。只有位于关键线路上工作内容的滞后，才会影响到竣工日期。

（2）工期索赔的具体依据。承包人向发包人提出工期索赔的具体依据主要包括：

1）合同约定或双方认可的施工总进度规划；

2）合同双方认可的详细进度计划；

3）合同双方认可的对工期的修改文件；

4）施工日志、气象资料；

5）业主或工程师的变更指令；

6）影响工期的干扰事件；

7）受干扰后的实际工程进度等。

（3）工期索赔的计算方法。

1）直接法。

2）比例计算法。

3）网络图分析法。利用进度计划的网络图，分析其关键线路。如果延误的工作为关键工作，则延误的时间为索赔的工期；如果延误的工作为非关键工作，当该工作由于延误超过时差限制而成为关键工作时，可以索赔延误时间与时差的差值；若该工作延误后仍为非关键工作，则不存在工期索赔问题。

该方法通过分析干扰事件发生前和发生后网络计划的计算工期之差来计算工期索赔值，可以用于各种干扰事件和多种干扰事件共同作用所引起的工期索赔。

（4）共同延误的处理。在这种情况下，要具体分析哪一种情况延误是有效的，应依据以下原则：

1）首先判断造成拖期的哪一种原因是最先发生的，即确定“初始延误”者，它应对工程拖期负责。在初始延误发生作用期间，其他并发的延误者不承担拖期责任。

2）如果初始延误者是发包人原因，则在发包人原因造成的延误期内，承包人既可得到工期延长，又可得到经济补偿。

3）如果初始延误者是客观原因，则在客观因素发生影响的延误期内，承包人可以得到工期延长，但很难得到费用补偿。

4）如果初始延误者是承包人原因，则在承包人原因造成的延误期内，承包人既不能得到工期补偿，也不能得到费用补偿。

五、其他类合同价款调整事项

1. 现场签证的提出

承包人应发包人要求完成合同以外的零星项目、非承包人责任事件等工作的，发包人应及时以书面形式向承包人发出指令，提供所需的相关资料；承包人在收到指令后，应及时向发包人提出现场签证要求。承包人在施工过程中，若发现合同工程内容因场地条件、水文地质、发包人要求等不一致时，应提供所需资料提交发包人签证认可，作为合同价款调整的依据。

2. 现场签证的价款结算（与进度款同期支付，只有“提前竣工奖励和误期赔偿”与结算款一起支付）

（1）现场签证的工作如果已有相应的计日工单价，现场签证报告中仅列明完成该签证工作所需的人工、材料、工程设备和施工机具台班的数量。

（2）如果现场签证的工作没有相应的计日工单价，应当在现场签证报告中列明完成该签证工作所需的人工、材料、工程设备和施工机具台班的数量及其单价。

3. 现场签证的限制

合同工程发生现场签证事项，未经发包人签证确认，承包人便擅自实施相关工作的，除非征得发包人书面同意，否则发生的费用由承包人承担。

第二节　工程合同价款支付与结算

真题解析

一、2023 年考题

1. 关于建设工程施工质量缺陷责任制，下列说法正确的是（　　）。

A. 是指承包人履行质量保修的期限　　B. 一般为 1 年，最长不超过 2 年

C. 承诺从竣工验收申请之日起计算　　D. 正常因不属于质量保证金的期限

【答案】B

【解析】缺陷责任期一般为 1 年，最长不超过 2 年。

【考点】质量保证金的处理——缺陷责任期的确定。

2. 关于按照 $T=P-M/N$ 约定的预付款起点，下列说法正确的是（　　）。

A. 代表未完成工程的金额

B. 起扣点的金额与预付款金额所占合同总额的比例负相关

C. 起扣点后，每期支付进度款应扣除本期实际发生的材料设备款

D. 该起扣点计算法，有利于发包人资金使用，但对承包人不利

【答案】B

【解析】选项 A 错误，T 是指起扣点（即工程预付款开始扣回时）的累计完成工程金额；选项 C 错误，每次结算工程价款时，按材料所占比重扣减工程价款；选项 D 错误，该方法对承包人比较有利，最大限度地占用了发包人的流动资金，但是，显然不利于发包人资金使用。

【考点】预付款及期中支付——预付款的扣回。

3. 关于建设工程施工过程结算及进度款支付，下列说法正确的是（　　）。

A. 施工过程结算不应包括承包人现场签证、索赔金额

B. 发包人提供材料的金额，应按发包人实际采购单价和数量从进度款中扣除

C. 发包人对承包人工程进度款支付申请核实确认后，应出具进度款支付证书

D. 发现已签发的任何支付证书有错、漏项的，发承包人双方均有权予以修正

【答案】C

【解析】选项 A 错误，施工过程中结算的资料包括但不限于施工合同、补充协议、中标通知书、施工图纸、工程招标投标文件、施工方案、工程量及其单价以及各项费用的计算、经确认的工程变更、现场签证、工程索赔等资料。选项 B 错误，由发包人提供的材料、工程设备金额，应按照发包人签约提供的单价和数量从工程进度款中扣除，列入本周期应扣减的金额中。选项 C 正确，发包人应在收到承包人工程进度款支付申请后，根据计量结果和合同约定对申请内容予以核实，确认后向承包人出具进度款支付证书。选项 D 错误，发现已签发的任何支付证书有错、漏项的，发包人有权予以修正，承包人有权提出修正申请。

【考点】预付款及期中支付——施工过程结算。

4. 根据我国司法解释，关于建设工程施工无效合同的认定和价款处理，下列说法正确的是（　　）。

A. 承包人超越资质等级签订建设工程施工合同，虽在工程竣工前期取得相应资质等级，仍应按无效合同处理

B. 未经发包人批准，具有劳务作业资质的承包人与分包人签订的劳务分包合同，应按无效合同处理

C. 建设工程施工合同无效，但验收合格的，可以参照合同中关于工程价款的约定，折价补偿承包人

D. 建设工程施工合同无效，且验收不合格的，由承包人承担发包人的一切损失

【答案】C

【解析】建设工程施工合同无效，但建设工程经验收合格的，可以参照合同关于工程价款的约定折价补偿承包人。建设工程施工合同无效，且建设工程经验收不合格的，按照以下情形处理：

（1）修复后的建设工程经验收合格的，发包人可以请求承包人承担修复费用。

（2）修复后的建设工程经验收不合格的，承包人无权请求参照合同关于工程价款的约定折价补偿。发包人对因建设工程不合格造成的损失有过错的，应当承担相应的责任。

【考点】合同价款纠纷的处理——合同价款纠纷的处理原则施工合同无效的价款纠纷处理。

5. 根据《建设工程造价鉴定规范》GB/T 51262—2017，关于施工合同争议鉴定，下列说法正确的是（　　）。

A. 委托人认为鉴定项目合同有效的，鉴定人应按照委托人的决定进行鉴定

B. 委托人认为鉴定项目合同无效的，鉴定人应依据项目所在地同期适用的计价依据进行鉴定

C. 项目合同对计价依据、计价方法没有约定的，由鉴定人自主选择适用的计价依据、计价方法进行鉴定

D. 鉴定项目合同对计价依据、计价方法的约定条款前后矛盾的，鉴定人应提请委托人决定适用条款

【答案】D

【解析】合同有效，根据合同约定进行鉴定；合同无效，按照委托人的决定进行鉴定。鉴定项目合同对计价依据、计价方法的约定条款前后矛盾的，鉴定人应提请委托人决定适用条款。

【考点】合同价款纠纷的处理——工程造价鉴定（争议鉴定方法）。

6. 关于工程施工项目竣工结算款的支付，下列说法正确的是（　　）。

A. 竣工结算款支付申请金额应包括质量保证金在内的所有未支付款项

B. 合同价款总额中应扣除经双方确认的误期赔偿费

C. 承包人有权获得的延迟支付利息，应自催告发包人支付之日起计算

D. 发包人未按规定支付竣工结算款的，承包人不得直接向人民法院申请拍卖工程

【答案】B

【解析】选项 A 错误，竣工结算款支付申请应包括：竣工结算合同价款总额，累计已实际支付的合同价款，应扣留的质量保证金（已缴纳履约保证金的或者提供其他工程质量担保方式的除外），实际应支付的竣工结算款金额；选项 C 错误，发包人未按照规定的程序支付竣工结算款的，承包人可催告发包人支付，并有权获得延迟支付的利息；选项 D 错误，除法律另有规定外，承包人可与发包人协商将该工程折价，也可直接向人民法院申请将该工程依法拍卖。

【考点】竣工结算——支付竣工结算款。

7. 根据《建设工程工程量清单计价规范》GB 50500—2013，关于编制工程竣工结算文件时的计价原则，下列说法正确有（　　）。

A. 采用总价合同的，应在合同总价的基础上进行结算

B. 采用单价合同的，应在合同单价的基础上进行结算

C. 有材料暂估价的，暂估价材料应按照暂估价格进行结算

D. 设有暂列金额的，工程价款调整金额以暂列金额为限进行结算

E. 采用过程结算的，发承包双方已经确认的工程计量结果应直接进行结算

【答案】ABE

【解析】采用经审定批准的施工图纸及其预算方式发包形成的总价合同，除按照工程变更规定引起的工程量增减外，总价合同各项目的工程量是承包人用于结算的最终工程量。单价合同工程量必须以承包人完成合同工程应予计量的且依据国家现行工程量计算规则计算得到的工程量确定。发包人在招标工程量清单中给定暂估价的材料和工程设备不属于依法必须招标的，由承包人按照合同约定采购，经发包人确认后以此为依据取代暂估价，调整合同价款。发包人在招标工程量清单中给定暂估价的材料和工程设备属于依法必须招标的，由发承包双方以招标的方式选择供应商。依法确定中标价格后，以此为依据取代暂估价，调整合同价款。发承包双方在合同工程实施过程中已经确认的工程计量结果和合同价款，在竣工结算办理中应直接进行结算。

【考点】竣工结算——竣工结算文件的编制和审核。

8. 关于和解方式解决建设工程施工合同纠纷，下列说法正确的有（　　）。

A. 和解是指当事人在自愿互谅的基础上自行解决争议的一种方式

B. 和解方式具有简便易行，能经济、及时解决纠纷的特点

C. 和解解决纠纷应邀请第三方见证，或者在第三方的组织下进行

D. 和解达成一致的应签订和解协议，和解协议对双方均具有约束力

E. 一方拒不履行和解协议的，对方当事人可以请求人民法院执行

【答案】ABD

【解析】和解是指当事人在自愿互谅的基础上，就已经发生的争议进行协商并达成协议，自行解决争议的一种方式。合同争议和解解决方式简便易行，能经济、及时地解决纠纷，同时有利于维护合同双方的友好合作关系，使合同能更好地得到履行。合同价款争议发生后，发承包双方任何时候都可以进行协商。协商达成一致的，双方应签订书面和解协议，和解协议对发承包双方均有约束力。如果协商不能达成一致协议，发包人或承包人都可以按合同约定的其他方式解决争议。调解是指双方当事人以外的第三人应纠纷当事人的请求，依据法律规定或合同约定，对双方当事人进行疏导、劝说，促使他们互相谅解、自愿达成协议解决纠纷的一种途径。

【考点】合同价款纠纷的处理——合同价款纠纷的解决途径（和解）。

二、2022 年考题

1. 根据现行工程量清单计价规范，关于国有资金投资建设工程的工程计量，下列说法正确的是（　　）。

A. 因承包人原因造成的返工额外增加的工程量，发包人应予计量

B. 工程计量的范围不包括各种预付款的支付

C. 应区分单价合同与总价合同选择不同的计量方法

D. 成本加酬金合同按照总价合同的计量规定进行计量

【答案】C

【解析】通常区分单价合同和总价合同规定不同的计量方法，成本加酬金合同按照单价合同的计量规定进行计量。

【考点】工程计量——工程计量的原则与范围。

2. 除工程造价咨询合同另有约定外，工程造价咨询企业竣工结算通常采用的方法是（　　）。

A. 全面审核　　B. 重点审核

C. 抽样审核　　D. 对比审核与抽样审核相结合

【答案】A

【解析】竣工结算审核应采用全面审核法，除委托咨询合同另有约定外，不得采用重点审核法、抽样审核法或类比审核法等其他方法。

【考点】竣工结算——竣工结算文件的编制与审核。

3. 关于编制竣工结算文件应遵循的计价原则，下列说法正确的是（　　）。

A. 安全文明施工费应依据已标价工程量清单约定金额计算，不得调整

B. 总承包服务费应依据合同约定金额计算，不得调整

C. 现场签证费用应依据发承包双方签证确认的金额计算

D. 暂列金额应减去工程价款调整金额计算，如有余额归承包人

【答案】C

【解析】在采用工程量清单计价的方式下，工程竣工结算文件的编制应当遵循下列计价原则：

（1）分部分项工程和措施项目中的单价项目应依据双方确认的工程量与已标价工程量清单的综合单价计算；如发生调整的，以发承包双方确认调整的综合单价计算。

（2）措施项目中的总价项目应依据合同约定的项目和金额计算；如发生调整的，以发承包双方确认调整的金额计算，其中安全文明施工费必须按照国家或省级、行业建设主管部门的规定计算。

（3）其他项目应按以下规定计价：①计日工应按发包人实际签证确认的事项计算；②暂估价应按发承包双方按照《建设工程工程量清单计价规范》GB 50500—2013 的相关规定计算；③总承包服务费应依据合同约定金额计算，如发生调整的，以发承包双方确认调整的金额计算；④施工索赔费用应依据发承包双方确认的索赔事项和金额计算；⑤现场签证费用应依据发承包双方签证资料确认的金额计算；⑥暂列金额应减去工程价款调整（包括索赔、现场签证）金额计算，如有余额归发包人。

（4）规费和税金应按照国家或省级、行业建设主管部门的规定计算。

【考点】竣工结算——竣工结算文件的编制与审核。

4. 因不可抗力解除合同的，发包人应向承包人支付的金额中不应包括（　　）。

A. 已交付的材料设备

B. 承包人的员工遣送费

C. 不可抗力事件发生后的窝工损失费

D. 已完工程的措施费

【答案】C

【解析】由于不可抗力解除合同的，发包人除应向承包人支付合同解除之日前已完成工程但尚未支付的合同价款，还应支付下列金额：①合同中约定应由发包人承担的费用。②已实施或部分实施的措施项目应付价款。③承包人为合同工程合理订购且已交付

的材料和工程设备货款。发包人一经支付此项货款，该材料和工程设备即成为发包人的财产。④承包人撤离现场所需的合理费用，包括员工遣送费和临时工程拆除、施工设备运离现场的费用。⑤承包人为完成合同工程而预期开支的任何合理费用，且该项费用未包括在本款其他各项支付之内。

【考点】竣工结算——不可抗力解除合同。

5. 根据《标准施工招标文件》(2007 年版)，下列关于最终结清的说法正确的是（　　）。

A. 是指合同约定的缺陷责任期内，发包人与承包人结清全部剩余款项的活动

B. 承包人提交的最终结清申请中，只限于提出工程接收证书颁发后发生的索赔

C. 最终结清支付证书一经签发，承包人对合同内享有的索赔权立即自行终止

D. 承包人扣留的质量保证金不足以抵减工程缺陷费用的，超出部分由发包人承担

【答案】B

【解析】B 选项的表述正确，出自《标准施工招标文件》(2007 年版）中的通用合同条款。承包人在提交的最终结清申请中，只限于提出工程接收证书颁发后发生的索赔。

【考点】最终结清。

6. 关于工程合同价款纠纷的解决，下列说法正确的是（　　）。

A. 发承包双方可通过监理或造价工程师暂定的方式解决争议，这种方式属于调解

B. 发承包双方或一方收到工程造价管理机构书面解释或认定后，不可再提出仲裁或诉讼请求

C. 发承包双方任一方都可以自行调换或终止调解

D. 发承包双方接受调解人出具的调解书的，经双方签字后作为合同的补充文件

【答案】D

【解析】发承包双方接受调解人出具的调解书的，经双方签字后作为合同的补充文件。

【考点】合同价款纠纷的处理——合同价款纠纷的解决途径（调解）。

7. 关于工程计量，下列说法正确的有（　　）。

A. 应按合同文件规定的方法、范围、内容和单位计量

B. 不符合合同文件要求的工程不予计量

C. 超出合同工程范围的工程均不予计量

D. 因异常恶劣天气造成的返工工程量不予计量

E. 工程质量验收资料缺项但质检合格的工程量应予计量

【答案】AB

【解析】工程计量的原则包括以下三个方面：①不符合合同文件要求的工程不予计量。②按合同文件所规定的方法、范围、内容和单位计量。③因承包人原因造成的超出合同工程范围施工或返工的工程量，发包人不予计量。

【考点】工程计量——工程计量的原则与范围。

8. 根据《建设工程造价鉴定规范》GB/T 51262—2017，关于鉴定意见书的鉴定意见，下列说法正确的有（　　）。

A. 鉴定意见可同时包括确定性意见、推断性意见、供选择性意见

B. 当鉴定事项内容事实清楚、证据充分，应做出确定性意见

C. 当鉴定事项内容客观、事实较清楚，但证据不够充分，应做出供选择性意见

D. 当鉴定项目合同约定矛盾，可按不同约定做出供选择性意见

E. 当事人互相协商一致，达成书面妥协性意见应纳入推断性意见

【答案】ABD

【解析】鉴定意见可同时包括确定性意见、推断性意见或供选择性意见。当鉴定项目或鉴定事项内容事实清楚、证据充分，应做出确定性意见；当鉴定项目或鉴定事项内容客观、事实较清楚，但证据不够充分，应做出推断性意见；当鉴定项目合同约定矛盾或鉴定事项中部分内容证据矛盾，委托人暂不明确要求鉴定人分别鉴定的，可分别按照不同的合同约定或证据，做出选择性意见，由委托人判断使用。

【考点】合同价款纠纷的处理——工程造价鉴定（鉴定意见书）。

三、2021 年考题

1. 根据《标准施工招标文件》（2007 年版），下列已完工程，发包人应予计量的是（　　）。

A. 在工程量清单内，但质量验收资料不齐全的工程

B. 超出合同工程范围的工程

C. 监理人要求再次检验的合格隐蔽工程的挖填土方工程

D. 为抵御台风完成的临时设施加固工程

【答案】C

【解析】选项 C 正确，工程计量的范围包括：工程量清单及工程变更所修订的工程量清单的内容；合同文件中规定的各种费用支付项目，如费用索赔、各种预付款、价格调整和违约金等。

【考点】工程计量——工程计量的原则与范围。

2. 某工程合同 12 000 万元，其中主要材料及构件占比 50%。合同约定的工程预付款为 3 600 万元，进度款支付比例为 85%。按起扣点计算的预付款起扣点为（　　）万元。

A. 3 600　　B. 4 800　　C. 7 200　　D. 8 400

【答案】B

【解析】选项 B 正确，$T=P-M/N$=12 000−3 600/50%=4 800（万元）。

【考点】预付款及期中支付——预付款的扣回。

3. 关于工程预付款的额度计算和支付，下列说法正确的是（　　）。

A. 采用百分比法，预付款支付比例不得低于签约合同价的 10%

B. 采用百分比法，预付款支付比例不宜高于扣除暂列金额后签约合同价的 30%

C. 采用公式计算法时，预付款 $=\dfrac{\text{年度工程总价}}{\text{年度施工天数}}\times$ 材料储备定额天数

D. 采用公式计算法时，年度施工天数一般按 360 天计算

【答案】B

【解析】选项 B 正确，工程预付款的额度一般是根据施工工期、建安工作量、主要材料和构件费用占建安工程费的比例以及材料贮备周期等因素来测算的。

（1）百分比法：预付款比例原则上不低于合同金额（扣除暂列金额）的 10%，不高于合同金额（扣除暂列金额）的 30%。

（2）公式计算法：是根据主要材料（含结构件等）占年度承包工程总价的比重，材料储备定额天数和年度施工天数等因素，通过公式计算预付款额度的一种方法。

$$工程预付款数额 = [工程总价 \times 材料比例（\%）/ 年度施工天数] \times 材料储备定额天数$$

式中：年度施工天数为 365 天；材料储备定额天数由当地材料供应的在途天数、加工天数、整理天数、供应间隔天数、保险天数等决定。

【考点】预付款及期中支付——预付款的支付。

4. 因不可抗力解除承包合同的，发包人应向承包人支付的款项是（　　）。

A. 未完工程的利润补偿　　B. 供应商已交付材料的价款

C. 按“项”计价的措施费总额　　D. 承包人撤离现场的费用

【答案】D

【解析】选项 D 正确，由于不可抗力解除合同的，发包人除应向承包人支付合同解除之日前已完成工程但尚未支付的合同价款，还应支付下列金额：

（1）合同中约定应由发包人承担的费用。

（2）已实施或部分实施的措施项目应付价款。

（3）承包人为合同工程合理订购且已交付的材料和工程设备货款。发包人一经支付此项货款，该材料和工程设备即成为发包人的财产。

（4）承包人撤离现场所需的合理费用，包括员工遣送费和临时工程拆除、施工设备运离现场的费用。

（5）承包人为完成合同工程而预期开支的任何合理费用，且该项费用未包括在本款其他各项支付之内。

发承包双方办理结算合同价款时，应扣除合同解除之日前发包人应向承包人收回的价款。当发包人应扣除的金额超过了应支付的金额，则承包人应在合同解除后的 56 天内将其差额退还给发包人。

【考点】竣工结算——不可抗力解除合同。

5. 关于质量保证金的预留和管理，下列说法正确的是（　　）。

A. 无论竣工前是否缴纳履约保证金，均需预留质量保证金

B. 实行国库集中支付的政府投资建设项目，质量保证金预留在财政部门

C. 社会投资项目的质量保证金应预留在发包方

D. 发包人被撤销的，质量保证金应随交付资产一并移交使用单位

【答案】D

【解析】选项 A 错误，在工程项目竣工前，已经缴纳履约保证金的，发包人不得同时预留工程质量保证金；选项 B 错误，其他政府投资项目，质量保证金可以预留在财政部门或发包方；选项 C 错误，社会投资项目采用预留质量保证金方式的，发承包双方可以约定将质量保证金交由金融机构托管；选项 D 正确，缺陷责任期内，如发包人被撤销，质量保证金随交付使用资产一并移交使用单位，由使用单位代行发包人职责。

【考点】质量保证金的处理——质量保证金的预留及返还。

6. 根据《建设工程造价鉴定规范》GB/T 51262—2017，关于合同争议鉴定，下列说法正确的是（　　）。

A. 委托人认为鉴定项目合同有效的，应按照委托人的决定进行鉴定

B. 委托人认为鉴定项目合同无效的，应按双方当事人商定的结果进行鉴定

C. 鉴定项目合同对计价依据和方法的约定条款前后矛盾的，应利用项目所在地同期适用的计价依据和方法进行鉴定

D. 鉴定项目合同对计价依据和方法没有约定的，鉴定人可向委托人提议参照项目所在地同期适用的计价依据和方法进行鉴定

【答案】D

【解析】选项A错误，委托人认为鉴定项目合同有效的，鉴定人应根据合同约定进行鉴定；选项B错误，委托人认为鉴定项目合同无效的，鉴定人应按照委托人的决定进行鉴定；选项C错误，鉴定项目合同对计价依据和方法的约定条款前后矛盾的，鉴定人应提请委托人决定适用条款；委托人暂不明确的，应按不同的约定条款分别做出鉴定意见，供委托人判断使用；选项D正确，鉴定项目合同对计价依据和方法没有约定的，鉴定人可向委托人提议“参照同时同地的计价依据、计价方法和签约时的市场价格信息进行鉴定”的建议，并按照委托人的决定进行鉴定。

【考点】合同价款纠纷的处理——工程造价鉴定（争议鉴定方法）。

7. 承包人的进度款支付申请应包括的内容有（　　）。

A. 累计已完成的合同价款

B. 累计已扣减的合同价款

C. 累计已实际支付的合同价款

D. 本期合计完成的合同价款

E. 本期施工计划完成情况表

【答案】ACD

【解析】选项A、C、D正确，进度款支付申请内容包括：

（1）累计已完成的合同价款；

（2）累计已实际支付的合同价款；

（3）本周期合计完成的合同价款，其中包括：本周期已完成单价项目的金额、本周期应支付的总价项目的金额、本周期已完的计日工价款、本周期应支的安全文明施工费、本周期应增加的金额；

（4）本周期合计应扣减的金额，其中包括：本周期应扣回的预付款和本周期应扣减的金额；

（5）本周期实际应支付的合同价款。

【考点】预付款及期中支付——期中支付的文件。

8. 有效的仲裁协议是申请仲裁的前提，仲裁协议达到有效必须同时具备的内容有（　　）。

A. 请求仲裁的意思表示

B. 仲裁事项

C. 仲裁期限

D. 仲裁费用

E. 选定的仲裁委员会

【答案】ABE

【解析】选项A、B、E正确，仲裁协议内容包括：请求仲裁的意思表示、仲裁事

项、选定的仲裁委员会。

【考点】合同价款纠纷的处理——合同价款纠纷的解决途径（仲裁）。

四、2020 年考题

1. 发生下列工程事项时，发包人应予计量的是（　　）。

A. 承包人自行增建的临时工程工程量

B. 因监理人抽查不合格返工增加的工程量

C. 承包人修复因不可抗力损坏工程增加的工程量

D. 承包人自检不合格返工增加的工程量

【答案】C

【解析】工程计量的原则包括：

（1）不符合合同文件要求的工程不予计量。即工程必须满足设计图纸、技术规范等合同文件对其在工程质量上的要求，同时有关的工程质量验收资料齐全、手续完备，满足合同文件对其在工程管理上的要求。

（2）按合同文件所规定的方法、范围、内容和单位计量。工程计量的方法、范围、内容和单位受合同文件所约束，其中工程量清单（说明）、技术规范、合同条款均会从不同角度、不同侧面涉及这方面的内容。在计量中要严格遵循这些文件的规定，并且一定要结合起来使用。

（3）因承包人原因造成的超出合同工程范围施工或返工的工程量，发包人不予计量。

【考点】工程计量——工程计量的原则与范围。

2. 某工程合同总额为 20 000 万元，其中主要材料占比 40%，合同中约定的工程预付款项总额为 2 400 万元，则按起扣点计算法计算的预付款起扣点为（　　）万元。

A. 6 000　　B. 8 000　　C. 12 000　　D. 14 000

【答案】D

【解析】$T=P-M/N=20\,000-2\,400/40\%=14\,000$（万元）。

【考点】预付款及期中支付——预付款的扣回。

3. 对于国有资金投资的建设工程，受发包人委托对竣工结算文件进行审核的单位是（　　）。

A. 工程造价咨询机构　　B. 工程设计单位

C. 工程造价管理机构　　D. 工程监理单位

【答案】A

【解析】竣工结算文件审核的委托。国有资金投资建设工程的发包人，应当委托具有相应资质的工程造价咨询机构对竣工结算文件进行审核。

【考点】竣工结算——竣工结算文件的编制与审核。

4. 因承包人原因解除合同的，承包人有权要求发包人支付（　　）。

A. 承包人员遣送费　　B. 临时工程拆除费

C. 施工设备运离现场费　　D. 已完措施项目费

【答案】D

【解析】因承包人违约解除合同的，发包人应暂停向承包人支付任何价款。发包人应在合同解除后规定时间内核实合同解除时承包人已完成的全部合同价款以及按施工进度计划已运至现场的材料和工程设备货款，按合同约定核算承包人应支付的违约金以及造成损失的索赔金额，并将结果通知承包人。

【考点】竣工结算——违约解除合同。

5. 承包人按合同接受竣工结算支付证书的，可以认为承包人已无权要求（　　）颁发前发生的工程变更。

A. 合同工程接收证书　　B. 质量保证金返还证书

C. 缺陷责任期终止证书　　D. 最终支付证书

【答案】A

【解析】承包人按合同约定接受了竣工结算支付证书后，应被认为已无权再提出在合同工程接收证书颁发前所发生的任何索赔。承包人在提交的最终结清申请中，只限于提出工程接收证书颁发后发生的索赔。

【考点】最终结清——最终结清付款。

6. 根据《建设工程造价鉴定规范》GB/T 51262—2017，关于鉴定期限的起算，下列说法正确的是（　　）。

A. 从鉴定机构函回复委托人接手委托之日起算

B. 从鉴定机构函回复委托人接手委托之日的次日起算

C. 从鉴定人接收委托人移交证据材料之日起算

D. 从鉴定人接收委托人移交证据材料之日的次日起算

【答案】D

【解析】鉴定期限从鉴定人接收委托人按照规定移交证据材料之日起的次日起算。在鉴定过程中，经委托人认可，等待当事人提交、补充或者重新提交证据、勘验现场等所需的时间，不计入鉴定期限。

【考点】合同价款纠纷的处理——工程造价鉴定（鉴定期限）。

7. 发包人未按规定程序支付竣工结算款项的，承包人可以（　　）。

A. 催发包人支付　　B. 获得延迟支付利息的权利

C. 直接将工程折价　　D. 直接将工程拍卖

E. 就工程拍卖价获得优先受偿权

【答案】ABE

【解析】发包人未按照规定的程序支付竣工结算款的，承包人可催告发包人支付，并有权获得延迟支付的利息。发包人在竣工结算支付证书签发后或者在收到承包人提交的竣工结算款支付申请规定时间内仍未支付的，除法律另有规定外，承包人可与发包人协商将该工程折价，也可直接向人民法院申请将该工程依法拍卖。承包人就该工程折价或拍卖的价款优先受偿。

【考点】竣工结算——支付竣工结算款。

8. 为保证建设工程仲裁协议有效，合同双方签订的仲裁协议中必须包括的内容有（　　）。

A. 请求仲裁的意思表达　　B. 仲裁事项

C. 选定的仲裁员　　D. 选定的仲裁委员会

E. 仲裁结果的执行方式

【答案】ABD

【解析】仲裁协议的内容应当包括：①请求仲裁的意思表示；②仲裁事项；③选定的仲裁委员会。前述三项内容必须同时具备，仲裁协议方为有效。

【考点】合同价款纠纷的处理——合同价款纠纷的解决途径（仲裁）。

五、2019 年考题

1. 关于预付款担保的说法，正确的是（　　）。

A. 预付款担保的形式必须为银行保函

B. 预付款担保的担保金额必须高于预付款

C. 在预付款的扣回过程中担保金额保持不变

D. 预付款保函在预付款扣回之前必须保持有效

【答案】D

【解析】预付款担保的主要形式为银行保函。预付款担保的担保金额通常与发包人的预付款是等值的。预付款一般逐月从工程进度款中扣除，预付款担保的担保金额也相应逐月减少。承包人的预付款保函的担保金额根据预付款扣回的数额相应扣减，但在预付款全部扣回之前一直保持有效。

【考点】预付款及期中支付——预付款担保。

2. 关于合同价款的期中支付，下列说法正确的是（　　）。

A. 进度款支付周期应与发包人实际的工程计量周期一致

B. 已标价工程量清单中单价项目结算款应按承包人确认的工程量计算

C. 承包人现场签证金额不应列入期中支付进度款，在竣工结算时一并处理

D. 进度款的支付按期中结算价款总额和约定比例计算一般不低于 60%，不高于 90%

【答案】D

【解析】进度款支付周期应与合同约定的工程计量周期一致，选项 A 错误；已标价工程量清单中单价项目结算款应按承包人确认的工程量与综合单价计算，选项 B 错误；承包人现场签证金额和得到发包确认的索赔金额列入本周期应增加的金额中，选项 C 错误；进度款的支付比例按照合同约定，按期中结算价款总额计算，不低于 60%，不高于 90%，故选项 D 正确。

【考点】预付款及期中支付。

3. 编制竣工结算文件时，应按国家、省级行业建设主管部门的规定计价的是（　　）。

A. 劳动保险费　　B. 总承包服务费

C. 安全文明施工费　　D. 现场签证费

【答案】C

【解析】措施项目中的总价项目应依据合同约定的项目和金额计算，如发生调整，以发承包双方确认调整的金额计算，其中安全文明施工费必须按照国家或省级、行业建设主管部门的规定计算。

【考点】竣工结算——竣工结算文件的编制与审核。

4. 根据《建设工程质量保证金管理办法》(建质〔2017〕138号)，质量保证金总预留比例不得高于工程价款结算总额的(　　)。

A. 19%　　B. 2%　　C. 3%　　D. 5%

【答案】C

【解析】发包人应按照合同约定方式预留质量保证金，质量保证金总预留比例不得高于工程价款结算总额的3%。

【考点】质量保证金的处理——质量保证金的预留及返还。

5. 发包人收到承包人提交的最终结清申请单，并在规定时间内予以核实后，向承包人签发(　　)。

A. 工程接收证书　　B. 竣工结算支付证书

C. 缺陷责任期终止证书　　D. 最终支付证书

【答案】D

【解析】发包人收到承包人提交的最终结清申请单后的规定时间内予以核实，向承包人签发最终支付证书。发包人未在约定时间内核实，又未提出具体意见的，视为承包人提交的最终结清申请单已被发包人认可。

【考点】最终结清——最终支付证书。

6. 关于合同价款纠纷的处理，人民法院应予支持的是(　　)。

A. 合同无效，但工程竣工验收合格，承包人请求支付工程价款的

B. 发包人与承包人对垫资利息没有约定，承包人请求支付利息的

C. 施工合同解除后，已完工程质量不合格，承包人请求支付工程价款的

D. 未经竣工验收，发包人擅自使用工程后，以使用部分的工程质量不合格为由主张权利的

【答案】A

【解析】修复后的建设工程经竣工验收合格，发包人请求承包人承担修复费用的，应予支持。

【考点】合同价款纠纷的处理——合同价款纠纷的处理原则(施工合同无效的价款纠纷处理)。

7. 工程施工中的下列情形，发包人不予计量的有(　　)。

A. 监理人抽检不合格返工增加的工程量

B. 承包人自检不合格返工增加的工程量

C. 承包人修复因不可抗力损坏工程增加的工程量

D. 承包人在合同范围之外按发包人要求增建的临时工程工程量

E. 工程质量验收资料缺项的工程量

【答案】ABE

【解析】工程计量的原则包括下列三个方面：

(1)不符合合同文件要求的工程不予计量。即工程必须满足设计图纸、技术规范等合同文件对其在工程质量上的要求，同时有关的工程质量验收资料齐全、手续完备，满足合同文件对其在工程管理上的要求。

(2)按合同文件所规定的方法、范围、内容和单位计量。工程计量的方法、范围、

内容和单位受合同文件所约束，其中工程量清单（说明）、技术规范、合同条款均会从不同角度、不同侧面涉及这方面的内容。在计量中要严格遵循这些文件的规定，并且一定要结合起来使用。

（3）因承包人原因造成的超出合同工程范围施工或返工的工程量，发包人不予计量。

【考点】工程计量——工程计量的原则与范围。

8. 关于工程签证争议的鉴定，下列做法正确的有（　　）。

A. 签证明确了人工、材料、机具台班数及价格的，按签证的数量和价格计算

B. 签证只有用工数量没有单价的，其人工单价比照鉴定项目人工单价下浮计算

C. 签证只有材料用量没有价格的，其材料价格按照鉴定项目相应材料价格计算

D. 签证只有总价款而无明细表述的，按总价款计算

E. 签证中零星工程数量与实际完成的数量不一致时，按签证的数量计算

【答案】ACD

【解析】当事人因工程签证费用发生争议的应按以下规定进行鉴定：

（1）签证明确了人工、材料、机具台班数量及其价格的，按签证的数量和价格计算；

（2）签证只有用工数量没有人工单价的，其人工单价按照工作技术要求比照鉴定项目相应工程人工单价适当上浮计算；

（3）签证只有材料机具台班用量没有价格的，其材料和台班价格按照鉴定项目相应工程材料和台班价格计算；

（4）签证只有总价款而无明细表述的，按总价款计算；

（5）签证中的零星工程数量与该工程应予实际完成的数量不一致时，应按实际完成的工程数量计算。

【考点】合同价款纠纷的处理——工程造价鉴定（争议鉴定方法）。

考点统计

通过对 2019—2023 年的考题统计，本节涉及的考点主要是工程计量、预付款及期中支付、竣工结算、质量保证金的处理、最终结清、合同价款纠纷的处理六项内容。近 5 年涉及本节的真题共有 40 题，具体考点的考核频次如表 5.2.1 所示。

表 5.2.1　第五章第二节考点考核频次表

序号	知识点	具体考点	考核频次
1	工程计量	工程计量的原则与范围	5
2	预付款及期中支付	预付款的扣回	3
		预付款担保	1
		施工过程结算	1
		预付款的支付	1
		“预付款及期中支付”综合性考点	1
		期中支付的文件	1

续表 5.2.1

序号	知识点	具体考点	考核频次
3	竣工结算	竣工结算文件的编制与审核	5
		支付竣工结算款	2
		不可抗力解除合同	2
		违约解除合同	1
4	质量保证金的处理	缺陷责任期的确定	1
		质量保证金的预留及返还	2
5	最终结清	“最终结清”的综合性考点	1
		最终支付证书	1
		最终结清付款	1
6	合同价款纠纷的处理	合同价款纠纷的解决途径（和解）	1
		合同价款纠纷的解决途径（调解）	1
		合同价款纠纷的解决途径（仲裁）	2
		合同价款纠纷的处理原则（施工合同无效的价款纠纷处理）	2
		工程造价鉴定（鉴定期限）	1
		工程造价鉴定（争议鉴定方法）	3
		工程造价鉴定（鉴定意见书）	1

知识点凝练

本节的知识点主要包括工程计量、预付款及期中支付、竣工结算、质量保证金的处理、最终结清、合同价款纠纷的处理六项内容。考点一“工程计量”要区分单价合同与总价合同工程计量与方法的不同；考点二“预付款及期中支付”的主要内容是有关预付款和期中支付款额度的确定，基本不涉及有关支付程序的问题；考点三“竣工结算”的主要内容是竣工结算款的内容构成和计算方法；考点四“质量保证金的处理”的主要内容是缺陷责任期的确定和质量保证金的使用；考点五“最终结清”在考核中会偶有涉及，知识点也相对比较简单；考点六“合同价款纠纷的处理”是对合同价款纠纷处理进行详细和系统的阐述，是本节中比较重要的考点之一，主要内容包括合同纠纷的处理途径、处理原则和工程造价鉴定的有关规定。

“工程计量”这一部分涉及的具体考点主要有：工程计量的原则和范围、不同工程类型合同的计量方法。“预付款及期中支付”这一部分涉及的具体考点主要有：预付款的支付——百分比法和公式计算法、预付款的扣回——扣款方法和担保形式以及担保金额、安全文明施工费、期中支付价款的计算——已完工程的结算价款和结算价款的调整以及进度款的支付比例、期中支付的文件——进度款支付申请和进度款支付证书以及支付证书的修正。“竣工结算”这一部分涉及的具体考点主要有：编制竣工结算文件的计价原则、竣工结算文件的审核、质量争议工程的竣工结算、竣工结算支付款支付申请的内容、合同解除的价款结算与支付——不可抗力解除合同和违约解除合同。“质量保证金的处理”这一部分涉及的具体考点主要有：缺陷责任期的期限、质量保证金的预留、质量保证金的使用、质量保证金的返还。“最终结清”这一部分涉及的具体考点主要有：最终结清申请单、最终支付证书、最终结清付款。“合同价款纠纷的处理”这一部分涉及的具体考点主要有：合同价款纠纷的解决途径——主要有和解和调解，和解和调解解决不成的，当事人可以根据约定采用仲裁和诉讼等法律途径解决；合同价款纠纷的处理原则——主要包括施工合同无效的价款纠纷处理，垫资施工合同的价款纠纷处理，施工合同解除后的价款纠纷处理，发包人引起质量缺陷的价款纠纷处理，其他工程结算价款纠纷的处理和价款纠纷引起的诉讼处理；鉴定项目的委托和鉴定组织——鉴定机构的回避，鉴定人员的回避，鉴定人的配备；鉴定期限、鉴定依据、争议鉴定方法——合同争议的鉴定，计量争议的鉴定，计价争议的鉴定，工程签证争议、鉴定意见书。

一、工程计量

（一）工程计量的原则与范围

1. 工程计量的概念

所谓工程计量，就是发承包双方根据合同约定，对承包人完成合同工程的数量进行的计算和确认。

2. 工程计量的原则

（1）不符合合同文件要求的工程不予计量；

（2）按合同文件所规定的方法、范围、内容和单位计量；

（3）因承包人原因造成的超出合同工程范围施工或返工的工程量，发包人不予计量。

3. 工程计量的范围和依据

（1）工程计量的范围。包括：工程量清单及工程变更所修订的工程量清单的内容；合同文件中规定的各种费用支付项目，如费用索赔、各种预付款、价格调整和违约金等。

（2）工程计量的依据。包括：工程量清单、合同图纸、工程变更指令及其修订的工程量清单、合同条件、技术规范、有关计量的补充协议、质量合格保证书等。

（二）工程计量的方法

工程计量可选择按月或按工程形象进度分段计量，具体计量周期在合同中约定。因承包人原因造成的超出合同工程范围施工或返工的工程量，发包人不予计量。通常区分单价合同和总价合同规定不同的计量方法，成本加酬金合同按照单价合同的计量规定进行计量。

1. 单价合同计量

单价合同工程量必须以承包人完成合同工程应予计量的且依据国家现行计量规范规定的工程量计算规则计算得到的工程量确定。

2. 总价合同计量

采用工程量清单方式招标形成的总价合同，工程量应按照与单价合同相同的方式计算。采用经审定批准的施工图纸及其预算方式发包形成的总价合同，除按照工程变更规定引起的工程量增减外，总价合同各项目的工程量是承包人用于结算的最终工程量。

二、预付款及期中支付

（一）预付款

工程预付款是由发包人按照合同约定，在正式开工前由发包人预先支付给承包人，用于购买工程施工所需的材料和组织施工机械和人员进场的价款。

1. 预付款的支付

（1）百分比法。预付款比例原则上不低于合同金额的10%，不高于合同金额的30%。

（2）公式计算法。是根据主要材料（含结构件等）占年度承包工程总价的比重，材料储备定额天数和年度施工天数等因素，通过公式计算预付款额度的一种方法。

工程预付款数额 =［年度工程总价 × 材料比例（%）/ 年度施工天数］× 材料储备定额天数

式中，年度施工天数为365天；材料储备定额天数由当地材料供应的在途天数、加工天数、整理天数、供应间隔天数、保险天数等决定。

2. 预付款的扣回

（1）按合同约定扣款。国际工程中的扣款方法一般为：当工程进度款累计金额超过合同价款的10%~20%时开始起扣，每月从进度款中按一定比例扣回。

（2）起扣点计算法。从未施工工程尚需的主要材料及构件的价值相当于工程预付款数额时起扣。计算公式如下：

$$T=P-M/N$$

式中：T——起扣点（即工程预付款开始扣回时）的累计完成工程金额；

P——承包工程合同总额；

M——工程预付款总额；

N——主要材料及构件所占比重。

3. 预付款担保

（1）预付款担保的概念及作用。预付款担保是指承包人与发包人签订合同后领取预付款前，承包人正确、合理使用发包人支付的预付款而提供的担保。

（2）预付款担保的形式。预付款担保的主要形式为银行保函。预付款担保的担保金额通常与发包人的预付款是等值的。

4. 安全文明施工费

发包人应在工程开工后的28天内预付不低于当年施工进度计划的安全文明施工费总额60%，发包人未按时支付安全文明施工费的，承包人可催告发包人支付；发包人在付款期满后的7天内未支付的，如发生安全事故，发包人承担连带责任。

（二）施工过程结算

《工程造价改革工作方案》（建办标〔2020〕38号）指出，应“加强工程施工合同履约和价款支付监管，引导发承包双方严格按照合同约定开展工程款支付和结算，全面推行施工过程价款结算和支付”。施工过程结算主要针对当年开工、当年不能竣工的新开工项目，是指发承包双方通过合同约定，将施工过程按时间或进度节点划分施工周期，对周期内已完成且无争议的工程量（含变更、索赔等）进行工程进度款计算、确认和支付，支付金额不得超出已完工部分对应的批复概（预）算。经双方确认的过程结算文件作为竣工结算文件的组成部分，竣工后原则上不再重复审核。

施工过程结算更加强调了对已完工程量要及时进行工程进度款的确认与支付，并应将已经确认的过程结算文件作为竣工结算的依据，以减少工程实践中在竣工时进行全面的竣工结算审核，其本质上是与各合同范本中约定的期中结算的主要目的是一致的。

1. 工程进度款的计算

（1）已完工程的结算价款。已标价工程量清单中的单价项目，承包人应按工程计量确认的工程量与综合单价计算。如综合单价发生调整的，以发承包双方确认调整的综合单价计算工程进度款。

已标价工程量清单中的总价项目，承包人应按合同中约定的支付分解方法，分别列入进度款支付申请中的安全文明施工费和本周期应支付的总价项目的金额中。

（2）结算价款的调整。承包人现场签证和得到发包人确认的索赔金额列入本周期应增加的金额中。由发包人提供的材料、工程设备金额，应按照发包人签约提供的单价和数量从工程进度款中扣除，列入本周期应扣减的金额中。

（3）工程进度款的支付比例。政府机关、事业单位、国有企业建设工程进度款支付应不低于已完成工程价款的 80%；同时，在确保不超出工程总概（预）算以及工程决（结）算工作顺利开展的前提下，除按合同约定保留不超过工程价款总额 3% 的质量保证金外，进度款支付比例可由发承包双方根据项目实际情况自行确定。在结算过程中，若发生进度款支付超出实际已完成工程价款的情况，承包人应按规定在结算后 30 日内向发包单位返还多收到的工程进度款。

2. 工程进度款支付的文件

施工过程结算的资料包括但不限于施工合同、补充协议、中标通知书、施工图纸、工程招标投标文件、施工方案、工程量及其单价以及各项费用计算、经确认的工程变更、现场签证、工程索赔等资料。

（1）工程进度款支付申请。承包人应在每个计量周期到期后向发包人提交已完工程进度款支付申请一式四份，详细说明此周期认为有权得到的款额，包括分包人已完工程的价款。支付申请的内容包括：

1）累计已完成的合同价款。

2）累计已实际支付的合同价款。

3）本周期合计完成的合同价款。其中包括：本周期已完成单价项目的金额；本周期应支付的总价项目的金额；本周期已完成的计日工价款；本周期应支付的安全文明施工费；本周期应增加的金额。

4）本周期合计应扣减的金额。其中包括：本周期应扣回的预付款；本周期应扣减的金额。

5）本周期实际应支付的合同价款。

（2）工程进度款支付证书。发包人应在收到承包人工程进度款支付申请后，根据计量结果和合同约定对申请内容予以核实，确认后向承包人出具进度款支付证书。若发承包双方对有的清单项目的计量结果出现争议，发包人应对无争议部分的工程计量结果向承包人出具工程进度款支付证书。

（3）工程进度款支付证书的修正。发现已签发的任何支付证书有错、漏或重复的数额，发包人有权予以修正，承包人也有权提出修正申请。经发承包双方复核同意修正的，应在本次到期的工程进度款中支付或扣除。

4）本周期合计应扣减的金额，其中包括：①本周期应扣回的预付款；②本周期应扣减的金额。

5）本周期实际应支付的合同价款。

注：本周期实际支付的合同价款 = 累计已完成的合同价款 − 累计已实际支付的合同价款 + 本周期合计完成的合同价款 − 本周期合计应扣减的金额。

（2）进度款支付证书。若发承包双方对有的清单项目的计量结果出现争议，发包人应对无争议部分的工程计量结果向承包人出具进度款支付证书。

（3）支付证书的修正。发现已签发的任何支付证书有错、漏或重复的数额，发包人有权予以修正，承包人也有权提出修正申请。经发承包双方复核同意修正的，应在本次到期的进度款中支付或扣除。

三、竣工结算

工程竣工结算是指工程项目完工并经竣工验收合格后，发承包双方按照施工合同的约定对所完成的工程项目进行的合同价款的计算、调整和确认。财政部、建设部于2004 年 10 月发布的《建设工程价款结算暂行办法》规定，工程完工后，发承包双方应按照约定的合同价款及合同价款调整内容以及索赔事项，进行工程竣工结算。工程竣工结算分为单位工程竣工结算、单项工程竣工结算和建设项目竣工总结算。

（一）竣工结算文件的编制和审核

1. 竣工结算文件的编制

（1）竣工结算文件的提交。工程完工后，承包方应当在工程完工后的约定期限内提交竣工结算文件。未在规定期限内完成的并且提不出正当理由延期的，承包人经发包人催告后仍未提交竣工结算文件或没有明确答复，发包人有权根据已有资料编制竣工结算文件，作为办理竣工结算和支付结算款的依据，承包人应予以认可。

（2）竣工结算文件的编制依据。工程竣工结算文件编制的主要依据包括：

1）与工程结算有关的法律法规和标准；

2）工程合同；

3）发承包双方已确认的过程结算资料；

4）发承包双方未确认应调整款项的资料；

5）建设工程设计文件及相关资料；

6）投标文件；

7）其他依据。

2. 竣工结算文件的审核

（1）竣工结算文件审核的委托。

1）国有资金投资建设工程的发包人，应当委托具有相应资质的工程造价咨询企业对竣工结算文件进行审核。

2）非国有资金投资的建筑工程发包人，应当在收到竣工结算文件后的约定期限内予以答复。

3）发包人委托工程造价咨询机构核对竣工结算的，工程造价咨询机构应在规定期限内核对完毕。

（2）工程造价咨询机构的审核。接受委托的工程造价咨询机构从事竣工结算审核工作通常应包括下列三个阶段：

1）准备阶段；

2）审核阶段；

3）审定阶段。

（3）承包人异议的处理。

（4）竣工结算文件的确认与备案。

3. 质量争议工程的竣工结算

发包人对工程质量有异议，拒绝办理工程竣工结算的：

（1）已经竣工验收或已竣工未验收但实际投入使用的工程，其质量争议按该工程保修合同执行，竣工结算按合同约定办理；

（2）已竣工未验收且未实际投入使用的工程以及停工、停建工程的质量争议，双方应就有争议的部分委托有资质的检测鉴定机构进行检测，根据检测结果确定解决方案，或按工程质量监督机构的处理决定执行后办理竣工结算，无争议部分的竣工结算按合同约定办理。

（二）竣工结算款的支付

1. 承包人提交竣工结算款支付申请

竣工结算款支付申请应包括下列内容：

（1）竣工结算合同价款总额；

（2）累计已实际支付的合同价款；

（3）应扣留的质量保证金；

（4）实际应支付的竣工结算款金额。

2. 发包人签发竣工结算支付证书

发包人应在收到承包人提交竣工结算款支付申请后规定时间内予以核实，向承包人签发竣工结算支付证书。

3. 支付竣工结算款

发包人未按照规定的程序支付竣工结算款的，承包人可催告发包人支付，并有权获得延迟支付的利息。发包人在竣工结算支付证书签发后或者在收到承包人提交的竣工结算款支付申请规定时间内仍未支付的，除法律另有规定外，承包人可与发包人协商将该工程折价，也可直接向人民法院申请将该工程依法拍卖。承包人就该工程折价或拍卖的价款优先受偿。

（三）合同解除的价款结算与支付

发承包双方协商一致解除合同的，按照达成的协议办理结算和支付合同价款。

1. 不可抗力解除合同

由于不可抗力解除合同的，发包人除应向承包人支付合同解除之日前已完成工程但尚未支付的合同价款，还应支付下列金额：

（1）合同中约定应由发包人承担的费用。

（2）已实施或部分实施的措施项目应付价款。

（3）承包人为合同工程合理订购且已交付的材料和工程设备货款。发包人一经支付此项货款，该材料和工程设备即成为发包人的财产。

（4）承包人撤离现场所需的合理费用，包括员工遣送费和临时工程拆除、施工设备运离现场的费用。

（5）承包人为完成合同工程而预期开支的任何合理费用，且该项费用未包括在本款其他各项支付之内。

2. 违约解除合同

（1）承包人违约。因承包人违约解除合同的，发包人应暂停向承包人支付任何价款。发包人应在合同解除后规定时间内核实合同解除时承包人已完成的全部合同价款以及按施工进度计划已运至现场的材料和工程设备货款，按合同约定核算承包人应支付的违约金以及造成损失的索赔金额，并将结果通知承包人。发承包双方应在规定时间内予以确认或提出意见，并办理结算合同价款。如果发包人应扣除的金额超过了应支付的金额，则承包人应在合同解除后的规定时间内将其差额退还给发包人。发承包双方不能就解除合同后的结算达成一致的，按照合同约定的争议解决方式处理。

（2）因发包人违约解除合同的，发包人除应按照有关不可抗力解除合同的规定向承包人支付各项价款外，还需按合同约定核算发包人应支付的违约金以及给承包人造成损失或损害的索赔金额费用。该笔费用由承包人提出，发包人核实后与承包人协商确定后的规定时间内向承包人签发支付证书。协商不能达成一致的，按照合同约定的争议解决方式处理。

四、质量保证金的处理

（一）缺陷责任期的确定

1. 缺陷责任期相关概念

（1）缺陷。缺陷是指建设工程质量不符合工程建设强制标准、设计文件以及承包合同的约定。

（2）缺陷责任期。缺陷责任期是指承包人按照合同约定承担缺陷修复义务，且发包人预留质量保证金（已缴纳履约保证金的除外）的期限。

2. 缺陷责任期的期限

缺陷责任期从工程通过竣工验收之日起计，缺陷责任期一般 1 年，最长不超过 2 年，由发承包双方在合同中约定。由于承包人原因导致工程无法按规定期限进行竣工验收的，缺陷责任期从实际通过竣工验收之日起计，由于发包人原因导致工程无法按规定期限进行竣工验收的，在承包人提交竣工验收报告 90 天后，工程自动进入缺陷责任期。

（二）质量保证金的预留及返还

1. 质量保证金的预留

发包人应按照合同约定方式预留质量保证金，质量保证金总预留比例不得高于工程价款结算总额的3%。合同约定由承包人以银行保函替代预留质量保证金的，保函金额不得高于工程价款结算总额的3%。

2. 质量保证金的使用

（1）质量保证金的管理。缺陷责任期内，如发包人被撤销，质量保证金随交付使用资产一并移交使用单位，由使用单位代行发包人职责。社会投资项目采用预留质量保证金方式的，发承包双方可以约定将质量保证金交由金融机构托管。

（2）质量保证金的使用（见表5.2.2）。

表5.2.2 质量保证金的使用

缺陷责任	质量保证金的使用
由他人及不可抗力原因造成的缺陷	发包人负责组织维修，承包人不承担费用
由承包人原因造成的缺陷	承包人应负责维修并承担鉴定及维修费用
由发包人原因造成的缺陷	发包人应负责维修并承担鉴定及维修费用

3. 质量保证金的返还

缺陷责任期内，承包人认真履行合同约定的责任，到期后，承包人向发包人申请返还质量保证金。

五、最终结清

所谓最终结清，是指合同约定的缺陷责任期终止后，承包人已按合同规定完成全部剩余工作且质量合格的，发包人与承包人结清全部剩余款项的活动。

1. 最终结清申请单

缺陷责任期终止后，承包人已按合同规定完成全部剩余工作且质量合格的，发包人签发缺陷责任期终止证书，承包人可按合同约定的份数和期限向发包人提交最终结清申请单，并提供相关证明材料，详细说明承包人根据合同规定已经完成的全部工程价款金额以及承包人认为根据合同规定应进一步支付的其他款项。

2. 最终支付证书

发包人收到承包人提交的最终结清申请单后的规定时间内予以核实，向承包人签发最终支付证书。发包人未在约定时间内核实，又未提出具体意见的，视为承包人提交的最终结清申请单已被发包人认可。

3. 最终结清付款

发包人应在签发最终结清支付证书后的规定时间内，按照最终结清支付证书列明的金额向承包人支付最终结清款。承包人按合同约定接受了竣工结算支付证书后，应被认为已无权再提出在合同工程接收证书颁发前所发生的任何索赔。承包人在提交的最终结清申请中，只限于提出工程接收证书颁发后发生的索赔。

最终结清付款涉及政府投资资金的，按照国库集中支付等国家相关规定和专用合同条款的约定办理。

承包人对发包人支付的最终结清款有异议的，按照合同约定的争议解决方式处理。

六、合同价款纠纷的处理

（一）合同价款纠纷的解决途径

建设工程合同价款纠纷的解决途径主要有四种：和解、调解、仲裁和诉讼。

1. 和解

（1）协商和解；

（2）监理或造价工程师暂定。

2. 调解

（1）管理机构的解释或认定；

（2）双方约定争议调解人进行调解。

3. 仲裁

仲裁协议内容包括：

（1）请求仲裁的意思表示；

（2）仲裁事项；

（3）选定的仲裁委员会。

4. 诉讼

在建设工程合同中，发承包双方在履行合同时发生争议，双方当事人不愿和解、调解或者和解、调解未能达成一致意见，又没有达成仲裁协议或者仲裁协议无效的，可依法向人民法院提起诉讼。

（二）合同价款纠纷的处理原则

1. 施工合同无效的价款纠纷处理

（1）建设工程施工合同无效的认定。建设工程施工合同具有下列情形之一的，应当根据《中华人民共和国民法典》的规定，认定无效：

1）承包人未取得建筑施工企业资质或者超越资质等级的；

2）没有资质的实际施工人借用有资质的建筑施工企业名义的；

3）建设工程必须进行招标而未招标或者中标无效的；

4）承包人因转包、违法分包建设工程与他人签订的建设工程施工合同；

5）当事人以发包人未取得建设工程规划许可证等规划审批手续为由，请求确认建设工程施工合同无效的，人民法院应予支持，但发包人在起诉前取得建设工程规划许可证等规划审批手续的除外。

（2）建设工程施工合同无效的处理方式。建设工程施工合同无效，但建设工程经验收合格的，可以参照合同关于工程价款的约定折价补偿承包人。建设工程施工合同无效，且建设工程经验收不合格的，按照以下情形处理：

1）修复后的建设工程经验收合格的，发包人可以请求承包人承担修复费用；

2）修复后的建设工程经验收不合格的，承包人无权请求参照合同关于工程价款的约定折价补偿。

发包人对因建设工程不合格造成的损失有过错的，应当承担相应的责任。

（3）不按无效合同处理的情形。

1）承包人超越资质等级许可的业务范围签订建设工程施工合同，在建设工程竣工前取得相应资质等级，当事人请求按照无效合同处理的，人民法院不予支持。

2）具有劳务作业法定资质的承包人与总承包人、分包人签订的劳务分包合同，当事人请求确认无效的，人民法院依法不予支持。

3）发包人能够办理建设工程规划许可证等规划审批手续而未办理，并以未办理审批手续为由请求确认建设工程施工合同无效的，人民法院不予支持。

（4）合同无效后的损失赔偿。建设工程施工合同无效，一方当事人请求对方赔偿损失的，应当就对方过错、损失大小、过错与损失之间的因果关系承担举证责任；损失大小无法确定，一方当事人请求参照合同约定的质量标准、建设工期、工程价款支付时间等内容确定损失大小的，人民法院可以结合双方过错程度、过错与损失之间的因果关系等因素做出裁判。

2. 垫资施工合同的价款纠纷处理

对于发包人要求承包人垫资施工部分的工程价款结算，《最高人民法院关于审理建设工程施工合同纠纷案件适用法律问题的解释（一）》（法释〔2020〕25号）给出了如下处理意见：

（1）当事人对垫资和垫资利息有约定，承包人请求按照约定返还垫资及其利息的，人民法院应予支持，但是约定的利息计算标准高于垫资时的同期贷款市场报价利率的部分除外。

（2）当事人对垫资没有约定的，按照工程欠款处理。

（3）当事人对垫资利息没有约定，承包人请求支付利息的，人民法院不予支持。

3. 施工合同解除后的价款纠纷处理

（1）承包人具有下列情形之一，发包人请求解除建设工程施工合同的，应予支持：

1）明确表示或者以行为表明不履行合同主要义务的；

2）合同约定的期限内没有完工，且在发包人催告的合理期限内仍未完工的；

3）已经完成的建设工程质量不合格，并拒绝修复的；

4）将承包的建设工程非法转包、违法分包的。

（2）发包人具有下列情形之一，致使承包人无法施工，且在催告的合理期限内仍未履行相应义务，承包人请求解除建设工程施工合同的，应予支持：

1）未按约定支付工程价款的；

2）提供的主要建筑材料、建筑构配件和设备不符合强制性标准的；

3）不履行合同约定的协助义务的。

（3）建设工程施工合同解除后，已经完成的建设工程质量合格的，发包人应当按照约定支付相应的工程价款。

（4）已经完成的建设工程质量不合格的：

1）修复后的建设工程经验收合格，发包人请求承包人承担修复费用的，应予支持；

2）修复后的建设工程经验收不合格，承包人请求支付工程价款的，不予支持。

4. 发包人引起质量缺陷的价款纠纷处理

（1）发包人应承担的过错责任。发包人具有下列情形之一，造成建设工程质量的缺陷的，应当承担过错责任：

1）提供的设计有缺陷；

2）提供或者指定购买的建筑材料、建筑构配件、设备不符合强制性标准；

3）直接指定分包人分包专业工程。

（2）发包人提前占用工程。建设工程未经竣工验收，发包人擅自使用后，又以使用部分质量不符合约定为由主张权利的，不予支持；但是承包人应当在建设工程的合理使用寿命内对地基基础工程和主体结构质量承担民事责任。

5. 其他工程结算价款纠纷的处理

（1）合同文件内容不一致时的结算依据。

1）招标人和中标人另行签订的建设工程施工合同约定的工程范围、建设工期、工程质量、工程价款等实质性内容，与中标合同不一致，一方当事人请求按照中标合同确定权利义务的，人民法院应予支持。

2）当事人签订的建设工程施工合同与招标文件、投标文件、中标通知书载明的工程范围、建设工期、工程质量、工程价款不一致，一方当事人请求将招标文件、投标文件、中标通知书作为结算工程价款的依据的，人民法院应予支持。

3）发包人将依法不属于必须招标的建设工程进行招标后，与承包人另行订立的建设工程施工合同背离中标合同的实质性内容，当事人请求以中标合同作为结算建设工程价款依据的，人民法院应予支持，但发包人与承包人因客观情况发生了招标投标时难以预见的变化而另行订立建设工程施工合同的除外。

4）当事人就同一建设工程订立的数份建设工程施工合同均无效，但建设工程质量合格，一方当事人请求参照实际履行的合同关于工程价款的约定折价补偿承包人的，人民法院应予支持。实际履行的合同难以确定，当事人请求参照最后签订的合同关于工程价款的约定折价补偿承包人的，人民法院应予支持。

（2）对承包人竣工结算文件的认可。当事人约定，发包人收到竣工结算文件后，在约定期限内不予答复，视为认可竣工结算文件的，按照约定处理。承包人请求按照竣工结算文件结算工程价款的，应予支持。

（3）对实际发生的工程量的确认。当事人对工程量有争议的，按照施工过程中形成的签证等书面文件确认。承包人能够证明发包人同意其施工，但未能提供签证文件证明工程量发生的，可以按照当事人提供的其他证据确认实际发生的工程量。

（4）计价方法与造价鉴定。当事人对建设工程的计价标准或者计价方法有约定的，按照约定结算工程价款。因设计变更导致建设工程的工程量或者质量标准发生变化，当事人对该部分工程价款不能协商一致的，可以参照签订建设工程施工合同时当地建设行政主管部门发布的计价方法或者计价标准结算工程价款。当事人约定按照固定价结算工程价款，一方当事人请求人民法院对建设工程造价进行鉴定的，不予支持。

（5）工程欠款的利息支付。

1）利率标准。当事人对欠付工程价款利息计付标准有约定的，按照约定处理；没有约定的，按照同期同类贷款利率或者同期贷款市场报价利率计息。

2）计息日。利息从应付工程价款之日开始计付。当事人对付款时间没有约定或者约定不明的，下列时间视为应付款时间：

①建设工程已实际交付的，为交付之日；

②建设工程没有交付的，为提交竣工结算文件之日；

③建设工程未交付，工程价款也未结算的，为当事人起诉之日。

6. 由于价款纠纷引起的诉讼处理

（1）诉讼管辖。建设工程施工合同纠纷由不动产所在地人民法院管辖。建设工程已经登记的，以不动产登记簿记载的所在地为不动产所在地；建设工程未登记的，以建设工程实际所在地为不动产所在地。

（2）诉讼当事人的确定。

1）因建设工程质量发生争议的，发包人可以以总承包人、分包人和实际施工人为共同被告提起诉讼。

2）实际施工人以转包人、违法分包人为被告起诉的，人民法院应当依法受理。实际施工人以发包人为被告主张权利的，人民法院应当追加转包人或者违法分包人为本案第三人，在查明发包人欠付转包人或者违法分包人建设工程价款的数额后，判决发包人在欠付建设工程价款范围内对实际施工人承担责任。

（三）工程造价鉴定

1. 鉴定项目的委托及终止

（1）鉴定项目的委托。

（2）鉴定机构的回避。有下列情形之一的，鉴定机构应当自行回避，向委托人说明，不予接受委托：

1）担任过鉴定项目咨询人的；

2）与鉴定项目有利害关系的。

鉴定机构未自行回避的，且当事人向委托人申请鉴定机构回避的，由委托人决定其是否回避，鉴定机构应执行委托人的决定。

（3）不予接受委托。有下列情形之一的，鉴定机构应不予接受委托：

1）委托事项超出本机构业务经营范围的；

2）鉴定要求不符合本行业执业规则或相关技术规范的；

3）委托事项超出本机构专业技术能力和技术条件的；

4）其他不符合法律、法规规定情形的。

（4）终止鉴定。鉴定过程中遇有下列情形之一的，鉴定机构可终止鉴定：

1）委托人提供的证据材料未达到鉴定的最低要求，导致鉴定无法进行的；

2）因不可抗力致使鉴定无法进行的；

3）委托人撤销鉴定委托或要求终止鉴定的；

4）委托人或申请鉴定当事人拒绝按约定支付鉴定费用的；

5）约定的其他终止鉴定的情形。

终止鉴定的，鉴定机构应当通知委托人并说明理由，退还其提供的鉴定材料。

2. 工程造价鉴定组织

（1）鉴定人的配备。鉴定人必须具有相应专业的注册造价工程师执业资格。根据鉴定工作需要，鉴定机构可以安排非注册造价工程师的专业人员作为鉴定人的辅助人员，参与鉴定的辅助性工作。鉴定机构对同一鉴定事项，应指定 2 名及以上鉴定人员共同进行鉴定。

（2）鉴定人的回避。鉴定人及其辅助人员有下列情形之一的，应当自行提出回避：

1）是鉴定项目当事人、代理人近亲属的；

2）与鉴定项目有利害关系的；

3）与鉴定项目当事人、代理人有其他利害关系，可能影响鉴定公正的。

在鉴定过程中，鉴定人有下列情形之一的，当事人有权向委托人申请其回避，但应提供证据，由委托人决定其是否回避：

1）接受鉴定项目当事人、代理人吃请和礼物的；

2）索取、借用鉴定项目当事人、代理人款物的。

3. 鉴定期限

（1）鉴定期限的确定。鉴定期限由鉴定机构与委托人根据鉴定项目争议标的涉及的工程造价金额、复杂程度等因素在表 5.2.3 规定的期限内确定。

表 5.2.3　工程造价鉴定期限表

争议标的涉及工程造价金额	期限 / 工作日
1 000 万元以下（含 1 000 万元）	40
1 000 万元以上 3 000 万元以下（含 3 000 万元）	60
3 000 万元以上 1 亿元以下（含 1 亿元）	80
1 亿元以上（不含 1 亿元）	100

鉴定机构与委托人对完成鉴定的期限另有约定的，从其约定。

（2）鉴定期限的起算。鉴定期限从鉴定人接收委托人按照规定移交证据材料之日起的次日起算。在鉴定过程中，经委托人认可，等待当事人提交、补充或者重新提交证据、勘验现场等所需的时间，不计入鉴定期限。

（3）鉴定期限的延长。鉴定事项涉及复杂、疑难、特殊的技术问题需要较长时间的，经与委托人协商，完成鉴定的时间可以延长，每次延长时间一般不得超过 30 个工作日，每个鉴定项目延长次数一般不得超过 3 次。

4. 出庭作证

鉴定人经委托人通知，应当依法出庭作证。鉴定人出庭作证时，应携带鉴定人的身份证明，包括身份证、造价工程师注册证、专业技术职称证等。未经委托人同意，鉴定人拒不出庭作证，导致鉴定意见不能作为认定事实的根据的，支付鉴定费用的当事人要求返还鉴定费用的，应当返还。

5. 鉴定依据

（1）鉴定人自备的鉴定依据。鉴定人进行工程造价鉴定工作，应当自行收集的鉴定依据包括：

1）适用于鉴定项目的法律、法规、规章和规范性文件；

2）与鉴定项目相关的标准规范（若工程合同约定的标准规范不是国家或行业标准，

则由当事人提供）；

3）与鉴定项目同时期、同地区、相同或类似工程的技术经济指标以及各类生产要素价格。

（2）委托人移交的证据材料。委托人移交的证据材料宜包含但不限于下列内容：

1）起诉状（或仲裁申请书）、反诉状（或仲裁反申请书）及答辩状、代理词；

2）证据及《送鉴证据材料目录》；

3）质证记录、庭审记录等卷宗；

4）鉴定机构认为需要的其他有关资料。

（3）当事人提交的证据材料。鉴定工作中，委托人要求当事人直接向鉴定机构提交证据的，鉴定机构应提请委托人确定当事人的举证期限，并及时向当事人发函要求其在举证期限内提交证据。当事人申请延长举证期限的，鉴定人应当告知其在举证期限届满前向委托人提出申请，由委托人决定是否准许延期。

鉴定人将当事人有争议且未经质证的材料作为鉴定依据的，人民法院应当组织当事人就该部分材料进行质证。经质证认为不能作为鉴定依据的，根据该材料做出的鉴定意见不得作为认定案件事实的依据。

6. 争议鉴定方法与鉴定意见书（见表 5.2.4）

表 5.2.4 工程造价的鉴定方法和结果

主要知识点		具体说明	
争议鉴定方法	合同是否有效	有效	根据合同约定进行鉴定
		无效	按照委托人的决定进行鉴定
	计价依据、计价方法的约定	无约定	鉴定人可向委托人提议“参照同时同地的计价依据、计价方法和签约时的市场价格信息进行鉴定”的建议，并按照委托人的决定进行鉴定
		前后矛盾	鉴定人应提请委托人决定适用条款；委托人暂不明确的，应按不同的约定条款分别做出鉴定意见，供委托人判断使用
	计量争议的鉴定	计量依据有争议	鉴定人应以现行国家相关工程计量规范规定的工程量计算规则计量；无国家标准的，按行业标准或地方标准计量。但当事人在合同中明确约定了计量规则的除外
		计量结果有异议	（1）当事人一方仅提出异议未提供具体证据的，按原计量结果进行鉴定； （2）当事人一方既提出异议又提出具体证据的，应对原计量结果进行复核，必要时可到现场复核，按复核后的计量结果进行鉴定
		工程变更导致工程量变化，综合单价争议	（1）有约定的，应按合同约定进行鉴定； （2）没有约定的，应提请委托人决定并按其决定进行鉴定，或按现行国家标准计价规范的相关规定进行鉴定，供委托人判断使用

续表 5.2.4

<table>
<tr><th colspan="2">主要知识点</th><th colspan="2">具体说明</th></tr>
<tr><td rowspan="4">争议鉴定方法</td><td rowspan="3">计价争议的鉴定</td><td>物价波动调整合同价款争议</td><td>（1）约定了计价风险范围和幅度的，按合同约定进行鉴定；合同中约定了物价波动可以调整，但没有约定风险范围和幅度的，应提请委托人决定，按现行国家标准计价规范的相关规定进行鉴定；
（2）约定物价波动不予调整的，仍应对实行政府定价或政府指导价的材料按《中华人民共和国民法典》的相关规定进行鉴定</td></tr>
<tr><td>人工费调整文件争议</td><td>（1）约定不执行的，应提请委托人决定并按其决定进行鉴定；
（2）没有约定或约定不明的，应提请委托人决定并按其决定进行鉴定，委托人要求鉴定人提出意见的，鉴定人应分析鉴别；判断人工费的形成是否以鉴定项目所在地工程造价管理部门发布的人工费为基础在合同中约定</td></tr>
<tr><td>材料价格争议</td><td>（1）采购前经发包人或其代表签批认可的，按签批的材料价格进行鉴定；
（2）采购前未报发包人或其代表认质认价的，按合同约定的价格进行鉴定；
（3）发包人认为承包人采购的材料不符合质量要求，不予认价的，应按双方约定的价格进行鉴定，质量争议应告知发包人另行申请质量鉴定</td></tr>
<tr><td>工程签证争议</td><td colspan="2">（1）签证明确了人工、材料、机具台班数量及其价格的，按签证的数量和价格计算；
（2）签证只有用工数量没有人工单价的，应按照工作技术要求比照鉴定项目相应工程人工单价适当上浮计算；
（3）签证只有材料机具台班用量没有价格的，其材料和台班价格按照鉴定项目相应工程材料和台班价格计算；
（4）签证只有总价款而无明细表述的，按总价款计算；
（5）签证中的零星工程数量与该工程应予实际完成的数量不一致时，应按实际完成的工程数量计算</td></tr>
<tr><td rowspan="4">鉴定意见书</td><td>确定性意见</td><td colspan="2">鉴定项目或鉴定事项内容事实清楚，证据充分</td></tr>
<tr><td>推断性意见</td><td colspan="2">鉴定项目或鉴定事项内容客观，事实较清楚，但证据不够充分</td></tr>
<tr><td>供选择性意见</td><td colspan="2">鉴定项目合同约定矛盾或鉴定事项中部分内容证据矛盾，委托人暂不明确要求鉴定人分别鉴定的，可分别按照不同的合同约定或证据，做出选择性意见，由委托人判断使用</td></tr>
<tr><td colspan="3">当事人相互协商一致，达成的书面妥协性意见应纳入确定性意见，但应在鉴定意见中予以注明。重新鉴定时，除当事人再次达成一致同意外，不得作为鉴定依据直接使用。鉴定意见书不得载有对案件性质和当事人责任进行认定的内容</td></tr>
</table>

第三节　工程总承包和国际工程合同价款结算

真题解析

一、2023 年考题

1. 在国际工程管理中，如果承包商认为其建议被业主采纳后能够降低业主实施工程的费用，可随时向工程师提交一份书面建议书，该书面建议书的编制费用应由（　　）承担。

A. 业主　　B. 承包商　　C. 设计单位　　D. 工程师

【答案】B

【解析】价值工程。如果承包商认为其建议被业主采纳后能够缩短工程工期，降低业主实施、维护或运营工程的费用，能为业主提高竣工工程的效率、价值或者为业主带来其他利益，那么他可以随时向工程师提交一份书面建议。承包商应自费编制此类建议书，其内容与工程师指示变更程序中要求承包商提交的建议书内容一致。

【考点】国际工程合同价款的结算——国际工程合同价款的调整（工程变更）。

2. 根据《建设项目工程总承包合同（示范文本）》（GF-2020-0216）通用合同条件，关于工程总承包合同价款结算，下列说法正确的有（　　）。

A. 总承包合同为总价合同，除合同对价款调整另有约定外，合同价格不作调整

B. 承包人应按合同约定支付各项税费，并根据税费的变化进行合同价格调整

C. 价格清单中列出的工程量，应视为要求承包人实际实施的工作量

D. 合同中可以约定工程的某些部分按照实际完成的工程量进行计量和支付

E. 采用价格指数法调价时，未列入合同《价格指数权重表》的费用不进行调整

【答案】AD

【解析】总承包合同为总价合同，除根据合同相关增减金额的约定进行调整外，合同价格不作调整。承包人应支付根据法律规定或合同约定应由其支付的各项税费，除由于法律变化引起的调整事件外，合同价格不应因这些税费进行调整。价格清单列出的任何数量仅为估算的工作，不得将其视为要求承包人实施的工程的实际或准确的工作量。合同约定工程的某部分按照实际完成的工程量进行支付的，应按照专用合同条款的约定进行计量和估价，并据此调整合同价格。发承包双方可以将部分主要工程材料、工程设备、人工价格及其他双方认为应当根据市场价格调整的费用列入合同附件《价格指数权重表》，并根据价格调整公式计算差额调整合同价格，未列入《价格指数权重表》的费用不因市场变化而调价。

【考点】工程总承包合同价款的结算。

二、2022 年考题

1. 根据《建设项目工程总承包合同（示范文本）》（GF-2020-0216），关于工程总

承包价款结算中的最终结清支付，下列说法正确的是（　　）。

A. 发包人应在签发最终结清证书 14 天内完成支付

B. 发包人逾期 56 天不支付利息

C. 发包人逾期支付超过 56 天的，按贷款市场报价利率的两倍支付利息

D. 发包人逾期支付超过 56 天的，按贷款市场报价利率支付利息

【答案】C

【解析】发包人应在进度款支付证书签发后 7 天内完成支付，发包人逾期支付进度款的，按照贷款市场报价利率（LPR）支付利息；逾期支付超过 56 天的，按贷款市场报价利率（LPR）的两倍支付利息。

【考点】工程总承包合同价款的结算——工程总承包合同价款的结算（最终结清）。

2. 根据 2017 年版 FIDIC《施工合同条件》，关于国际工程承包合同中的暂定金额，下列说法正确的是（　　）。

A. 工程师不能要求承包人提交永久设备、服务采购等的供应商报价单

B. 包含工程实施过程中数量较少、偶然发生的零星工作所发生的费用

C. 由承包人实施工作（不包括提供永久设备、材料或服务），并按规定程序进行价格调整

D. 只能按工程师的指示使用，并对合同价格做相应调整

【答案】D

【解析】暂定金额是指业主在合同中明确规定用于“暂定金额条款”项下任何部分工程的实施或提供永久设备、材料或服务的一笔金额。工程师可以要求承包人提交为其实施全部或部分工作以及永久设备、材料、专业工程、服务采购的供应商和（或）分包商提供的报价单。

对于数量较少的、偶然发生的零星工作，工程师可以指示按照计日工方式实施变更。由承包人实施工作（包括提供永久设备、材料或服务），并按照合同规定的变更程序商定或决定合同价格的调整。

【考点】国际工程合同价款的结算——国际工程合同价款的调整（价格调整）。

3. 根据 2017 年版 FIDIC《施工合同条件》，关于国际工程承包的工程变更，下列说法正确的有（　　）。

A. 可以在颁发工程接收证书前提出变更

B. 工程师有权依照变更程序的规定发出变更指令

C. 由业主发出变更指令

D. 承包人可基于价值工程主动建议变更

E. 承包人应在收到变更指令后的 14 天内提交相关资料

【答案】ABD

【解析】在颁发工程接收证书前的任何时间，工程师有权依照变更程序的规定发出变更指令。工程变更包括工程师指示的变更和承包人建议的变更，不论何种变更，都必须由工程师发出变更指令。承包人的建议包括两类：一类是工程师征求承包人的建议，另一类是承包人基于价值工程主动提出的建议。

【考点】国际工程合同价款的结算——国际工程合同价款的调整（工程变更）。

三、2021 年考题

1. 根据 2017 年版 FIDIC《施工合同条件》，关于工程变更类合同价款的调整，下列说法正确的是（　　）。

A. 合同中任何工程量的变化都构成变更

B. 合同中任何工作的删减都构成变更

C. 不论何种变更都必须由工程师发出指令

D. 承包人在任何情况下都不应对永久工程做出更改

【答案】C

【解析】选项 A 错误，合同中任何工作的工程量的变化（但此类变化不一定构成变更）；选项 B 错误，任何工作的删减都构成变更，但未经双方同意由他人实施的除外；选项 C 正确，工程变更包括工程师指示的变更和承包人建议的变更，不论何种变更，都必须由工程师发出变更指令；选项 D 错误，承包人不应对永久工程做出更改或修改，除非工程师发出变更指令。

【考点】国际工程合同价款的结算——国际工程合同价款的调整（工程变更）。

2. 某工程总承包合同的专用合同条件约定，其他项目清单中依法必须招标的专业工程暂估价项目由承包人作为招标人发包。关于该专业工程的招标，下列说法正确的是（　　）。

A. 招标文件不需发包人批准

B. 评标方案不需发包人批准，仅将评标结果报发包人备案即可

C. 组织招标的费用由承包人承担

D. 该专业工程中标价格不会影响总承包人的合同价款

【答案】C

【解析】选项 C 正确，发包人在招标工程量清单中给定暂估价的专业工程，依法必须招标的，应当由发承包双方依法组织招标选择专业分包人，并接受建设工程招标投标管理机构的监督。

（1）除合同另有约定外，承包人不参加投标的专业工程，应由承包人作为招标人，但拟定的招标文件、评标方法、评标结果应报送发包人批准。与组织招标工作有关的费用应当被认为已经包括在承包人的签约合同价（投标总报价）中。

（2）承包人参加投标的专业工程，应由发包人作为招标人，与组织招标工作有关的费用由发包人承担。同等条件下，应优先选择承包人中标。

（3）专业工程依法进行招标后，以中标价为依据取代专业工程暂估价，调整合同价款。

【考点】工程总承包合同价款的结算——工程总承包合同价款的调整（暂估价）。

3. 根据 2017 年版 FIDIC《施工合同条件》，调整工程量清单中某项工作的合同价款调整需满足的条件有（　　）。

A. 工程量变化超过工程量清单工程量的 15% 以上

B. 工程量变化与工程量清单相对应价格的乘积超过中标合同金额的 0.01%

C. 工程量变化直接导致该项工作的单位工程量费用的变动超过 10%

D. 不是工程量清单中规定的“固定费用”项目

E. 不是工程量清单中规定的不因工程量变化而调整单价的项目

【答案】BDE

【解析】选项 B、D、E 正确，因工程量变更可以调整合同规定费率或价格的条件有：①该部分工程实际测量的工程量比工程量表或其他报表中规定的工程量的变动大于 10%；②该项部分工程工程量的变更与相对应费率的乘积超过了中标金额的 0.01%；③由于工程量的变更直接造成该部分工程每单位工程量费用的变动超过 1%；④该部分工程不是合同中规定的“固定费率项目”“固定费用”和其他类似涉及单价不因工程量的任何变化而调整的项目。

【考点】国际工程合同价款的结算——国际工程合同价款的结算（价格调整）。

四、2020 年考题

1. 根据现行《标准设计施工总承包招标文件》（2012 年版），选用暂估价（A）条款时，若发包人在价格清单中给定暂估价的材料，不属于依法必须招标的，则其价格与暂估价的差额应经确认后计入合同价款，履行该确认职能的应是（　　）。

A. 发包人　　B. 监理人

C. 总承包人　　D. 材料供应商

【答案】B

【解析】发包人在价格清单中给定暂估价的专业服务、材料和工程设备不属于依法必须招标的范围或未达到规定的规模标准的，应由承包人按合同约定提供。经监理人确认的专业服务、材料、工程设备的价格与价格清单中所列的暂估价的金额差以及相应的税金等其他费用列入合同价格。

【考点】工程总承包合同价款的结算——工程总承包合同价款的调整（暂估价）。

2. 根据 2017 年版 FIDIC《施工合同条件》，关于国际工程工程变更与合同价款调整，下列说法正确的是（　　）。

A. 合同中任何工作的工程量变化均能调整合同价款

B. 不论何种变更，均须由工程师发出变更指令

C. 在明确构成工程变更的情况下，承包商仍须按程序发出索赔通知

D. 承包商提出的对业主有利的工程变更建议书的编制费用，应由业主承担

【答案】B

【解析】工程变更包括工程师指示的变更和承包商建议的变更，无论何种变更，都必须由工程师发出变更指令。

【考点】国际工程合同价款的结算——国际工程合同价款的调整（工程变更）。

3. 根据现行《标准设计施工总承包招标文件》（2012 年版）工程总承包项目合同中的暂列金额可用于支付签订合同时（　　）。

A. 不可预见的变更费用

B. 不可预见的变更施工费用

C. 已知必然发生，但暂时无法确定价格的专业工程费用

D. 已知必然发生，但暂时无法确定价格的工程设备购置费用

E. 以计日工方式的工程变更费用

【答案】ABE

【解析】暂列金额是指发包人在项目清单中给定的，用于在订立协议书时尚未确定或不可预见变更的设计、施工及其所需材料、工程设备、服务等的金额，包括以计日工方式支付的金额。每一笔暂列金额只能按照发包人的指示全部或部分使用，并对合同价格进行相应调整。付给承包人的总金额应仅包括发包人已指示的，与暂列金额相关的工作、货物或服务的应付款项。

【考点】工程总承包合同价款的结算——工程总承包合同价款的调整（暂列金额）。

五、2019 年考题

1. 对于工程总承包合同中质量保证金的扣留与返还，下列做法正确的是（　　）。

A. 扣留金额的计算中应考虑预付款的支付、扣回及价格调整的金额

B. 不论是否缴纳履约保证金，均须扣留质量保证金

C. 缺陷责任期满即须返还剩余质量保证金

D. 延长缺陷责任期时，应相应延长剩余质量保证金的返还期限

【答案】D

【解析】缺陷责任期满时，承包人没有完成缺陷责任的，发包人有权扣留与未履行责任剩余工作所需金额相应的质量保证金余额，并有权要求延长缺陷责任期，直至完成剩余工作为止。

【考点】工程总承包合同价款的结算——工程总承包合同价款的结算（质量保证金）。

2. 根据 2017 年版 FIDIC《施工合同条件》，关于物价波动引起的价格调整，下列说法正确的是（　　）。

A. 在通用条款中规定了调价公式

B. 调价公式不适用于基于实际费用或现行价格计算价值的工程

C. 调价公式中所列各项费用要素的权重一经约定，合同实施过程中不得调整

D. 调价公式中的固定系数，在合同实施过程中可视情况调整

【答案】B

【解析】物价波动引起的价格调整，调价公式不适用于基于实际费用或现行价格计算价值的工程。

【考点】国际工程合同价款的结算——国际工程合同价款的结算（价格调整）。

3. 根据 2017 年版 FIDIC《施工合同条件》，关于工程变更的说法，正确的有（　　）。

A. 不论何种变更，均须由工程师发出变更指令

B. 在明确构成工程变更的情况下，承包商享有工期顺延和调价权利，无须再发出索赔通知

C. 承包商建议的变更是指承包商基于价值工程主动提出建议而形成的变更

D. 对于变更工程重新确定费率或价格，在没有可供参考依据且缺乏合同约定的条件下，利润率按 5% 计取

E. 承包商基于价值工程主动提出建议引起的变更经批准后，变更永久工程的设计增加的设计费由发包人承担

【答案】ABD

【解析】选项 A，变更指示只能由监理人发出。选项 B，在明确构成工程变更的情况下，承包商当然享有工期顺延和调价的权利，无须再依据索赔程序发出索赔通知。选项 C，承包商建议的变更包括两类：一类是工程师征求承包商的建议，另一类是承包商基于价值工程主动提出的建议。选项 D，如果没有可供参考的相关费率或价格，则新的费率或价格应根据实施该项工作的合理费用，以及合同专用条款中规定的利润率（如果没有，按 5% 计取），并考虑任何相关事件后确定。选项 E，如果由工程师批准的建议包括对部分永久工程的设计的改变，除非双方另有约定，应当由承包商自费完成该部分工程的设计工作并承担相应的义务。

【考点】工程总承包合同价款的结算——工程总承包合同价款的结算（工程变更）。

考点统计

通过对 2019—2023 年的考题统计，本节涉及的考点主要是工程总承包合同价款的结算和国际工程合同价款的结算两项内容。近 5 年涉及本节的真题共有 14 题，具体考点的考核频次如表 5.3.1 所示。

表 5.3.1 第五章第三节考点考核频次表

序号	知识点	具体考点	考核频率
1	工程总承包合同价款的结算	工程总承包合同价款的调整（暂估价）	2
		工程总承包合同价款的调整（暂列金额）	1
		工程总承包合同价款的结算（质量保证金）	1
		工程总承包合同价款的结算（最终结清）	1
		“工程总承包合同价款的结算”综合性考点	1
		工程总承包合同价款的结算（工程变更）	1
2	国际工程合同价款的结算	国际工程合同价款的调整（工程变更）	4
		国际工程合同价款的结算（价格调整）	3

知识点凝练

本节的知识点主要包括工程总承包合同价款的结算和国际工程合同价款的结算两项内容。考点一“工程总承包合同价款的结算”应重点掌握工程总承包合同价款的调整、结算与施工合同有何不同；考点二“国际工程合同价款的结算”应重点注意国际工程合同价款的调整与结算和国内情况有何不同。

“工程总承包合同价款的结算”这一部分涉及的具体考点主要有：工程总承包合同价款的调整——变更，暂估价，计日工，暂列金额，物价波动，法律变化；工程总承包合同价款的结算——预付款，工程进度款的支付，竣工结算。“国际工程合同价款的结算”这一部分涉及的具体考点主要有：国际工程价款的调整——工程变更和价格调整；国际工程合同价款的结算——预付款，工程材料和设备款的预支，期中支付，保留金的返还和最终结清。

一、工程总承包合同价款的结算

根据《建设项目工程总承包合同（示范文本）》（GF–2020–0216）通用合同条件，总承包合同为总价合同，除根据合同相关增减金额的约定进行调整外，合同价格不作调整。工程款的支付应以合同协议书约定的签约合同价格为基础，按照合同约定进行调整。承包人应支付根据法律规定或合同约定应由其支付的各项税费，除由于法律变化引起的调整事件外，合同价格不应因这些税费进行调整。价格清单列出的任何数量仅为估算的工作量，不得将其视为要求承包人实施的工程的实际或准确的工作量。合同约定工程的某部分按照实际完成的工程量进行支付的，应按照专用合同条款的约定进行计量和估价，并据此调整合同价格。

（一）工程总承包合同价款的调整（见表 5.3.2）

表 5.3.2　工程总承包合同价款的调整

调整事项	知识点		具体说明
变更	变更的事由	“发包人要求”改变	（1）监理人发出变更意向书。要求承包人提交包括拟实施变更工作的设计和计划、措施和工时等内容的实施方案。发包人同意承包人根据变更意向书要求提交的变更实施方案的，由监理人发出变更指示； （2）承包人收到监理人的变更意向书后认为难以实施此项变更的，应立即通知监理人，说明原因并附详细依据。监理人与承包人和发包人协商后，确定撤销、改变或不改变原变更意向书
		监理人文件内容	承包人收到监理人按合同约定发出的文件，经检查认为其中存在对发包人要求变更情形的，可向监理人提出书面变更建议。变更建议应阐明要求变更的依据，以及实施该变更工作对合同价款和工期的影响，并附必要的图纸和说明

续表 5.3.2

调整事项	知识点		具体说明
变更	变更的事由	承包人合理化建议	合理化建议书的内容应包括建议工作的详细说明、进度计划和效益以及与其他工作的协调等，并附必要的设计文件。监理人应与发包人协商是否采纳建议。建议被采纳并构成变更的，由监理人向承包人发出变更指示
	变更的程序	变更的提出	按照上述的三项变更事由分别提出变更要求
		变更估价	监理人应与合同当事人商定或确定变更价格。变更价格应包括合理的利润，并应考虑承包人提出的合理化建议
		变更指示	变更指示只能由监理人发出。变更指示应说明变更的目的、范围、变更内容以及变更的工程量及其进度和技术要求，并附有关图纸和文件
暂估价	A、B条款设定	A 条款	签约合同价中不包括暂估价的，分下列情况： （1）属于依法必须招标的范围并达到规定的规模标准的，由发包人和承包人以招标的方式选择供应商或分包人；中标金额与暂估价的金额差以及税金等其他费用列入合同价格； （2）不属于依法必须招标的范围或未达到规定的规模标准的，应由承包人按合同约定提供；经监理人确认的价格与暂估价的金额差以及相应的税金等其他费用列入合同价格； （3）专业工程不属于依法必须招标的范围或未达到规定的规模标准的，由监理人进行估价；经估价的专业工程与暂估价的金额差以及相应的税金等其他费用列入合同价格
		B 条款	签约合同价中包括暂估价的，按合同约定进行支付，不予调整价差
计日工	A、B条款设定	A 条款	签约合同价不包括计日工的，发包人认为有必要时，由监理人通知承包人以计日工方式实施变更的零星工作。其价款按列入合同中的计日工计价子目及其单价进行计算
		B 条款	签约合同价包括计日工的，按合同约定进行支付，不再据实结算
暂列金额	经发包人同意，承包人可使用暂列金额，但应按照合同规定的程序进行，并对合同价格进行相应调整		

续表 5.3.2

调整事项	知识点		具体说明
物价波动	A、B条款设定	A 条款	采用价格指数调整价格差额或采用造价信息调整价格差额
		B 条款	除法律规定或专用合同条款另有约定外，合同价格不因物价波动进行调整
法律变化	在基准日后，因法律变化导致承包人在合同履行中所需费用发生除物价波动以外的增减时，监理人根据法律，国家或省、自治区、直辖市有关部门的规定，与当事人商定合同价格		

（二）工程总承包合同价款的结算

1. 预付款

（1）预付款的支付。预付款应当专用于承包人为合同工程的设计和工程实施购置材料、工程设备、施工设备、修建临时设施以及组织施工队伍进场等合同工作。预付款的额度和支付按照合同约定执行。

（2）预付款的扣回。除合同另有约定外，预付款在进度付款中同比例扣回。在颁发工程接收证书前提前解除合同的，尚未扣完的预付款应与合同价款一并结算。

（3）预付款担保。发包人指示承包人提供预付款担保的，承包人应在发包人支付预付款前规定期限内提供预付款担保。预付款担保可采用银行保函、担保公司担保等形式。在预付款完全扣回之前，承包人应保证预付款担保持续有效。

发包人在工程款中逐期扣回预付款后，预付款担保额度应相应减少，但剩余的预付款担保金额不得低于未被扣回的预付款金额。

2. 工程进度付款

（1）工程进度付款申请。主要包括：人工费的申请和提交进度付款申请单。

1）人工费的申请。人工费应按月支付，发包人应在收到承包人人工费付款申请单以及相关资料后进行审批，并向承包人签发人工费支付证书，发包人应在人工费支付证书签发后规定期限内完成支付。已支付的人工费部分，发包人支付进度款时予以相应扣除。

2）提交进度付款申请单。

（2）进度付款审核和支付。

发包人应在进度款支付证书签发后 14 天内完成支付，发包人逾期支付进度款的，按照贷款市场报价利率（LPR）支付利息；逾期支付超过 56 天的，按照贷款市场报价利率（LPR）的两倍支付利息。

（3）进度付款的修正。在对已签发的进度款支付证书进行阶段汇总和复核中发现错误、遗漏或重复的，发包人和承包人均有权提出修正申请。经发包人和承包人同意的修正，应在下期进度付款中支付或扣除。

3. 竣工结算

（1）竣工结算申请。承包人应在工程竣工验收合格后规定期限内向发包人提交竣工结算申请单，并提交完整的结算资料。竣工结算申请单应包括以下内容：

1）竣工结算合同价格。

2）发包人已支付承包人的款项。

3）采用预留方式提供质量保证金的，应当列明应预留的质量保证金金额；采用其他方式提供质量保证金的，应当提供相关文件作为附件。

4）发包人应支付承包人的合同价款。

（2）竣工结算审核。工程师应在收到竣工结算申请单后完成核查并报送发包人。发包人应在收到工程师提交的经审核的竣工结算申请单后完成审批，并由工程师向承包人签发经发包人签认的竣工付款证书。工程师或发包人对竣工结算申请单有异议的，有权要求承包人进行修正和提供补充资料，承包人应提交修正后的竣工结算申请单。

发包人在收到承包人提交竣工结算申请书后 28 天内未完成审批且未提出异议的，视为发包人认可承包人提交的竣工结算申请单，并自发包人收到承包人提交的竣工结算申请单后第 29 天起视为已签发竣工付款证书。

（3）竣工付款。发包人应在签发竣工付款证书后的 14 天内，完成对承包人的竣工付款。发包人逾期支付的，按照贷款市场报价利率（LPR）支付违约金；逾期支付超过 56 天的，按照贷款市场报价利率（LPR）的两倍支付违约金。

（4）异议的处理。承包人对发包人签认的竣工付款证书有异议的，对于有异议部分应在收到发包人签认的竣工付款证书后规定期限内提出异议，并由合同当事人按照合同约定的方式和程序进行复核，或按照合同争议解决条款的约定处理。对于无异议部分，发包人应签发临时竣工付款证书，并完成竣工付款。承包人逾期未提出异议的，视为认可发包人的审批结果。

（5）扫尾工作清单。经双方协商，部分工作在工程竣工验收后进行的，承包人应当编制扫尾工作清单，扫尾工作清单中应当列明承包人应当完成的扫尾工作的内容及完成时间。承包人完成扫尾工作清单中的内容应取得的费用包含在竣工结算价款中一并结算；承包人未能按照扫尾工作清单约定的完成时间完成扫尾工作的，应视为承包人原因导致的工程质量缺陷。

4. 质量保证金

质量保证金是指承包人用于保证其在缺陷责任期内履行缺陷修复义务的担保。在工程项目竣工前，承包人已经提供履约担保的，发包人不得同时要求承包人提供质量保证金。

（1）质量保证金的方式。承包人提供质量保证金有以下三种方式：

1）提交工程质量保证担保；

2）预留相应比例的工程款；

3）双方约定的其他方式。

除合同另有约定外，质量保证金原则上采用上述第 1）种方式，且承包人应在工程竣工验收合格后规定期限内，向发包人提交工程质量保证担保。承包人提交工程质量保证担保时，发包人应同时返还预留的作为质量保证金的工程价款（如有）。但不论承包人以何种方式提供质量保证金，累计金额均不得高于工程价款结算总额的 3%。

（2）质量保证金的预留。发承包双方约定采用预留相应比例的工程款方式提供质量保证金的，质量保证金的预留有以下三种方式：

1）按合同约定在支付工程进度款时逐次预留，直至预留的质量保证金总额达到专用合同条件约定的金额或比例为止。在此情形下，质量保证金的计算基数不包括预付款的支付、扣回以及价格调整的金额；

2）工程竣工结算时一次性预留质量保证金；

3）双方约定的其他预留方式。

除合同另有约定外，质量保证金的预留原则上采用上述第1）种方式。如承包人在发包人签发竣工付款证书后规定期限内提交工程质量保证担保，发包人应同时返还预留的作为质量保证金的工程价款。发包人在返还本条款项下的质量保证金的同时，按照中国人民银行同期同类存款基准利率支付利息。

（3）质量保证金的返还。缺陷责任期内，承包人认真履行合同约定的责任，缺陷责任期满，发包人向承包人颁发缺陷责任期终止证书后，承包人可向发包人申请返还质量保证金。

5. 最终结清

（1）最终结清申请单。承包人应在缺陷责任期终止证书颁发后规定期限内，按合同约定的份数向发包人提交最终结清申请单，并提供相关证明材料。最终结清申请单应列明质量保证金、应扣除的质量保证金、缺陷责任期内发生的增减费用。

（2）最终结清证书。发包人应在收到承包人提交的最终结清申请单后14天内完成审批并向承包人颁发最终结清证书。

（3）支付。发包人应在颁发最终结清证书后7天内完成支付。发包人逾期支付的，按照贷款市场报价利率（LPR）支付利息；逾期支付超过56天的，按照贷款市场报价利率（LPR）的两倍支付利息。

（4）异议的处理。承包人对发包人颁发的最终结清证书有异议的，按合同中争议解决条款的约定处理。

二、国际工程合同价款的结算

（一）国际工程合同价款的调整（见表5.3.3）

表5.3.3 国际工程合同价款的调整

<table>
<tr><th>调整原因</th><th>知识点</th><th colspan="2">具体说明</th></tr>
<tr><td rowspan="2">工程变更</td><td>工程变更的范围</td><td colspan="2">（1）合同中任何工作的工程量的变化（但此类变化不一定构成变更）；
（2）任何工作的质量或其他特性的改变；
（3）工程任何部位的标高、位置和（或）尺寸的改变；
（4）任何工作的删减，但未经双方同意由他人实施的除外；
（5）永久工程所必需的任何附加工作、永久设备、材料或服务，包括任何有关的竣工试验、钻孔、其他试验或勘察工作；
（6）实施工程的顺序或时间安排的改变</td></tr>
<tr><td>承包商建议的变更</td><td>工程师征求意见</td><td>工程师在发布变更指令之前，可以书面通知承包商提交一份建议书，承包商应尽快做出答复。工程师收到承包商的建议书后，应当尽快以书面形式予以答复，说明其是否批准承包商的建议。承包商在等待答复期间，不得延误任何工作。工程师批准建议书的，不论是否提出意见，工程师应当发出变更指令</td></tr>
</table>

续表 5.3.3

调整原因	知识点	具体说明	
工程变更	承包商建议的变更	价值工程	如果承包商认为其建议能为业主提高效率、价值或者带来其他利益，可向工程师提交一份书面建议。承包商在等待答复期间，不得延误任何工作。引起合同价款调整时，应考虑关于此项建议的获益（如果有）、费用和（或）工期延误在双方当事人之间分担的约定。如果包括对部分永久工程的设计的改变，应当由承包商自费完成该部分工程的设计工作并承担相应的义务
	变更估价	变更工程的费率或价格在合同中有规定	适用合同中规定的费率或价格
		变更工程的费率或价格在合同中没有规定	适用合同中类似工程的费率或价格
		变更工程的费率或价格在合同中没有规定，合同中也没有类似工程	适用新的费率或价格。新的费率或价格应当参考工程量清单或其他报表中的相关费率或价格，并结合变更工作的具体内容做出合理的调整。如果没有可供参考的，则新的费率或价格应根据实施该项工作的合理费用，以及合同专用条款中规定的利润率（如果没有，按 5% 计取），并考虑任何相关事件后确定
价格调整	工程量变更	因工程量变更可以调整合同规定费率或价格的条件： （1）该部分工程实际测量的工程量比工程量表或其他报表中规定的工程量的变动大于 10%； （2）该部分工程工程量的变更与相对应费率的乘积超过了中标金额的 0.01%； （3）由于工程量的变更直接造成该部分工程每单位工程量费用的变动超过 1%； （4）该部分工程不是合同中规定的“固定费率项目”	
	基准日后法律变更	在提交投标文件截止日期前的第 28 天以后，工程所在国的法律变化（包括新法的实施以及旧法的废止或修改），以及有关该法律的司法解释或官方解释的变化，导致施工所需的工程费用发生增减的，合同价格应做出相应调整	
	物价变动	调价公式	2017 年版 FIDIC《施工合同条件》将调价公式从通用条款删除，放入专用条款的“费用指数报表”中，供双方当事人选用
		费用指数的确定	选择适用下列两种指数或价格中对业主有利的指数或价格进行价格调整 （1）工程竣工时间期满前第 49 天当天适用的每项指数或价格； （2）现行指数或价格

（二）国际工程合同价款的结算

1. 预付款

（1）预付款保函。

（2）预付款支付证书。工程师应当在收到承包人提交的符合要求的履约保函、预付款保函以及承包人的预付款支付申请后的 14 天内，签发预付款支付证书。

（3）预付款的支付。业主应当自收到预付款支付证书后 21 天内（专用条款“合同数据”中另有规定的除外），将预付款支付证书中开具的金额支付给承包人。

（4）预付款的扣还。该预付款应以在支付证书中按比例扣减的方式偿还。除专用条款“合同数据”中规定的其他比例外，按以下方法扣还：

1）当期中支付证书中的累计支付总额（不包括预付款以及保留金的扣留与返还）超过中标合同金额减去暂定金额之差的 10% 时，开始扣还；

2）每次扣还的金额为每份期中支付证书金额（不包括预付款以及保留金的扣留与返还）的 25%，直至还清全部预付款。扣还的货币及比例与支付预付款时相同。

2. 工程材料和设备款的预支

（1）预支的条件。

1）对承包人的要求。

2）对材料和设备的要求。

（2）材料和设备款的预支。

（3）预支材料和设备款的扣还。

3. 期中支付

（1）申请期中支付。支付报表应当包括以下各项内容并按顺序列明：

1）截至当期末已完工程的估价以及承包人文件编制的估价（包括变更款项，但以下各项内容不在本项重复列出）；

2）由于法律变化和物价波动应增加和扣减的任何款额；

3）保留金扣留的款额，保留金按专用条款“合同数据”中规定的保留金比例乘以上述 1）、2）两项的总额计算得出，直至业主扣留的保留金达到“合同数据”中规定的限额（如有时）为止；

4）由于预付款的支付及扣还应增加和（或）扣减的任何款额；

5）承包人采购用于工程的永久设备和材料应增加和（或）扣减的任何款额；

6）根据合同或其他规定（包括工程师做出的商定或决定），任何其他应付的增加和（或）扣减；

7）由于暂定金额项目的实施应增加的任何款额；

8）由于保留金的返还应增加的任何款额；

9）由于承包人使用业主提供的设备应扣减的任何款额；

10）对所有以前的支付证书中应予扣减的款额。

（2）期中支付证书的签发。

1）期中支付证书。工程师应于收到承包人的期中支付申请报表和证明文件后 28 天内，向业主签发期中支付证书并将副本送达承包人。

2）期中支付证书的扣发。在颁发工程接收证书之前，如果支付证书中的数额（在扣除保留金及其他应扣款额之后）小于专用条款“合同数据”中规定的期中支付证书的最低限额（如果有此规定时），则工程师有权扣发期中支付证书。在这种情况下，工程师应相应地通知承包人。

3）期中支付证书的修正。

（3）业主的支付。业主应当自工程师收到承包人的支付报表和证明文件后的56天（专用条款“合同数据”中另有规定的除外）内，或者业主收到期中支付证书的28天（专用条款“合同数据”中另有规定的除外）内，将期中支付证书中开具的金额支付给承包人。

（4）指控业主延误支付。如果业主未能在合同约定的时间内向承包商支付，承包商有以下权利：

1）有权获得融资费用。若承包商未能按期收到相应款项，承包商有权获得延误支付期间未支付金额的融资费用，该融资费用按月复利计算，延误支付期间以合同规定的应支付截止日期开始计算，最常用的融资费用计算方式是按照支付币种所在地的银行对优质借款人的短期借款平均利率的平均值加3%的年利率计算。承包商有权请求业主支付融资费用，无须提供报表，无须发正式通知，也无须提供证明。

2）有权暂停工作或终止合同。若工程师未根据合同颁发期中支付证书，业主未根据合同提供资金证明或业主未按合同支付，承包商可提前21天发出通知，暂停工作或放慢工作速度，直到业主纠正以上违约行为。发生以下情况时，承包商可通知业主表明终止合同的意向：

①业主未提供资金安排的证明。承包商向业主发出暂停工作通知后42天内仍未收到业主关于资金安排的合理证据。

②工程师未在收到期中支付报表56天内颁发期中支付证书。

③承包商未在合同规定的支付期限届满42天内收到款项。若业主在收到该通知后14天内未纠正以上违约，承包商可通知业主终止合同。

暂停工作或终止合同不妨碍承包商获得延误支付款项的融资费用的权利。

（5）竣工支付。承包商应在完工日期后84天内提交竣工报表并附证明文件。竣工报表中的内容包括：

1）截至完工日期，承包商根据合同完成的所有工作的价值；

2）承包商认为在完工日期应获得的其他金额；

3）承包商认为在其完工日期后根据合同应得的其他费用的估算，包括承包商依据合同已发通知的索赔金额、已提交争端避免/裁决委员会解决事项的金额和针对争端避免/裁决委员会决定已发不满意通知事项的金额。

竣工支付与期中支付的流程相同，只是报表的内容不同。

4. 保留金的返还

（1）返还时间。保留金的返还分为工程竣工后的返还和缺陷通知期满后的返还。

1）工程竣工后返还。工程师签发工程接收证书后，承包人应将保留金的前一半列入其支付报表中。

2）缺陷通知期满后返还。在最后一个缺陷通知期届满后，承包人应立即将保留金的另一半列入支付报表。如果接收证书仅就（或者被认为仅就）某分项工程签发，则在该分项工程的缺陷通知期届满后，承包人应立即将另一半保留金按照相应比例列入支付报表。

（2）保留金的扣发。工程师收到承包人的支付报表后，应当在下一期的期中支付证书中明确应予返还的保留金款额。

5. 最终结清

（1）最终报表。

1）提交最终报表草案。在收到履约证书后 56 天内，承包人应按照与之前申请期中支付报表同样的格式，向工程师递交最终报表草案，要求一份原件、一份电子副本以及专用条款“合同数据”中规定份数的复印件，并附具证明文件详细说明以下内容：

2）提交最终报表。

（2）结清单。在提交“最终报表”或“部分商定的最终报表”时，承包人应提交一份书面的结清单，确认该报表的总额为根据或参照合同应支付给他的所有款项的全部和最终的结算额。

（3）最终支付证书的签发。在收到“最终报表”或“部分商定的最终报表”及结清单后 28 天内，工程师应向业主签发一份最终支付证书，说明：

本章考分统计

本章考分统计表

节	年份				
	2023	2022	2021	2020	2019
第一节	11	10	10	10	10
第二节	10	10	10	10	10
第三节	3	4	4	4	4

本章考点点评

第一节：本节的考点主要包括法规变化类合同价款调整事项、工程变更类合同价款调整事项、物价变化类合同价款调整事项、工程索赔类合同价款调整事项、其他类合同价款调整事项五项内容。考点一“法规变化类合同价款调整事项”要注意基准日的确定以及工期延误的处理；考点二“工程变更类合同价款调整事项”，在所有的调价原因中，“工程变更引起的合同价款调整”是重要的几个原因之一，也是历年考核的重点内容；考点三“物价变化类合同价款调整事项”应重点注意“采用价格指数调整价格差额”的内容掌握，且该考点出计算题的可能性较大；考点四“工程索赔类合同价款调整事项”的重要性与“工程变更类合同价款调整事项”类似，是最重要的调价事项之一；考点五“其他类合同价款调整事项”考核中会偶有涉及，知识点也相对比较简单。

“法规变化类合同价款调整事项”这一部分涉及的具体考点主要有：风险承担者、基准日的确定、合同价款的调整方法、承包人原因导致工程延误期的处理；“工程变更类合同价款调整事项”这一部分涉及的具体考点主要有：不同合同文本中工程变更范围的差异、工程变更的价款调整方法，应重点掌握分部分项工程费的调整和措施项目费的调整、招标工程量清单的缺项漏项、工程量偏差中的综合单价的调整原则和总价措施项目费的调整以及计日工费用的产生和计日工费用的计算；“物价变化类合同价款调整事项”这一部分涉及的具体考点主要有：采用价格指数调整价格差额，重点掌握价格调整公式和权重的确定以及工期延误后的价格调整、采用造价信息调整价格差额，重点掌握人工单价的调整，材料和工程设备价格的调整——分为“承包人投标报价中材料单价低于基准单价、承包人投标报价中材料单价高于基准单价、承包人投标报价中材料单价等于基准单价”三种情况、暂估价引起的合同价款调整方法；“工程索赔类合同价款调整事项”这一部分涉及的具体考点主要有：不可抗力的范围、不可抗力造成损失的承担、工期的处理、提前竣工、误期赔偿、《标准施工招标文件》中承包人的索赔事件及可补偿内容、索赔的依据和前提条件、索赔费用的组成，重点掌握人工费和材料费的索赔、工期索赔中应注意的问题、工期索赔的计算方法；“其他类合同价款调整事项”这一部分涉及的具体考点主要有：现场签证的提出、签证主体、签证事项、签证内容。

第二节：本节的考点主要包括工程计量、预付款及期中支付、竣工结算、质量保证金的处理、最终结清、合同价款纠纷的处理六项内容。考点一“工程计量”要区分单价合同与总价合同工程计量与方法的不同；考点二“预付款及期中支付”的主要内容是有关预付款和期中支付款额度的确定，基本不涉及有关支付程序的问题；考点三“竣工结算”的主要内容是竣工结算款的内容构成和计算方法；考点四“质量保证金的处理”主要内容是缺陷责任期的确定和质量保证金的使用；考点五“最终结清”考核中会偶有涉及，知识点也相对比较简单；考点六“合同价款纠纷的处理”是对合同价款纠纷处理进行详细和系统的阐述，是本节中比较重要的考点之一，主要内容包括合同纠纷的处理途径、处理原则和工程造价鉴定的有关规定。

“工程计量”这一部分涉及的具体考点主要有：工程计量的原则和范围、不同工程类型合同的计量方法。“预付款及期中支付”这一部分涉及的具体考点主要有：预付款的支付——百分比法和公式计算法，预付款的扣回——扣款方法和担保形式以及担保金额，安全文明施工费、期中支付价款的计算——已完工程的结算价款和结算价款的调整以及进度款的支付比例，期中支付的文件——进度款支付申请和进度款支付证书以及支付证书的修正。“竣工结算”这一部分涉及的具体考点主要有：编制竣工结算文件的计价原则、竣工结算文件的审核、质量争议工程的竣工结算、竣工结算支付款支付申请的内容、合同解除的价款结算与支付——不可抗力解除合同和违约解除合同。“质量保证金的处理”这一部分涉及的具体考点主要有：缺陷责任期的期限、质量保证金的预留、质量保证金的使用、质量保证金的返还。“最终结清”这一部分涉及的具体考点主要有：最终结清申请单、最终支付证书、最终结清付款。“合同价款纠纷的处理”这一部分涉及的具体考点主要有：合同价款纠纷的解决途径——主要有和解和调解，和解和调解解决不成的，当事人可以根据约定采用仲裁和诉讼等法律途径解决；合同价款纠纷的处理原则——主要包括施工合同无效的价款纠纷处理，垫资施工合同的价款纠纷处理，施工合同解除后的价款纠纷处理，发包人引起质量缺陷的价款纠纷处理，其他工程结算价款纠纷的处理和价款纠纷引起的诉讼处理；鉴定项目的委托和鉴定组织——鉴定机构的回避，鉴定人员的回避，鉴定人的配备，鉴定期限，鉴定依据；争议鉴定方法——合同争议的鉴定，计量争议的鉴定，计价争议的鉴定，工程签证争议，鉴定意见书。

第三节：本节的考点主要包括工程总承包合同价款的结算和国际工程合同价款的结算两项内容。考点一“工程总承包合同价款的结算”应重点掌握工程总承包合同价款的调整、结算与施工合同有何不同；考点二“国际工程合同价款的结算”应重点注意国际工程合同价款的调整与结算和国内情况有何不同。

“工程总承包合同价款的结算”这一部分涉及的具体考点主要有：工程总承包合同价款的调整——变更，暂估价，计日工，暂列金额，物价波动，法律变化；工程总承包合同价款的结算——预付款，工程进度款的支付，竣工结算。“国际工程合同价款的结算”这一部分涉及的具体考点主要有：国际工程价款的调整——工程变更和价格调整；国际工程合同价款的结算——预付款，工程材料和设备款的预支，期中支付，保留金的返还和最终结清。

第六章 建设项目竣工决算和新增资产价值的确定

第一节 竣 工 决 算

真题解析

一、2023 年考题

1. 编制建设项目竣工决算文件时，下列建设项目投资支出，应计入待核销基建支出的是（　　）。

A. 报废工程净损失、设备盈亏及损毁支出

B. 办公生活用家具、器具购置支出

C. 软件研发不能计入设备投资的软件购置支出

D. 不能形成资产的城市绿化、水土保持支出

【答案】 D

【解析】 待核销基建支出包括以下内容：非经营性项目发生的江河清障、航道清淤、飞播造林、补助群众造林、退耕还林（草）、封山（沙）育林（草）、水土保持、城市绿化、毁损道路修复、护坡及清理等不能形成资产的支出，以及项目未被批准、项目取消和项目报废前已发生的支出；非经营性项目发生的农村沼气工程、农村安全饮水工程、农村危房改造工程、游牧民定居工程、渔民上岸工程等涉及家庭或者个人的支出，形成资产产权归属家庭或者个人的，也作为待核销基建支出处理。

【考点】 竣工决算的内容和编制——竣工决算财务报表。

2. 下列建设项目竣工决算文件中，能够反映基本建设项目的全部资金来源和资金占用情况的是（　　）。

A. 基本建设项目概况表

B. 基本建设项目交付使用资产明细表

C. 基本建设项目交付使用资产总表

D. 基本建设项目竣工财务决算表

【答案】 D

【解析】 竣工财务决算表是竣工财务决算报表的一种，建设项目竣工财务决算表是用来反映建设项目的全部资金来源和资金占用情况，是考核和分析投资效果的依据。该表反映竣工的建设项目从开工到竣工为止全部资金来源和资金运用的情况。

【考点】 竣工决算的内容和编制——竣工决算财务报表。

3. 下列竣工决算的审核内容，属于审核的有（　　）。

A. 单位、单项工程造价是否在合理范围内

B. 建设成本核算是否准确

C. 转出投资是否已落实接收单位

D. 项目资金使用情况

E. 决算内容和格式是否符合国家有关规定

【答案】BCE

【解析】（1）工程价款结算审核。主要包括评审机构对工程价款是否按有关规定和合同协议进行全面评审；评审机构对于多算和重复计算工程量、高估冒算建筑材料价格等问题是否予以审减；单位、单项工程造价是否在合理或国家标准范围内，是否存在严重偏离当地同期同类单位工程、单项工程造价水平问题。

（2）项目核算管理情况审核，具体包括：

1）建设成本核算是否准确。

2）待摊费用支出及其分摊是否合理合规。

3）待核销基建支出有无依据、是否合理合规。

4）转出投资有无依据、是否已落实接收单位。

5）决算报表所填写的数据是否完整，表内和表间钩稽关系是否清晰、正确。

6）决算的内容和格式是否符合国家有关规定。

7）决算资料报送是否完整、决算数据之间是否存在错误。

8）与财务管理和会计核算有关的其他事项。

（3）项目资金管理情况审核。

（4）项目基本建设程序执行及建设管理情况审核。

（5）概（预）算执行情况。

（6）交付使用资产情况。

【考点】竣工结算的审核和批复——竣工决算的审核。

二、2022 年考题

关于建设项目竣工决算编制中的工程造价对比分析，下列说法正确的是（　　）。

A. 应对工程建设其他费逐一对比

B. 分析时，第一步先对比整个项目的竣工结算

C. 应对全部实物工程量进行分析

D. 应对所有工程子目的单价和变动情况进行分析

【答案】A

【解析】在分析时，可先对比整个项目的总概算，然后将建筑安装工程费、设备工器具费和其他工程费用逐一与竣工决算表中所提供的实际数据和相关资料及批准的概算、预算指标、实际的工程造价进行对比分析，以确定竣工项目总造价是节约还是超支，并在对比的基础上，总结先进经验，找出节约或超支的内容和原因，提出改进措施。

【考点】竣工决算的内容和编制——竣工决算的内容。

三、2021 年考题

竣工决算中，用来反映建设项目的全部资金来源和资金占用情况、作为考核和分析投资效果的文件是（　　）。

A. 基本建设项目概况表

B. 建设项目竣工财务决算表

C. 基本建设项目交付使用资产总表

D. 建设项目交付使用资产明细表

【答案】B

【解析】建设项目竣工决算是办理交付使用资产的依据，也是竣工验收报告的重要组成部分。建设单位与使用单位在办理交付资产的验收交接手续时，通过竣工决算反映了交付使用资产的全部价值，包括固定资产、流动资产、无形资产和其他资产的价值。及时编制竣工决算可以正确核定固定资产价值并及时办理交付使用，可缩短工程建设周期，节约建设项目投资，准确考核和分析投资效果。可作为建设主管部门向企业使用单位移交财产的依据。

【考点】建设项目竣工决算的概念及作用——建设项目竣工决算的作用。

四、2020 年考题

根据《基本建设项目建设成本管理规定》，建设项目的建设成本包括（　　）。

A. 为项目配套的专用送变电站投资

B. 非经营性项目转出投资支出

C. 非经营性的农村饮水工程

D. 项目建设管理费

【答案】D

【解析】建筑安装工程投资支出、设备工器具投资支出、待摊投资支出和其他投资支出构成建设项目的建设成本。

【考点】竣工决算的内容和编制——竣工财务决算报表。

五、2019 年考题

下列作为考核和分析投资效果落实结余资金，并作为报告上级核销基本建设支出依据的是（　　）。

A. 基本建设项目概况表

B. 基本建设项目竣工财务决算表

C. 基本建设项目交付使用资产总表

D. 基本建设项目交付使用资产明细表

【答案】B

【解析】竣工财务决算表是竣工财务决算报表的一种，建设项目竣工财务决算表是用来反映建设项目的全部资金来源和资金占用情况的，是考核和分析投资效果的依据。该表反映竣工的建设项目从开工到竣工为止全部资金来源和资金运用的情况。它是考核和分析投资效果，落实结余资金，并作为报告上级核销基本建设支出和基本建设拨款的依据。

【考点】竣工决算的内容和编制——竣工财务决算报表。

考点统计

通过对 2019—2023 年的考题统计，本节涉及的考点主要是建设项目竣工决算的概念及作用、竣工结算的内容和编制、竣工结算的审核和批复三项内容。近 5 年涉及本节的真题共有 7 题，具体考点的考核频次如表 6.1.1 所示。

表 6.1.1　第六章第一节考点考核频次表

序号	知识点	具体考点	考核频次
1	建设项目竣工决算的概念及作用	建设项目竣工决算的作用	1
2	竣工决算的内容和编制	竣工决算的内容	1
		竣工财务决算报表	4
3	竣工决算的审批和批复	竣工决算的审核	1

注：本节考点统计是按照 2018—2022 年实际考题统计，但由于 2021 年版教材修改，在真题解析中将 2021 年版教材内容不涉及的考题删除，所以真题解析与考点数目不一致。

知识点凝练

本节的考点主要包括建设项目竣工决算的概念及作用、竣工决算的内容和编制、竣工结算的审核和批复三项内容。考点一“建设项目竣工决算的概念及作用”在考核中会偶有涉及，知识点也相对比较简单；考点二“竣工结算的内容和编制”和考点三“竣工结算的审核和批复”是本节的重点内容。

“竣工结算的内容和编制”这一部分涉及的具体考点主要有：竣工决算的内容、竣工财务决算说明书、竣工财务决算报表、建设项目竣工结算的编制条件、竣工验收的条件；“竣工结算的审核和批复”这一部分涉及的具体考点主要有：竣工结算的审核、竣工结算的批复内容。

一、建设项目竣工决算的概念及作用

（一）建设项目竣工决算的概念

竣工决算是以实物数量和货币指标为计量单位，综合反映竣工建设项目全部建设费用、建设成果和财务状况的总结性文件。

（二）建设项目竣工决算的作用

详见教材第六章第一节。

二、竣工决算的内容和编制

（一）竣工决算的内容

建设项目竣工决算应包括从筹集到竣工投产全过程的全部实际费用，即包括建筑工程费、安装工程费、设备工器具购置费用、工程建设其他费用及预备费等费用。竣工决算是由竣工财务决算说明书、竣工财务决算报表、工程竣工图和工程竣工造价对比分析四部分组成。其中竣工财务决算说明书和竣工财务决算报表两部分又称建设项目竣工财务决算，是竣工决算的核心内容。

1. 竣工财务决算说明书

竣工财务决算说明书内容主要包括：

（1）项目概况；

（2）会计账务的处理、财产物资清理及债权债务的清偿情况；

（3）项目建设资金计划及到位情况，财政资金支出预算、投资计划及到位情况；

（4）项目建设资金使用、项目结余资金等分配情况；

（5）项目概（预）算执行情况及分析、竣工实际完成投资与概算差异及原因分析；

（6）尾工工程情况。项目一般不得预留尾工工程，确需预留尾工工程的，尾工工程投资不得超过批准的项目概（预）算总投资的 5%；

（7）历次审计、检查、审核、稽查意见及整改落实情况；

（8）主要技术经济指标的分析、计算情况；

（9）项目管理经验、主要问题和建议；

（10）预备费动用情况；

（11）项目建设管理制度执行情况、政府采购情况、合同履行情况；

（12）征地拆迁补偿情况、移民安置情况；

（13）需说明的其他事项。

2. 竣工财务决算报表

建设项目竣工决算报表包括：封面、基本建设项目概况表、基本建设项目竣工财务决算表、基本建设项目交付使用资产总表、基本建设项目交付使用资产明细表、待摊投资明细表、待核销基建支出明细表、转出投资明细表等。以下对其中几个主要报表进行介绍。

（1）基本建设项目概况表。综合反映基本建设项目的基本概况，内容包括该项目总投资、建设起止时间、新增生产能力、主要材料消耗、建设成本、完成主要工程量和主要技术经济指标，为全面考核和分析投资效果提供依据。

（2）基本建设项目竣工财务决算表。

（3）基本建设项目交付使用资产总表（参考教材表 6.1.3 的相关内容）。该表反映建设项目建成后新增固定资产、流动资产、无形资产价值的情况和价值，作为财产交接、检查投资计划完成情况和分析投资效果的依据。

3. 建设工程竣工图

编制竣工图的形式和深度，应根据不同情况区别对待。

4. 工程造价对比分析

在实际工作中，应主要分析以下内容：

（1）考核主要实物工程量。对于实物工程量出入比较大的情况，必须查明原因。

（2）考核主要材料消耗量。

（3）考核建设单位管理费、措施费和间接费的取费标准。

（4）主要工程子目的单价和变动情况。

（二）竣工决算的编制

1. 建设项目竣工决算的编制条件

编制工程竣工决算应具备下列条件：

（1）经批准的初步设计所确定的工程内容已完成；

（2）单项工程或建设项目竣工结算已完成；

（3）收尾工程投资和预留费用不超过规定的比例；

（4）涉及法律诉讼、工程质量纠纷的事项已处理完毕；

（5）其他影响工程竣工决算编制的重大问题已解决。

2. 建设项目竣工决算的编制依据

建设项目竣工决算应依据下列资料编制：

（1）《基本建设财务规则》（财政部令第 81 号）等法律、法规和规范性文件；

（2）项目计划任务书及立项批复文件；

（3）项目总概算书、单项工程概算书文件及概算调整文件；

（4）经批准的可行性研究报告、设计文件及设计交底、图纸会审资料；

（5）招标文件、最高投标限价及招标投标书；

（6）施工、代建、勘察设计、监理及设备采购等合同，政府采购审批文件、采购合同；

（7）工程结算资料；

（8）工程签证、工程索赔等合同价款调整文件；

（9）设备、材料调价文件记录；

（10）有关的会计及财务管理资料；

（11）历年下达的项目年度财政资金投资计划、预算；

（12）其他有关资料。

3. 竣工决算的编制要求

建设单位要做好以下工作：

（1）按照规定组织竣工验收，保证竣工决算的及时性。

（2）积累、整理竣工项目资料，特别是项目的造价资料，保证竣工决算的完整性。

（3）核对各项账目，清理各项财务、债务和结余物资，保证竣工决算的正确性。

4. 竣工决算的编制程序

（1）编制时间：基本建设项目完工可投入使用或者试运行合格后，应当在 3 个月内编报竣工财务决算，特殊情况确需延长的，中小型项目不得超过 2 个月，大型项目不得超过 6 个月。

（2）编制程序：分为前期准备、实施、完成和资料归档四个阶段。

三、竣工决算的审核和批复

（一）竣工决算的审核

1. 审核程序

（1）条件和权限审核。

（2）资料完整性审核。

2. 审核依据

审核工作依据以下文件：

（1）项目建设和管理的相关法律、法规、文件规定；

（2）国家、地方以及行业工程造价管理的有关规定；

（3）财政部颁布的基本建设财务管理及会计核算制度；

（4）本项目相关资料：项目初步设计及概算批复和调整批复文件、历年财政资金预算下达文件；项目决算报表及说明书；历年监督检查、审计意见及整改报告，必要时，还可审核项目施工和采购合同、招标投标文件、工程结算资料以及其他影响项目决算结果的相关资料。

3. 审核方式

（1）政策性审核；

（2）技术性审核；

（3）评审结论审核；

（4）意见分歧审核及处理。

4. 审核内容

（1）工程价款结算审核；

（2）项目核算管理情况审核；

（3）项目资金管理情况审核；

（4）项目基本建设程序执行及建设管理情况审核；

（5）概（预）算执行情况审核；

（6）交付使用资产情况审核。

（二）竣工决算的批复

1. 批复范围

（1）财政部直接批复的范围。

1）主管部门本级的投资额在 3 000 万元（不含 3 000 万元，按完成投资口径）以上的项目决算；

2）不向财政部报送年度部门决算的中央单位项目决算。

（2）主管部门批复的范围。

1）主管部门二级及以下单位的项目决算；

2）主管部门本级投资额在 3 000 万元（含 3 000 万元）以下的项目决算。

2. 批复内容

批复项目决算主要包括以下内容：

（1）投资完成情况；

（2）表格编制情况；
（3）资金结余、审减资金情况；
（4）资金上缴情况；
（5）资金移交情况；
（6）整改要求情况；
（7）交回财政资金情况。

第二节　新增资产价值的确定

真题解析

一、2023 年考题

某工业建设项目及其甲车间的竣工决算资料如下表所示。甲车间应分摊的项目建设管理费为（　　）万元。

费用名称	建筑工程费	安装工程费	需安装设备费	不需安装设备费	项目建设管理费
建设项目竣工决算 / 万元	6 000	1 000	2 000	500	120
甲车间竣工决算 / 万元	1 000	300	600	300	—

A. 20.00　　B. 22.29　　C. 25.33　　D. 27.79

【答案】C

【解析】项目建设管理费按照建筑工程、安装工程、需安装设备价值总额比例分摊，因此甲车间应分摊的项目建设管理费为：

（1 000+300+600）×120/（6 000+1 000+2 000）=25.33（万元）。

【考点】新增固定资产价值的确定方法——待摊投资的分摊方法。

二、2022 年考题

1. 某工业建设项目及其单项工程如下表所示，则甲单项工程应分摊的建设单位管理费和土地征用费为（　　）万元。

费用名称	建筑工程费	安装工程费	需安装设备费	建设单位管理费	土地征用费	设计费
建设项目竣工决算 / 万元	6 000	1 000	3 000	500	1 200	100
甲单项工程 / 万元	2 000	600	1 500	—	—	—

A. 566.67　　B. 605　　C. 697　　D. 638.33

【答案】B

【解析】应分摊的建设单位管理费：（2 000+600+1 500）/（6 000+1 000+3 000）×500=205（万元）。

应分摊的土地征用费：2 000/6 000×1 200=400（万元）。

应分摊的建设单位管理费和土地征用费合计：205+400=605（万元）。

【考点】新增固定资产价值的确定方法——共同费用的分摊方法。

2. 关于建设项目形成无形资产的计价原则，下列说法正确的有（　　）。

A. 投资者按无形资产作为资本金投入时，按评估确认的金额计价

B. 购入的无形资产，按合同约定作价

C. 自创的无形资产，按开发过程中的实际支出计价

D. 接受捐赠的无形资产，按照发票账单所载金额或者同类无形资产市场价计价

E. 无形资产入账后，应在其有效使用期内分期摊销

【答案】ACDE

【解析】无形资产的计价原则：①投资者按无形资产作为资本金或者合作条件投入时，按评估确认或合同协议约定的金额计价；②购入的无形资产，按照实际支付的价款计价；③企业自创并依法申请取得的，按开发过程中的实际支出计价；④企业接受捐赠的无形资产，按照发票账单所载金额或者同类无形资产市场价计价；⑤无形资产入账后，应在其有效期内分期摊销。

【考点】新增无形资产价值的确定方法——无形资产的计价原则。

三、2021 年考题

1. 某建设项目及其单项工程 X 的竣工决算如下表所示，则 X 工程应分摊的地质勘察费为（　　）万元。

费用名称	建筑工程费	安装工程费	需要安装设备费	地质勘察费
建设项目竣工决算 / 万元	8 000	1 000	4 000	200
X 单项工程竣工决算 / 万元	2 000	300	1 000	—

A. 48.0　　B. 50.0　　C. 50.8　　D. 51.1

【答案】B

【解析】土地征用费、地质勘察和建筑工程设计费等费用按建筑工程造价比例分摊，生产工艺流程系统设计费按安装工程造价比例分摊。

应分摊的地质勘察费 =（2 000÷8 000）×200=50（万元）。

【考点】新增固定资产价值的确定方法——共同费用的分摊方法。

2. 关于新增固定资产价值得确定，下列说法正确的有（　　）。

A. 以单项工程为核算对象

B. 单项工程建成经有关部门验收合格，即应计算新增固定资产价值

C. 单项工程中不构成生产系统的生活服务网点，在建成并交付后也要计算新增固定

资产价值

D. 随设备一起采购的但未达到固定资产标准的工器具，应随设备一起计算新增固定资产价值

E. 不需要安装的运输设备，一般仅计采购成本，不计分摊费用

【答案】ACE

【解析】选项 A、C、E 正确，新增固定资产价值的计算是以独立发挥生产能力的单项工程为对象的。新增固定资产价值的内容包括：已投入生产或交付使用的建筑、安装工程造价；达到固定资产标准的设备、工器具的购置费用；增加固定资产价值的其他费用，所以选项 A 正确；单项工程建成经有关部门验收合格，正式移交生产和使用，即应计算新增固定资产价值，所以选项 B 错误；对于单项工程中不构成生产系统，但能独立发挥效益的非生产性项目，如住宅、食堂、医务所、托儿所、生活服务网点等，在建成并交付使用后，也要计算新增固定资产价值，所以选项 C 正确；随设备一起采购的达到固定资产标准的工器具，应随设备一起计算新增固定资产价值，所以选项 D 错误；运输设备及其他不需要安装的设备、工具、器具、家具等固定资产一般仅计算采购成本，不计分摊，所以选项 E 正确。

应分摊的地质勘察费 =（2 000 ÷ 8 000）× 200=50（万元）。

【考点】新增固定资产价值的确定方法——新增固定资产价值计算时应注意的问题。

四、2020 年考题

1. 某建设项目由 A、B 两车间组成，其中 A 车间的建筑工程费 6 000 万元，安装工程费 2 000 万元，需安装设备费 2 400 万元；B 车间建筑工程费 2 000 万元，安装工程费 1 000 万元，需安装设备费 1 200 万元；该建设项目的土地征用费 2 000 万元，则 A 车间应分摊的土地征用费是（　　）万元。

A. 1 500.00　　B. 1 454.55　　C. 1 424.66　　D. 1 090.91

【答案】A

【解析】土地征用费、地质勘察和建筑工程设计费等费用按建筑工程造价比例分摊，生产工艺流程系统设计费按安装工程造价比例分摊。

应分摊的土地征用费 =2 000 ×［6 000 ÷（6 000+2 000）］=1 500（万元）。

【考点】新增固定资产价值的确定方法——共同费用的分摊方法。

2. 根据现行财务制度和企业会计准则，新增固定资产价值的内容包括（　　）。

A. 专有技术　　B. 建设单位管理费

C. 土地征用费　　D. 银行存款

E. 建筑工程设计费

【答案】BCE

【解析】新增固定资产价值的内容包括：已投入生产或交付使用的建筑、安装工程造价；达到固定资产标准的设备、工器具的购置费用；新增固定资产的其他费用包括建设单位管理费、土地征用费、地质勘察和建筑工程设计费以及生产工艺流程系统设计费。

【考点】新增固定资产价值的确定方法——新增固定资产价值的概念和范畴。

五、2019 年考题

1. 在计算新增固定资产价值时，仅计算建筑、安装或采购成本，不计分摊的固定资产的是（　　）。

A. 管道和线路工程　　B. 需安装的动力设备

C. 运输设备　　D. 附属辅助工程

【答案】C

【解析】运输设备及其他不需要安装的设备、工具、器具、家具等固定资产一般仅计算采购成本，不计分摊。

【考点】新增固定资产价值的确定方法——新增固定资产价值计算时应注意的问题。

2. 一般不作为无形资产入账，但当涉及转让事项时才做无形资产核算的有（　　）。

A. 自创专利权　　B. 自创专有技术

C. 自创商标权　　D. 出让取得的土地使用权

E. 划拨取得的土地使用权

【答案】BCE

【解析】如果专有技术是自创的，一般不作为无形资产入账，自创过程中发生的费用，按当期费用处理。如果商标权是自创的，一般不作为无形资产入账，而将商标设计、制作、注册、广告宣传等发生的费用直接作为销售费用计入当期损益。转让后可计入无形资产。在将土地使用权有偿转让、出租、抵押、作价入股和投资，按规定补交土地出让价款时，才作为无形资产核算。

【考点】新增无形资产价值的确定方法——无形资产的计价方法。

考点统计

通过对 2019—2023 年的考题统计，本节涉及的考点主要是新增固定资产价值的确定方法、新增无形资产价值的确定方法、新增流动资产价值的确定方法三项内容。近 5 年涉及本节的真题共有 9 题，具体考点的考核频次如表 6.2.1 所示。

表 6.2.1　第六章第二节考点考核频次表

序号	知识点	具体考点	考核频次
1	新增固定资产价值的确定方法	新增固定资产价值的概念和范畴	1
		新增固定资产价值计算时应注意的问题	2
		共同（待摊）费用的分摊方法	4
2	新增无形资产价值的确定方法	无形资产的计价方法	1
		无形资产的计价原则	1

知识点凝练

本节的知识点主要包括新增固定资产价值的确定方法、新增无形资产价值的确定方法和新增流动资产价值的确定方法三项内容。本节的主要内容是新增固定资产价值的确定，考生应掌握共同费用的分摊方法。此外，还应掌握流动资产和无形资产的基本构成和计价原则。

“新增固定资产价值的确定方法”这一部分涉及的具体考点主要有：新增固定资产价值计算时应注意的问题、共同费用的分摊方法；“新增无形资产价值的确定方法”这一部分涉及的具体考点主要有：专利权、专有技术、商标权及土地使用权等无形资产的计价原则和计价方法；“新增流动资产价值的确定方法”这一部分涉及的具体考点主要有：货币性资金、应收及预付款项、短期投资和存货等流动资产的计算方法。

一、新增固定资产价值的确定方法

（一）新增固定资产价值的概念和范畴

新增固定资产价值是投资项目竣工投产后所增加的固定资产价值，即交付使用的固定资产价值，是以价值形态表示建设项目的固定资产最终成果的指标。新增固定资产价值的计算是以独立发挥生产能力的单项工程为对象的。新增固定资产价值的内容包括：已投入生产或交付使用的建筑、安装工程造价；达到固定资产标准的设备、工器具的购置费用；增加固定资产价值的其他费用。

（二）新增固定资产价值计算时应注意的问题

在计算时应注意以下几种情况：

（1）对于为了提高产品质量、改善劳动条件、节约材料消耗、保护环境而建设的附属辅助工程，只要全部建成，正式验收交付使用后就要计入新增固定资产价值。

（2）对于单项工程中不构成生产系统，但能独立发挥效益的非生产性项目，如住宅、食堂、医务所、托儿所、生活服务网点等，在建成并交付使用后，也要计算新增固定资产价值。

（3）凡购置达到固定资产标准不需要安装的设备、工器具，应在交付使用后计入新增固定资产价值。

（4）属于新增固定资产价值的待摊投资，应随同受益工程交付使用的同时一并计入。

（三）待摊投资的分摊方法

新增固定资产的其他费用，如果是属于整个建设项目或两个以上单项工程的，在计算新增固定资产价值时，应在各单项工程中按比例分摊。一般情况下，建设单位管理费中的建筑工程、安装工程、需安装设备价值总额等按比例分摊，而土地征用费、地质勘察和建筑工程设计费等费用则按建筑工程造价比例分摊，生产工艺流程系统设计费按安装工程造价比例分摊。

二、新增无形资产价值的确定方法

（一）无形资产的计价原则

（1）投资者按无形资产作为资本金或者合作条件投入时，按评估确认或合同协议约定的金额计价；

（2）购入的无形资产，按照实际支付的价款计价；

（3）企业自创并依法申请取得的，按开发过程中的实际支出计价；

（4）企业接受捐赠的无形资产，按照发票账单所载金额或者同类无形资产市场价计价；

（5）无形资产入账后，应在其有效使用期内分期摊销，即企业为无形资产支出的费用应在无形资产的有效期内得到及时补偿。

（二）无形资产的计价方法

（1）专利权的计价，自创专利权的价值为开发过程中的实际支出；

（2）专有技术的计价；

（3）商标权的计价；

（4）土地使用权的计价。

三、新增流动资产价值的确定方法

（1）货币性资金。现金和银行存款以外的其他货币资金，根据实际入账价值核定。

（2）应收及预付款项。应收及预付款项包括应收票据、应收款项、其他应收款、预付款项和待摊费用。一般情况下，应收及预付款项按企业销售商品、产品或提供劳务时的实际成交金额入账核算。

（3）短期投资。包括股票、债券、基金。股票和债券根据是否可以上市流通分别采用市场法和收益法确定其价值。

（4）存货。存货是指企业的库存材料、在产品、产成品等。各种存货应当按照取得时的实际成本计价。

本章考分统计

本章考分统计表

节	年份				
	2023	2022	2021	2020	2019
第一节	3	1	1	1	1
第二节	1	3	3	3	3

本章考点点评

第一节：本节的考点主要包括建设项目竣工决算的概念及作用、竣工决算的内容和编制、竣工决算的审核和批复三项内容。考点一“建设项目竣工决算的概念及作用”在考核中会偶有涉及，知识点也相对比较简单；考点二“竣工决算的内容和编制”和考点三“竣工决算的审核和批复”是本节重点内容。

“竣工决算的内容和编制”这一部分涉及的具体考点主要有：竣工财务决算说明书、竣工财务决算报表、建设工程竣工图、工程造价比较分析；“竣工决算的审核和批复”这一部分涉及的具体考点主要有：建设项目竣工决算的编制条件、竣工决算的编制时间、竣工决算的编制程序、竣工决算的审核程序、竣工决算的审核方式、竣工决算的审核内容、竣工决算的批复权限、竣工决算的批复内容。

第二节：本节的知识点主要包括新增固定资产价值的确定方法、新增无形资产价值的确定方法和新增流动资产价值的确定方法三项内容。本节的主要内容是新增固定资产价值的确定，考生应掌握共同费用的分摊方法，此外，还应掌握流动资产和无形资产的基本构成和计价原则。

“新增固定资产价值的确定方法”这一部分涉及的具体考点主要有：新增固定资产价值计算时应注意的问题、共同费用的分摊方法；“新增无形资产价值的确定方法”这一部分涉及的具体考点主要有：专利权、专有技术、商标权及土地使用权等无形资产的计价原则和计价方法；“新增流动资产价值的确定方法”这一部分涉及的具体考点主要有：货币性资金、应收及预付款项、短期投资和存货等流动资产的计算方法。

参 考 文 献

［1］全国造价工程师职业资格考试培训教材编审委员会 . 建设工程计价：第 3 版［M］. 北京：中国计划出版社，2023.

［2］柯洪 . 全国一级造价工程师职业资格考试应试指南——建设工程计价：第 5 版［M］. 北京：中国计划出版社，2023.